江苏“十四五”普通高等教育本科规划教材

电子信息科学与工程类专业系列教材



# DSP 控制器原理与应用

许宜申　吕清松　陶　智　陈大庆　张晓俊　编著

電子工業出版社

Publishing House of Electronics Industry

北京•BEIJING

## 内 容 简 介

本书以TI公司的TMS320F28335 DSP控制器为核心，全面介绍了DSP系统设计开发流程、单元硬件设计及C语言驱动应用程序编写流程。本书主要内容包括DSP控制器的特点与最小硬件系统设计、CCS集成软件开发环境简介与应用程序编译调试、DSP控制器主要功能模块的工作原理与寄存器配置及典型应用设计实例等。

本书可作为高等院校电子信息类、仪器类、电气类、自动化类等专业DSP控制器原理与应用课程的教材或参考书，也可供工程技术人员参考使用。



**图书在版编目（CIP）数据**

DSP控制器原理与应用 / 许宜申等编著. —北京：电子工业出版社，2021.10

ISBN 978-7-121-42213-3

Ⅰ. ①D… Ⅱ. ①许… Ⅲ. ①数字信号处理 Ⅳ.①TN911.72

中国版本图书馆CIP数据核字（2021）第207338号

责任编辑：杜　军　　　　特约编辑：田学清
印　　刷：北京七彩京通数码快印有限公司
装　　订：北京七彩京通数码快印有限公司
出版发行：电子工业出版社
　　　　　北京市海淀区万寿路173信箱　　　邮编：100036
开　　本：787×1092　1/16　印张：15.5　字数：348千字
版　　次：2021年10月第1版
印　　次：2025年2月第6次印刷
定　　价：45.00元

凡所购买电子工业出版社图书有缺损问题，请向购买书店调换。若书店售缺，请与本社发行部联系，联系及邮购电话：（010）88254888，88258888。

质量投诉请发邮件至zlts@phei.com.cn，盗版侵权举报请发邮件至dbqq@phei.com.cn。

本书咨询联系方式：dujun@phei.com.cn。

# 前言

<<<<<< PREFACE

随着数字技术和数字系统的不断发展，数字信号处理与数字信号处理器之间的关系已经密不可分，二者相辅相成、相互依存。可以说，数字技术的不断发展是数字信号处理理论与算法和数字信号处理器相融相促的结果。当然，两者区别也较为明显。数字信号处理偏重于理论和算法设计，常用工具有数学语言和计算与仿真软件；数字信号处理器偏重于应用和算法实现，常用工具有硬件设计的辅助软件和专门的编程环境与编程语言。

与传统的模拟信号处理系统相比，数字信号处理及其设备具有运行方式精确灵活、处理速度快、抗干扰能力强、性能稳定和易于升级等优点，广泛应用于通信、自动化控制、图像处理、生物医学、消费电子、航空航天等领域。

本书以TI公司的TMS320F28335芯片为核心，遵循DSP学习与应用开发设计流程，结合编者自身课堂教学体会和多年应用开发设计经验，将原理讲解与实践应用相结合，由浅入深、循序渐进地介绍了DSP控制器的特点、系统开发流程、最小硬件系统设计、CCS集成开发环境安装使用与应用程序编译调试、主要功能模块及外设单元工作原理与寄存器配置等，并通过具体设计实例演练应用要点。

全书共10章。第1章绪论，主要介绍了数字信号处理内涵、DSP芯片发展与特点、DSP应用系统开发等；第2章DSP最小硬件系统设计，主要介绍了DSP系统供电、时钟、复位及JTAG接口电路设计；第3章软件开发环境，主要介绍了集成开发环境CCS安装使用注意事项、工程项目创建及应用程序编译调试烧写等；第4章中央处理器，主要介绍了CPU内部结构、内核寄存器组、时钟及定时器单元等；第5章通用输入输出接口，主要介绍了GPIO模块结构、寄存器组与引脚配置等；第6章中断管理系统，主要介绍了中断系统结构的管理机制与寄存器配置及外设中断扩展模块等；第7章控制类外设及其应用，主要介绍了增强型脉宽调制模块、增强型脉冲捕获模块和增强型正交编码模块的内部结构、工作模式、控制方法及应用实例等；第8章串行通信类外设及其应用，主要介绍了异步串行通信接口模块、同步串行外设接口模块和内部集成电路总线模块等通信类外设的内部结构、工作原理、控制方法及应用实例等；第9章模/数转换单元，主要介绍了ADC模块的内部结构、转换模式、控制方法及应用实例等；第10章应用设计案例，主要介绍了基于TMS320F28335 DSP的蜂鸣器、矩阵键盘、数码管、数字电压表、D/A转换器及直流电机等应用软硬件设计。

本书提供配套的电子课件，可登录华信教育资源网 www.hxedu.com.cn，注册后免费下载。

本书由许宜申、吕清松、陶智、陈大庆、张晓俊编著，由许宜申统稿，苏州大学资助出版。本书在编写过程中，参考借鉴了 TI 公司官网相关数据手册、DSP 相关教材专著论文及专业博客等资料，并已在参考文献中尽量列举，但仍可能存在遗漏和标注不完整之处，在此谨对成果与著作权所有者表示最诚挚的感谢。

由于编者水平与经验有限，书中难免有错漏之处，恳请读者批评指正。

编　者

<<<<<< CONTENTS

# 第 1 章 绪　论

## 1.1 概述

### 1.1.1 信号、消息与信息

信号（Signal）是消息（Message）的载体和物理体现。信号具有某种可以被感知的参量，如电压、电流、光强、压力、位移、频率、pH 值等。

消息是信息（Information）的具体表现形式，指包含信息的声音、文字、语言、符号、图片或影像等。

信息是消息中“有意义”的内容或“有用”的部分。其中，是否“有意义”或“有用”，取决于具体的应用领域或不同的对象。

对某个通信系统而言，其传送的本质内容是信息。发送方先将信息表示成具体的消息，再将消息加载至电、光等信号上，最后在实际的通信系统中进行传输。接收方将接收到的信号进行处理，变成声音、文字、语言、符号、图片或影像等形式的消息，再从中获取相应的信息。

### 1.1.2 数字信号

在信号分析中，根据时间和幅值的连续性与离散性，可以将信号分为 4 类：时间连续、幅值连续；时间连续、幅值离散；时间离散、幅值连续；时间离散、幅值离散。

将在时间和幅值上都连续的信号定义为模拟信号。模拟信号的大小是随时间连续变化的，如某地一定时间段内的温度、汽车在行驶过程中的速度或电路中某节点的电压等。它在一定时间范围内可以有无限个不同的取值，故模拟信号又称为连续信号。

脉冲信号是时间连续而幅值离散的信号。

对时间离散而幅值连续的信号而言，幅值连续指在任意两个离散的时间点，其幅值之差可以无限小，如抽样信号。

数字信号指在时间和幅值上都是离散的信号。

模拟信号在经采样、量化、编码等 3 个基本过程后，完成数字化。抽样指用每隔一定时间的信号采样值序列代替原来在时间上连续的信号，即将模拟信号在时间上离散化；量化指用有限的幅值近似原来连续变化的幅值，即将模拟信号在幅值上离散化；编码按照一定的规律，把每个量化后的值用二进制数字来表示。

### 1.1.3 DSP 含义

信号处理是对信号进行提取、变换、分析、综合等过程的统称。例如，将模拟信号转化为数字信号，将信号从时域转化到频域等。

通常，DSP 可以表示数字信号处理（Digital Signal Processing），即将信号以数字方式表示并处理的理论和技术，具体指为了满足某种需要，以数字形式对信号进行采集、变换、滤波、估值、增强、压缩、识别等处理，如信号采样、Z 变换、有限冲激响应（Finite Impulse Response，FIR）、无限冲激响应（Infinite Impulse Response，IIR）滤波器设计、离散傅里叶变换（Discrete Fourier Transform，DFT）/快速傅里叶变换（Fast Fourier Transform，FFT）频谱分析，以及自适应滤波、功率谱估计、小波变换等。

同时，DSP 又可以表示数字信号处理器（Digital Signal Processor），指一类特别适用于实现数字信号处理算法的微处理器芯片。这类器件针对数字信号处理中的典型算法，专门优化了内核硬件结构。例如，在寻址方式上提供圆周寻址，以更有效地实现 FIR 滤波；针对 FFT 算法中的位反转运算提供专门指令等，使其特别适用于各种数字信号处理算法应用较多的通信、语音、图像、视频、雷达等领域。

数字信号处理与数字信号处理器之间的联系与区别如下。

随着数字技术和数字系统的不断发展，数字信号处理与数字信号处理器之间的关系已经密不可分，二者相辅相成、相互依存。例如，针对某个特定的应用，如果没有成熟的数字信号处理算法，即使基于数字信号微处理器的硬件系统设计完善，应用程序编写精炼、准确，那么也会导致处理效率较低；反过来说，即使数字信号处理算法已经成熟，但如果没有性能优良的数字信号处理硬件系统和完善的软件程序，那么同样很难解决工程应用需求。与此同时，数字信号处理理论与技术的发展不仅极大地降低了信号处理的运算量，而且促进了数字信号处理器的不断发展。同样，各种数字信号处理器性能的不断提升，不但可以将数字信号处理理论成果转化为实际应用，更促进了新的数字信号处理理论和算法的诞生。可以说，数字技术的不断发展是数字信号处理理论与算法和数字信号处理器相融相促的发展结果。

当然，两者的区别也较为明显。数字信号处理更偏重于理论和算法设计，常用工具是数学语言和计算与仿真软件；数字信号处理器更偏重于应用和算法实现，常用工具是硬件设计的辅助软件和专门的编程环境和编程语言。

与传统的模拟信号处理系统相比，数字信号处理技术及设备具有运行方式精确灵活、处理速度快、抗干扰能力强、性能稳定和易于升级等优点，因此，其广泛用于通信、自动化控制、图像处理、生物医学、消费电子、军事和航空航天等领域。

### 1.1.4 数字信号处理方式

数字信号的具体处理方式可以分为软件处理、硬件处理和软硬件结合处理3种。

软件处理的实现方式主要指在通用计算机上用高级语言（如C/C++等）编写相应的程序或利用现有的专业软件（如MATLAB等）及工具包来实现要求的原理、算法或功能等。

硬件处理的实现方式是用加法器、乘法器、延时器、逻辑器件等基本数字器件及其各种组合或专用集成电路器件等实现需要的运算。

软硬件结合处理的实现方式是在综合考量应用系统的功能和性能指标要求及性价比的基础上，利用所选的微控制单元（MCU）、数字信号处理器（DSP）、通用可编程器件（FPGA）、专用集成电路（ASIC）或特殊用途的数字信号处理器芯片及存储器等构成硬件平台，再根据相应的程序设计语言编程完成要求的算法或功能。

与模拟信号处理系统相比，数字信号处理系统具有以下特点。

（1）精度高。目前数字信号处理器和数字器件可以实现64比特的字长，表达数据的精度为$10^{-18}$以上。

（2）可靠性强。模拟器件容易受电磁波、环境温度等因素影响，而数字器件是逻辑器件，其由“0”和“1”表示的状态可以承受一定范围内的干扰。

（3）灵活方便。数字信号处理系统可以通过简单的软件调试来完成数字系统的功能或性能参数更改，且数字系统软硬件易于复制，便于大规模生产。

（4）集成度高。随着集成电路技术的快速发展，数字信号处理系统的集成度越来越高，功能也从元件级、器件级、部件级、板卡级上升到系统级。

（5）保密性强。数字信号实际上为数据序列，便于加密运算、传输。另外，很多微处理器芯片也自带加密机制，可以设置多达 128 位密钥。

## 1.2 数字信号处理器的发展

如前所述，数字信号处理技术的快速发展与高性能数字信号处理器密不可分。

1978 年，AMI 公司发布了世界上第一个单片 DSP 芯片 S2811，但其缺少现代 DSP 芯片必须有的硬件乘法器；1980 年，日本 NEC 公司推出了第一个具有硬件乘法器的商用 DSP 芯片μPD7720；1982 年，TI 公司推出了第一代 DSP 芯片 TMS32010，这是 DSP 应用历史上的一个里程碑，从此 DSP 芯片开始得到广泛应用。

目前，DSP 芯片制造商主要有德州仪器（Texas Instruments，TI）、模拟器件公司（Analog Devices Inc.，ADI）和飞思卡尔（Freescale，原 Motorola）。其中，TI 公司的 DSP 芯片系列齐全且功能较强，占据了国际市场的较大份额。TI 公司的 DSP 芯片主要有 C2000 系列、C5000 系列及 C6000 系列三大主流产品：C2000 系列 DSP 芯片主要面向数字和运动控制应用领域，具有大量片上外设资源，如高速 A/D 转换器、定时器、同步和异步串口、CAN 模块、PWM 发生器和数字 I/O 等；C5000 系列 DSP 芯片主要面向低功耗、便携式设备，以及无线终端等应用领域，其具有先进的自动电源管理模式，待机功耗极低；C6000 系列 DSP 芯片主要面向图像处理、网络交换、无线基站等高端应用领域，其工作频率高、运算速度快，并且对音视频收发与转换等应用进行了特别优化。

TI 公司的 DSP 芯片的字长主要有 16 位和 32 位两种。按照芯片工作时的数据格式划分，DSP 芯片可以分为定点与浮点两种类型。定点 DSP 芯片在进行运算操作时，使用的是小数点位置固定的有符号数或无符号数，其在硬件结构上较浮点 DSP 芯片简单，而且乘法-累加（MAC）运算速度快、价格低廉，但字长有限，而且运算精度低、动态范围小。浮点 DSP 芯片在进行运算时，使用的是带有指数的小数，小数点位置随具体数据而浮动。不同浮点 DSP 芯片采用的浮点格式也不完全一样，一般有自由浮点格式和 IEEE 标准浮点格式。与定点 DSP 芯片相比，浮点 DSP 芯片具有动态范围大、运算精度高等优势，其在对性能要求较高的实时信号处理领域有着广泛应用。

# 1.3 DSP处理器的特点

## 1.3.1 改进的哈佛结构

DSP 处理器的总线结构可以分为两大类。一类是如图 1.1 所示的冯・诺依曼结构：程序存储器和数据存储器合在一起，共用一个存储空间，程序存储地址和数据存储地址指向同一个存储器的不同物理位置；采用单一的地址总线及数据总线；程序（指令）和数据宽度相同。采用该结构的 DSP 处理器对数据和程序的读写只能分时进行，而且执行速度慢、数据吞吐量低，不适用于对实时性要求较高的数字信号处理领域。另一类是如图 1.2 所示的哈佛结构：程序存储器和数据存储器相互独立，每个存储器独立编址、独立访问；片内有程序的数据总线和地址总线，以及数据的数据总线和地址总线；程序指令和数据宽度可以不同。分离的程序总线和数据总线允许 DSP 处理器同时获取来自程序存储器的指令字和来自数据存储器的操作数，且互不干扰，即在一个机器周期内可以同时准备好指令字和操作数，使数据吞吐率得到提高。

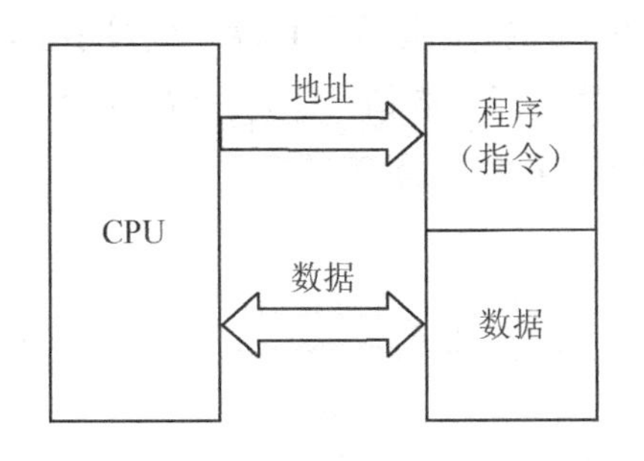


图 1.1 冯・诺依曼结构

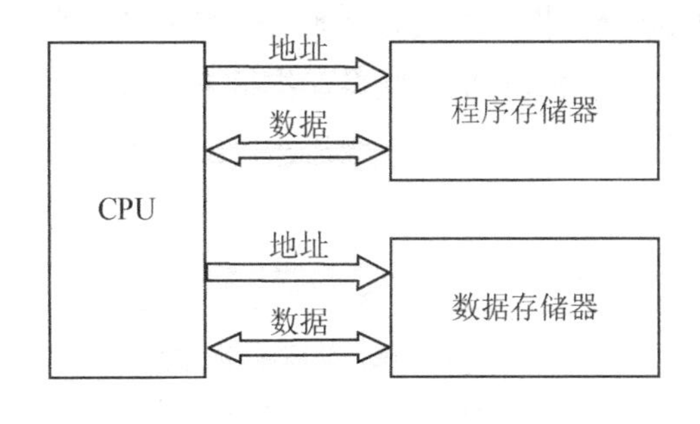


图 1.2 哈佛结构

与冯・诺依曼结构相比，哈佛结构有以下两个明显特点。

（1）使用两个独立的存储器模块分别存储指令和数据，且每个存储模块都不允许指令和数据并存。

（2）使用独立的两组总线作为 CPU 与每个存储器之间的专用通信路径，而这两组总线之间毫无关联。

为了进一步提高运行速度和灵活性，TI 公司的 DSP 芯片在哈佛结构的基础上做了改进，如图 1.3 所示。由图 1.3 可知，程序和数据分开存储；共用地址总线和数据总线；允许数据存放在程序存储器中，并且可以被算术运算指令直接使用，这增强了芯片的灵活性。另外，改进的哈佛结构还可以使指令存储在高速缓存器（Cache）中，在重复执行这些指令时，只要读入一次就可以连续使用，省去了从程序存储器中读取指令的时间，从而提高了运行速度。

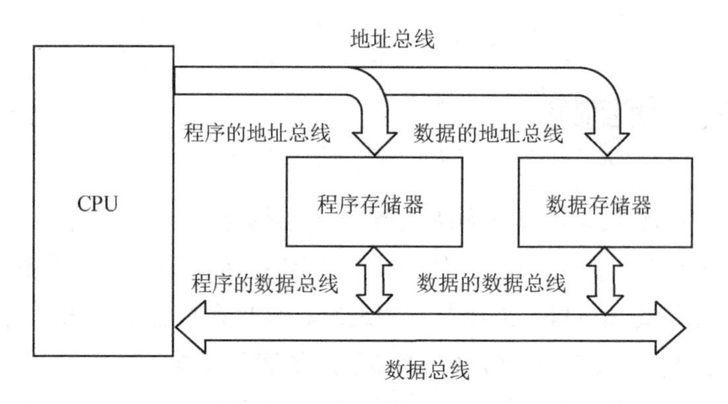


图 1.3　改进的哈佛结构

## 1.3.2　流水线操作

在流水线操作中，一个任务被分解成若干个子任务。这样，它们可以在执行时同步进行。DSP 处理指令系统的流水线操作是与其哈佛结构相配合的，把指令周期减小到最小值，同时增加信号处理的吞吐量。执行一条 DSP 指令，一般需要通过取指、译码、取数和执行等阶段，每一阶段称为一级流水。四级流水线的操作流程图如图 1.4 所示。

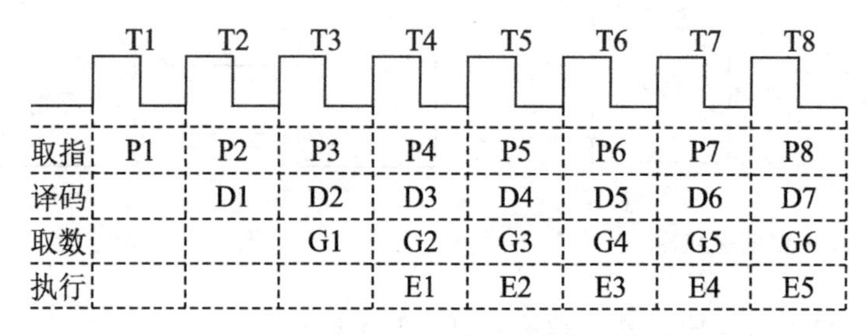


图 1.4　四级流水线的操作流程图

## 1.3.3　硬件乘法器

在通用的微处理器中，乘法实际上是由时钟控制的一连串的“移位-加法”操作实现的，通常需要多个指令周期来完成。在数字信号处理中，无论是滤波器，还是 DFT、FFT 运算，乘法和加法都是主要的运算。硬件乘法器可以在一个单指令周期内完成一次甚至两次乘法运算，从而提高运算速度。

### 1.3.4 特殊的 DSP 指令

为了对数字信号进行更为高效、快速的处理，不同系列的 DSP 芯片都专门设计有一套相应的特殊指令。这些特殊指令节省了指令的条数，缩短了指令的执行时间，提高了运算速度，从而能够充分发挥数字信号处理算法及特殊单元功能。

### 1.3.5 快速的指令周期

DSP 芯片的改进的哈佛结构、专用的硬件乘法器、流水线操作、特殊的 DSP 指令，再结合集成电路的优化设计及内核工作电压降低，使得其指令周期在 ns（纳秒）量级。

## 1.4 DSP 芯片设计的选择

在系统设计中选择具体 DSP 芯片型号时，一般主要考虑以下几个因素。

（1）运算速度。衡量 DSP 芯片运算速度的主要指标：指令周期，执行一条指令需要的时间，通常以 ns 为单位；MAC 时间，完成一次乘法-累加运算需要的时间；FFT 执行时间，运行一个 $N$ 点 FFT 运算需要的时间；每秒执行百万次指令（Million Instructions Per Second，MIPS）；每秒执行百万次浮点操作（Million Floating-point Operations Per Second，MFLOPS）。

（2）运算精度。浮点 DSP 芯片的精度一般优于定点 DSP 芯片，但由于价格差异，因此在精度要求不高的情况下，可以使用定点 DSP 芯片。

（3）片上资源。不同厂家、不同型号的 DSP 芯片，其字长、片内 RAM 存储空间、片内外设等资源都会有所差别。

此外，在选择具体所用的 DSP 芯片型号时，还应考虑芯片的封装形式、供货情况、生命周期，以及软、硬件开发工具支持情况等因素，在满足系统功能需求的基础上，尽可能缩短开发时间，降低系统成本。

# 1.5 DSP 应用系统开发

## 1.5.1 典型 DSP 应用系统

典型 DSP 应用系统（见图 1.5）主要包括输入信号、模拟信号处理、模/数转换（Analog to Digital Converter，ADC）、DSP 处理器、数/模转换（Digital to Analog Converter，DAC）、输出滤波、输出执行等部分。

声音、图像、温度、湿度、速度等输入信号，在经放大、转换和滤波等模拟信号处理后送入 ADC 单元，将模拟信号转换为数字信号。DSP 处理器根据功能需求对转换后的数字信号进行某种形式的处理。经过处理的数字信号在经 DAC 单元转换和输出滤波后，得到执行机构所需的模拟信号。

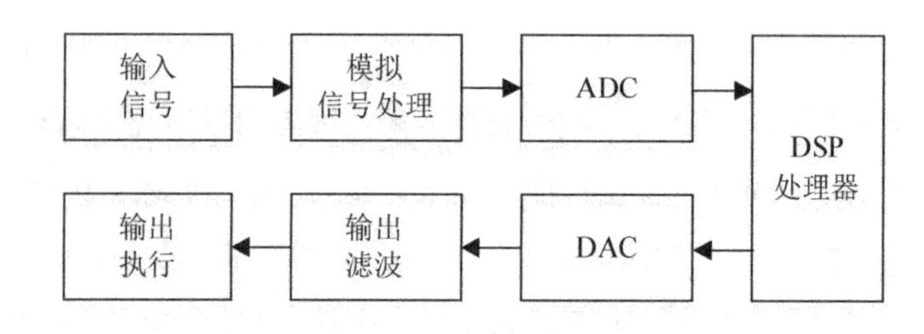


图 1.5　典型 DSP 应用系统

## 1.5.2 DSP 应用系统开发流程

DSP 应用系统开发涉及软、硬件两大方面。

在进行 DSP 应用系统设计前，首先进行系统需求分析，明确系统设计的具体要求和相关技术指标，并将其转化为相应的软、硬件设计要求。

然后，根据系统输入输出功能、实时性、运算精度，以及体积、功耗、成本等要求，在综合考量后选择合适型号的 DSP 芯片。在此期间，可以采用 C 等高级语言或 MATLAB 等软件对相关功能进行计算分析仿真，初定相关算法和主要参数，并对系统中哪些功能用软件来实现、哪些功能用硬件来实现进行分工。

硬件设计主要包括元器件参数设计与选型、原理图与 PCB 版图绘制等；软件设计主要包括应用程序结构设计、主要算法编写、数据处理与收发及人机交互界面设计等。

在系统开发过程中，通常需要利用目标板/开发板、仿真器（XDS）及其配套的集成开发环境（Integrated Development Environment，IDE）等开发工具进行联合调试，从而发现问题并做出相应修改，使得系统各项功能达到设计要求。

随着DSP处理器功能的不断增强和系统开发周期的不断缩短，DSP应用系统开发调试越来越依赖相关开发环境和调试工具。以TI公司的DSP控制器为例，应用程序开发需要TI公司提供的CCS（Code Composer Studio）开发环境，硬件调试需要在线仿真工具。

CCS是TI公司为其DSP产品设计的集成开发环境。它将建立DSP应用程序需要的工具（汇编器、链接器和C编译器等）集成在一起，编写、调试DSP代码都可以在CCS软件中进行。

仿真器是将目标系统和调试平台连接起来的在线仿真工具，DSP开发时的调试、下载、烧写等操作都需要通过仿真器来完成。仿真器通过JTAG接口电缆把DSP硬件目标系统和计算机平台连接起来，并用计算机平台对实际硬件目标系统进行调试，从而真实地模拟程序在实际硬件环境下的运行情况。TI公司的DSP仿真器主要有XDS510系列和XDS560系列等。

开发板一般提供一个包含DSP芯片、存储器、常用接口电路的通用电路板和相应的软/硬件系统。通常开发板带有JTAG仿真接口，可以通过仿真器和目标系统连接，用户可以在开发板上进行算法开发、验证、优化和调试，以方便DSP系统的软件开发。

TI公司的C2000系列DSP芯片内部集成了高速运行的数字信号处理内核和丰富的外设资源，特别适用于高性能数字控制系统，称为“DSP控制器”更能体现其特点。

本书后续，以C2000系列典型芯片TMS320F28335为例，详细介绍DSP控制器的原理及应用。

## 思考题

1. 简述信号、消息与信息三者之间的区别与联系。

2. 为什么DSP特别适用于数字信号处理？它有哪些基本特点？

3. 在设计DSP应用系统时，如何选择合适的DSP芯片？

4. 简述DSP应用系统开发的一般流程。

# 第2章 DSP最小硬件系统设计

一个完整的 DSP 硬件系统通常由 DSP 芯片和其他相应的外围器件构成。本章主要以 TMS320F28335 芯片为例，首先介绍了 DSP 控制器的封装、引脚、内部功能结构等情况，然后详细分析了 DSP 最小硬件系统的基本设计，包括供电电路、时钟电路、复位电路及仿真器接口电路等。

## 2.1 DSP 控制器简介

DSP 控制器是 TI 公司新推出的一款 32 位浮点 DSP 控制器，是 C2000 系列的典型产品。它在已有的 DSP 平台上增加了浮点运算内核，并在保持原有 DSP 控制器优点的同时，能够执行复杂的浮点运算，可以节省代码执行时间和存储空间，具有运算精度高、成本低、功耗低、外设集成度高、数据及程序存储空间大等优点，从而可以为嵌入式工业应用提供更优异的性能和更简单的软件设计。

### 2.1.1 TMS320F28335 芯片封装与引脚

TMS320F28335 芯片有 3 种封装形式：176 引脚的 PGF/PTP 低剖面扁平封装（PQFP/LQFP）、179 引脚的 ZHH 球形触点阵列（BGA）封装及 176 引脚的 ZJZ 塑料球形触点阵列（PBGA）封装。TMS320F28335 芯片的 176 引脚 LQFP 封装如图 2.1 所示。

TMS320F28335 芯片外围引脚类型主要包括电源接口、地址/数据总线接口、初始化接口、中断接口、复位接口、JTAG 仿真接口及各种片内外设的通信接口等。

其中，所有输入引脚均与 3.3V 的 TTL 电平兼容；所有输出引脚均为 3.3V 的 CMOS 电平，输出缓冲器驱动能力的典型值为 4mA，而外部存储器接口 XINTF 相关引脚输出驱动能力则可以达到 8mA。

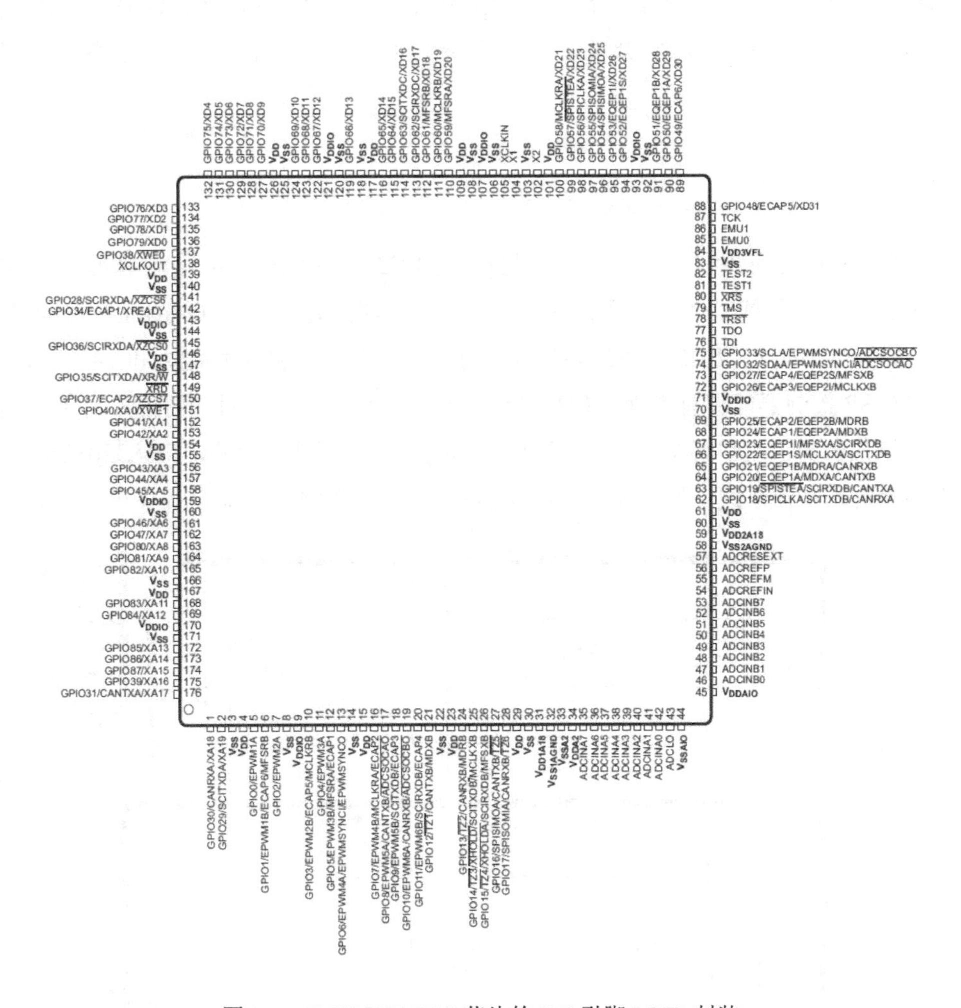

图 2.1　TMS320F28335 芯片的 176 引脚 LQFP 封装

TTL 电平标准和 CMOS 电平标准如表 2.1 和表 2.2 所示。

表 2.1　TTL 电平标准

| 引脚电气方向 | 高电平（1） | 低电平（0） |
|---|---|---|
| 输入 | >2.0V | <0.8V |
| 输出 | >2.4V | <0.4V |

表 2.2 CMOS 电平标准

| 引脚电气方向 | 高电平（1） | 低电平（0） |
|---|---|---|
| 输入 | $>0.7\times V_{cc}$ | $<0.3\times V_{cc}$ |
| 输出 | $>0.9\times V_{cc}$ | $<0.1\times V_{cc}$ |

因此，对 TMS320F28335 芯片的输入引脚而言，只要检测到电平低于 0.8V，就认为是低电平，电平高于 2.0V，就认为是高电平；对 TMS320F28335 芯片的输出引脚而言，计算电平标准所需的 $V_{cc}$=3.3V。

## 2.1.2　TMS320F28335 芯片内部功能结构

TMS320F28335 芯片具有丰富的片内资源和强大的功能，其内部结构图如图 2.2 所示。从系统功能来看，TMS320F28335 芯片可以划分为 CPU、片内总线、存储器和片内外设 4 个部分。

### 一、CPU

TMS320F28335 芯片的 CPU 和 TI 公司现有的 C28x 系列的 DSP 控制器具有相同的 32 位定点架构，同时包括一个单精度 32 位的 IEEE-754 浮点处理单元（Floating Point Unit，FPU），支持浮点运算。TMS320F28335 芯片的 32×32 位的乘法运算能力和 64 位的处理能力，使得 DSP 控制器能够有效地处理高精度的浮点数值问题。同时，它还添加了关键寄存器自动环境保护的快速中断响应功能，可以高速处理异步事件。此外，TMS320F28335 芯片具有 8 级深的保护流水线，使其能够以很高的速度执行，而不需要借助昂贵的高速存储器。

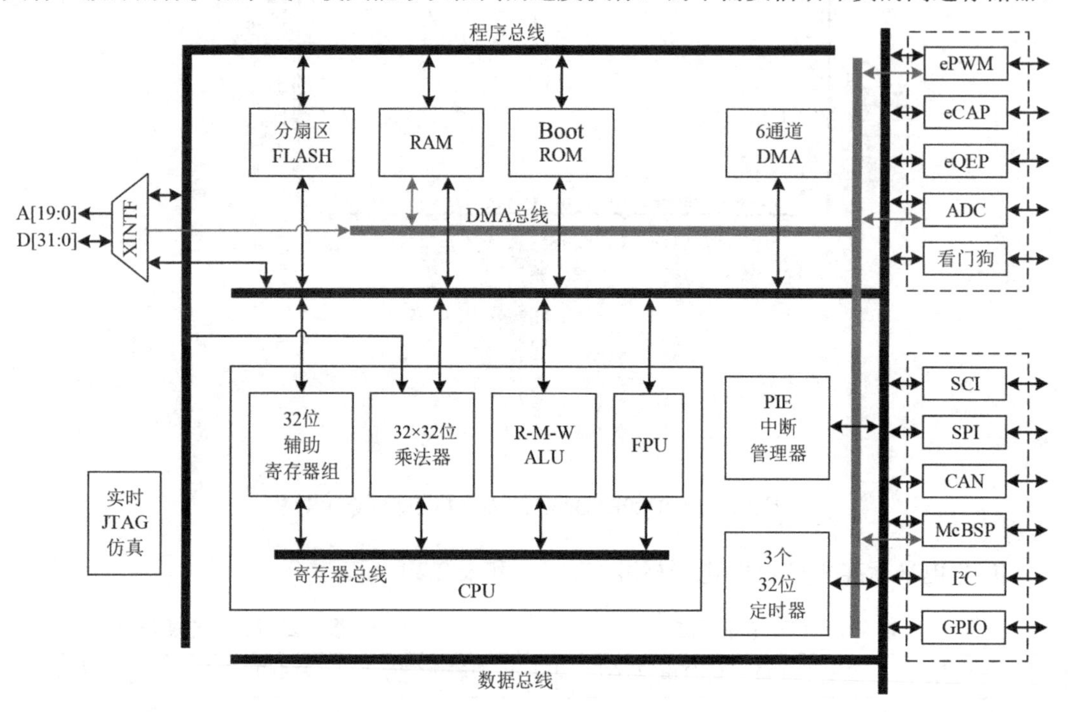


图 2.2　TMS320F28335 芯片的内部结构图

### 二、片内总线

TMS320F28335 芯片的片内总线结构图如图 2.3 所示。DSP 控制器的片内存储总线共有 6 组，其中外部地址总线和数据总线各 3 组。

3 组外部地址总线包括 22 位的程序地址总线 PAB（提供访问程序存储器的地址）、32 位的数据读地址总线 DRAB（提供读数据存储器的地址）及 32 位的数据写地址总线 DWAB（提供写数据存储器的地址）。3 组外部数据总线包括 32 位的程序读数据总线 PRDB（传送来自程序空间的指令或数据）、32 位的数据读数据总线 DRDB（传送来自数据空间的数据）及 32 位的数据/程序写数据总线 DWDB（将 CPU 处理后的数据传送到程序/数据存储器）。

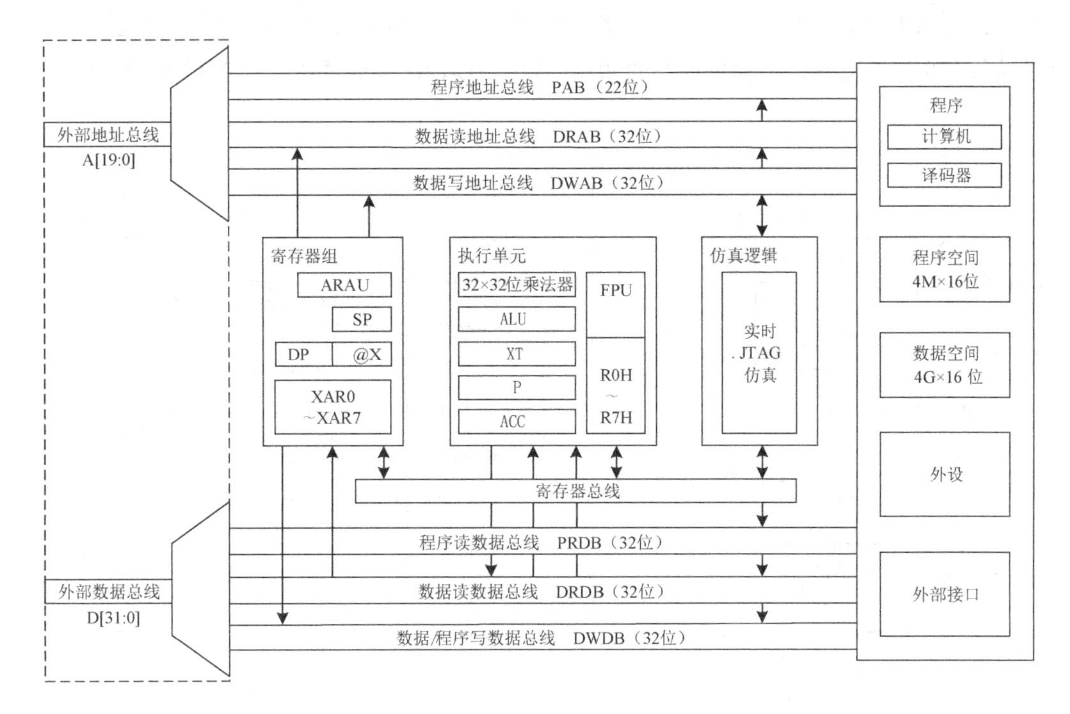


图 2.3　TMS320F28335 芯片的片内总线结构图

基于改进的哈佛结构，不仅程序空间和数据空间的总线独立，而且数据空间进行读和写的总线也独立，这使得 DSP 控制器不仅可以同时访问程序空间和数据空间，而且可以同时对数据空间进行读操作和写操作。因此，TMS320F28335 芯片可以在单个周期内完成取指令、取操作数和写入数据值的操作。

值得注意的是，程序空间的读操作和写操作不能同时发生，因为它们都要使用程序地址总线 PAB；同理，程序空间的写操作和数据空间的写操作不能同时发生，因为两者都是用数据/程序写数据总线 DWDB 的。

### 三、存储器

TMS320F28335 芯片的片内存储器配置（见图 2.4）主要包括 FLASH、SARAM、用户 OTP、Boot ROM、外设帧（PF）等，同时预留了 3 个区域（Zone 0、Zone 6 和 Zone 7）用

于外扩存储器。在图 2.4 中，W 代表一个 16 位的“Word”（字）。

### 1. FLASH 存储器

TMS320F28335 芯片的 FLASH 存储器为 256KW，地址为 0x300000～0x33FFFF。FLASH 存储器通常映射为程序存储空间，但也可以映射为数据存储空间，其用来存放程序代码或掉电后需要保护的用户数据。为便于用户使用，256KW 的 FLASH 存储器又分为 8 个 32KW 的扇区。另外，FLASH 最高地址的 8 个字节（0x33FFF8～0x33FFFF）为代码安全模块 CSM，可以写入 128 位的密码，以保护产品的知识产权。FLASH 存储器本身也受 CSM 保护。

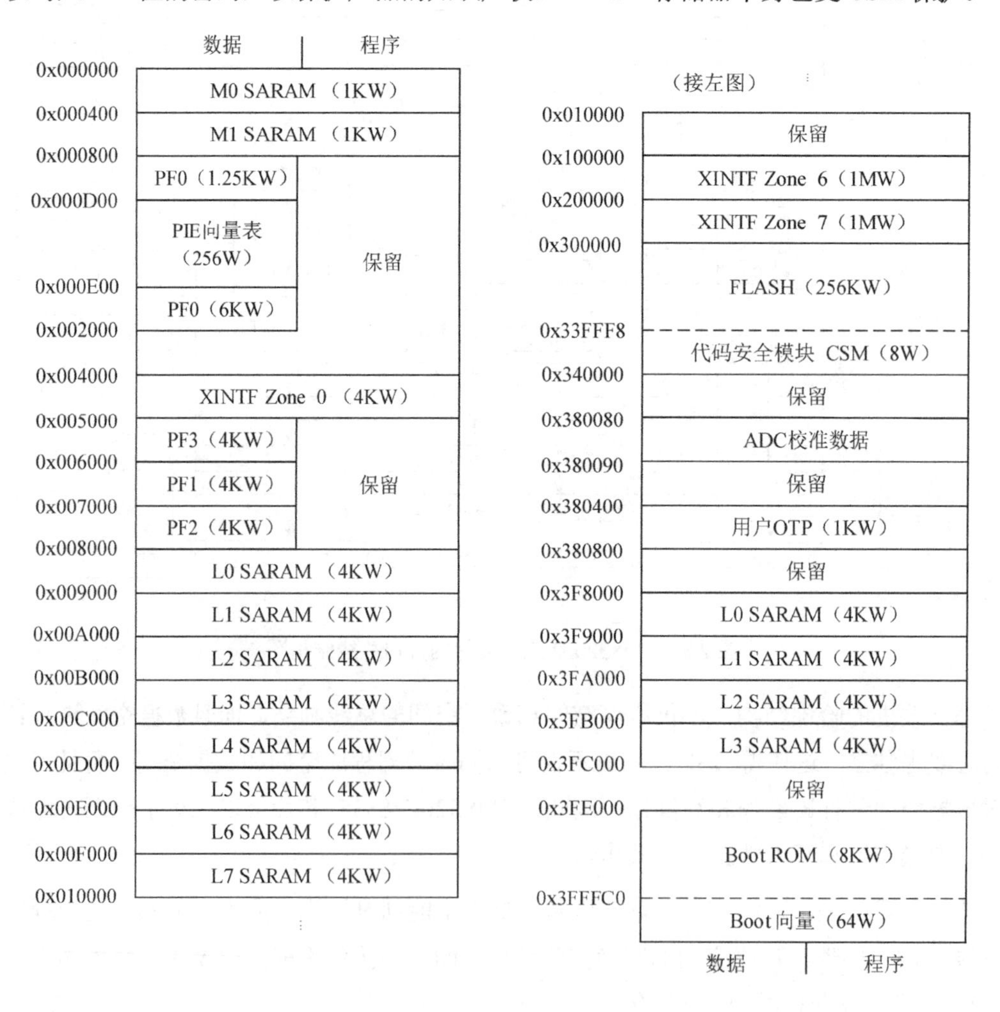


图 2.4 TMS320F28335 芯片的片内存储器配置

### 2. SARAM 存储器

SARAM 存储器是单周期访问 RAM 的，每个机器周期仅能访问一次。TMS320F28335 芯片在物理上提供了 34KW 的 SARAM 存储器，它们分布在几个不同的存储区域。

（1）M0 和 M1。每块均为 1KW，地址分别为 0x000000～0x0003FF 和 0x000400～0x0007FF。它们同时被映射到程序空间和数据空间，并可以独立访问，既可以存放程序代码，又可以存放用户数据。由于复位后，堆栈指针 SP 的内容为 0x0400，因此，M1 默认作为堆栈。

（2）L0～L7。每块均为 4KW，与 M0 和 M1 类似，它们同时被映射到程序空间和数据空间，可以存放程序代码和用户数据。其中，L0～L3 是双映射的，既可以映射到 0x008000～0x00BFFF，又可以映射到 0x3F8000～0x3FBFFF，且其内容受 CSM 保护；L4～L7 是单映射的，映射地址范围为 0x00C000～0x00FFFF，该区域支持直接存储器访问（DMA）。

#### 3. OTP 存储器

OTP 是一次可编程存储区，TMS320F28335 芯片的片内存储器包含 2KW 的 OTP 存储器。其中，1KW 为 TI 公司保留，用作 ADC 校准数据区；1KW 地址范围为 0x380400～0x3807FF，可以由用户使用。

#### 4. Boot ROM 存储器

TMS320F28335 芯片包含 8KW 的 Boot ROM 存储器，地址范围为 0x3FE000～0x3FFFFF。出厂时，Boot ROM 存储器中固化了引导加载程序、定点/浮点数学表、复位及中断向量表及产品版本号和校验信息。TMS320F28335 芯片上电复位后会读取复位向量，并使程序的执行转向 Boot ROM 存储器中的引导加载程序，进而完成用户程序的定位和加载。

#### 5. 外设帧存储器

外设帧存储器包含 4 个部分：PF0、PF1、PF2 和 PF3。它仅映射到数据空间，但非常重要。因为除 CPU 及个别寄存器之外，所有片内外设及其中断向量表和 FLASH 存储器的相关寄存器（包括控制、数据和状态寄存器）均配置在这个存储区域。

### 四、片内外设

TMS320F28335 芯片的片内外设主要包括 6 个独立的增强型脉宽调制（ePWM）模块、6 个增强型捕获（eCAP）模块、2 个增强型正交编码脉冲（eQEP）模块、1 个 12 位带流水线结构的模/数转换器（ADC）模块、3 个串行通信接口（SCI）、1 个串行外设接口（SPI）、2 个现场总线通信接口（CAN）、2 个多通道缓冲串口（McBSP）及 1 个集成电路总线（$I^2C$）模块。另外，TMS320F28335 芯片的片内外设还包括 PIE 中断管理器、3 个 32 位 CPU 定时器、6 通道 DMA、16/32 位的外部存储器接口（XINTF）和 JTAG 边界扫描接口。

# 2.2 DSP 的供电设计

## 2.2.1 TMS320F28335 芯片的电源要求

在整个 DSP 应用系统中，电源系统的设计非常关键。为了降低功耗，TMS320F28335 芯片的 DSP 控制器采用双电源供电机制，即 CPU 内核电源和 I/O 电源。在具体设计中，一般需要提供以下 3 种电源。

（1）内核电源 VDD。TMS320F28335 芯片的内核电源为 1.8V 或 1.9V，用于为 CPU、时钟源模块和大部分片内外设等内部逻辑电路供电。若 CPU 的工作频率低于 135MHz，则可以采用 1.8V 供电；否则必须采用 1.9V 供电。

（2）I/O 供电电源 VDDIO。TMS320F28335 芯片采用 3.3V 供电电源与数字接口，所有数字输入引脚电平与 3.3VTTL 电平兼容，所有输出引脚电平与 3.3VCMOS 电平兼容。因此，在与外围低压器件接口时，无须额外的电平转换电路。

（3）模拟电源 VDDA 和 VDDAIO。模拟电源 VDDA 和 VDDAIO 分别为 3.3V 和 1.9V，用于为片内 ADC 模块的模拟电路供电。

需要特别强调的是，模拟电路部分和数字电路部分要独立供电，而且数字地和模拟地也分开，并遵循“单点”接地的原则。

## 2.2.2 电源解决方案

在 DSP 应用系统电源设计中，一般采用单一的+5V 电源，其经过 DC/DC 转换可以得到其他数值的电源电压，如 1.8V、2.5V、3.3V 等。+5V 电源一般可以由外部开关电源或 220V 交流电经变压、整流、滤波和稳压等环节后得到，但这样得到的+5V 电源虽带载能力强，但纹波较大，一般不能直接运用到 DSP 系统中，需要再经过 DC/DC 转换将该电压进行隔离稳压处理。DC/DC 转换器通常有线性稳压器和开关式稳压器两种。

（1）线性稳压器，如 TPS767D318（5V 输入，3.3V/1.8V 双路输出）、TPS76833（5V 输入，3.3V 单路输出）等，这种方式实现简单、成本低，且具有瞬态特性好、没有输出纹波等优点，但其功耗为输入输出电压差值与输出电流的乘积，该值通常较高，使得转换效率较低。TPS767D318 典型应用电路如图 2.5 所示。

（2）开关式稳压器，如 TPS54386（5V 输入，3.3V/1.8V 双路输出）、TPS54310（5V 输

入，0.9～4.5V 单路输出）等，这种方式具有输出电流大、效率高等特点，但通常需要较多的外围器件，会占用较大的电路面积。TPS54386 典型应用电路如图 2.6 所示。

在具体设计时，需要从电源的转换效率、成本、电路板空间、输出电压是否要求可调、带负载情况等几个方面综合考虑，然后选取合适的电源设计方案。

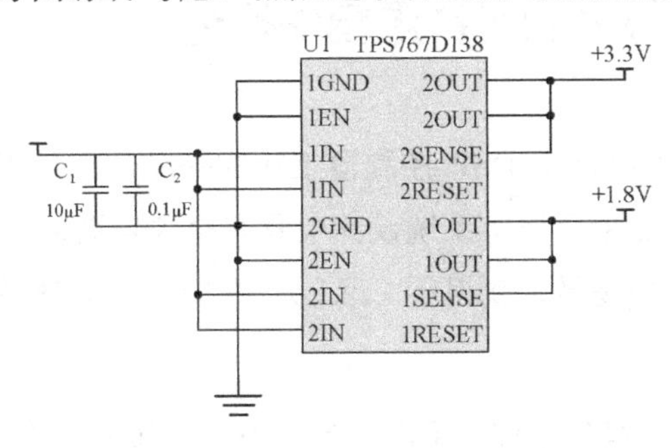


图 2.5　TPS767D318 典型应用电路

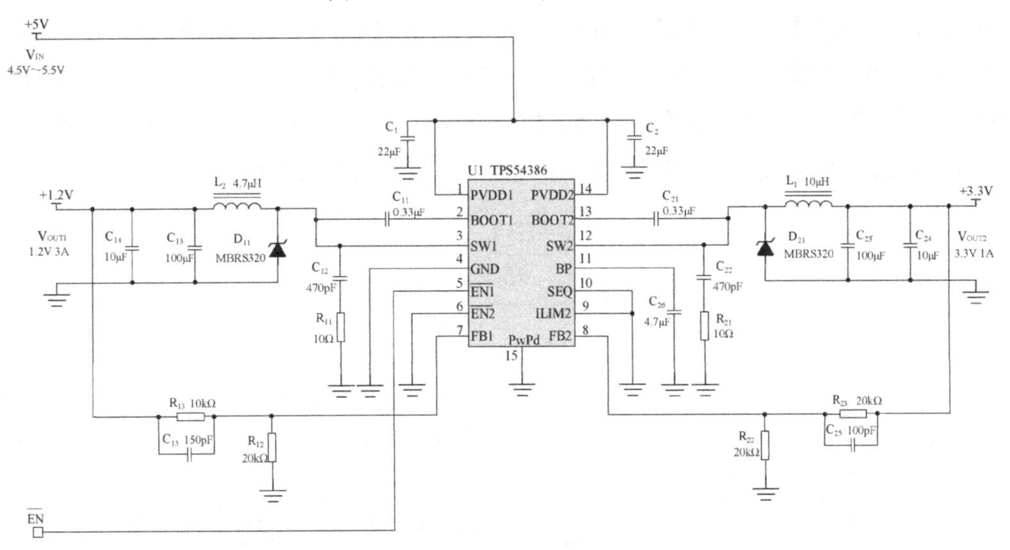


图 2.6　TPS54386 典型应用电路

## 2.2.3　电源加电顺序

由于 TMS320F28335 芯片采用双电源供电，因此使用时需要考虑它们的加电顺序。一旦加上 I/O 电压，I/O 引脚立即被驱动，如果此时还没加内核电压，那么 I/O 引脚的输入输出方向就无法确定。如果是输出，而且这时与之相连的其他器件的引脚也处于输出状态，那么会造成时序的紊乱或对器件本身造成损伤。因此，在 TMS320F28335 芯片应用系统上电时，一般要求 CPU 内核电源先上电，I/O 电源后上电，或者内核电源与 I/O 电源同时上电。此外，为了保护 DSP 器件，应在 CPU 内核电源与 I/O 电源之间加肖特基二极管。

# 2.3 时钟设计

## 2.3.1 TMS320F28335 芯片的时钟源模块概述

在 DSP 应用系统中，时钟电路是 DSP 控制器工作的基准，其性能好坏直接影响系统能否正常运行。所以，时钟电路在整个数字系统设计中具有至关重要的地位。TMS320F28335 芯片的时钟源模块集成了片上振荡器、锁相环（PLL）、看门狗定时器及工作模式选择等控制电路，如图 2.7 所示。

在图 2.7 中，时钟源模块主要有 6 种类型的时钟信号。外部时钟 OSCCLK 是片上振荡器模块输出的时钟；看门狗时钟 WDCLK 是 OSCCLK 先经 512 分频再经看门狗定时器后得到的时钟，主要供看门狗定时器和系统控制模块使用；CPU 输入时钟 CLKIN 是 OSCCLK 直接或经过 PLL 模块送往 CPU 的时钟，供 CPU 和总线使用；系统时钟 SYSCLKOUT 是 CPU 输出的时钟信号，其为所有片内外设提供全局时钟；高速外设时钟 HSPCLK 和低速外设时钟 LSPCLK 均通过对系统时钟分频来得到，以供片内外设使用。

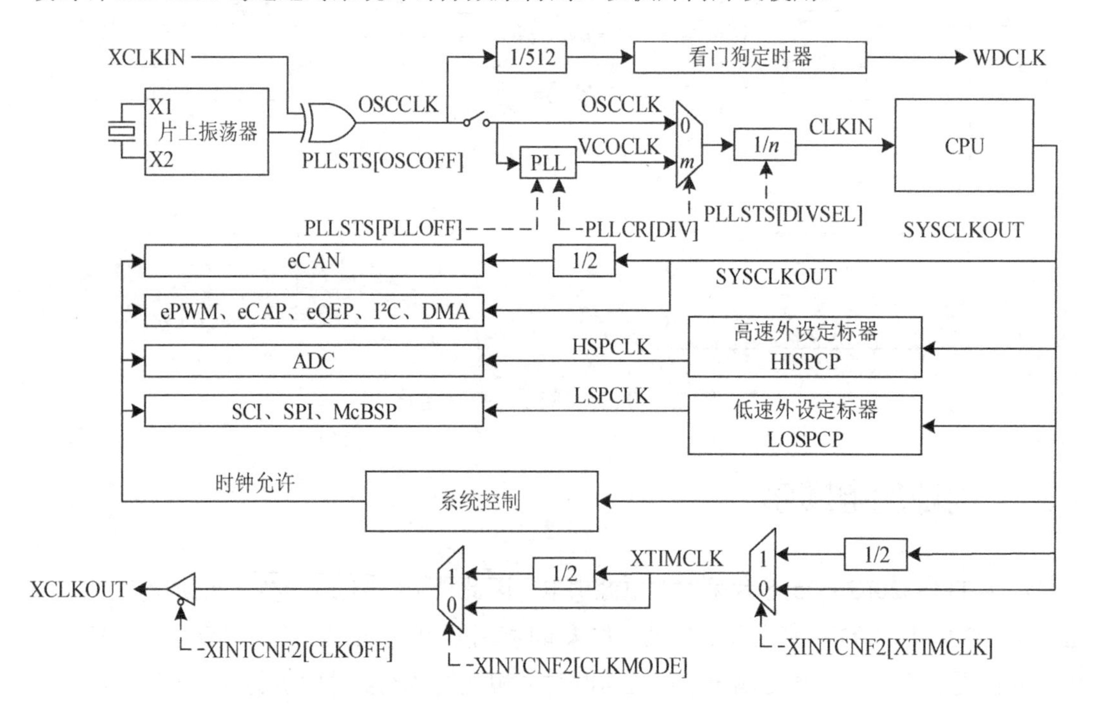


图 2.7 TMS320F28335 芯片的时钟源模块

## 2.3.2　时钟信号的产生

外部时钟信号的产生一般有两种方案。第一种方案是在引脚 X1 和引脚 X2 之间外接晶体（用于启动片内振荡器），使用片内振荡器产生外部时钟 OSCCLK，如图 2.8（a）所示。其中，晶体的典型值可以取 30MHz，两引脚的接地电容可以取 24pF。第二种方案是通过将片内振荡器旁路直接通过外部时钟源来为芯片提供时间基准。此时，外部时钟的输入方式又可以分为两种。一种是从引脚 XCLKIN 输入 3.3V 的外部时钟信号，此时，引脚 X1 接地，引脚 X2 悬空，如图 2.8（b）所示；另一种是从引脚 X1 输入 1.9V 的外部时钟信号，此时 XCLKIN 引脚接地，引脚 X2 悬空，如图 2.8（c）所示。

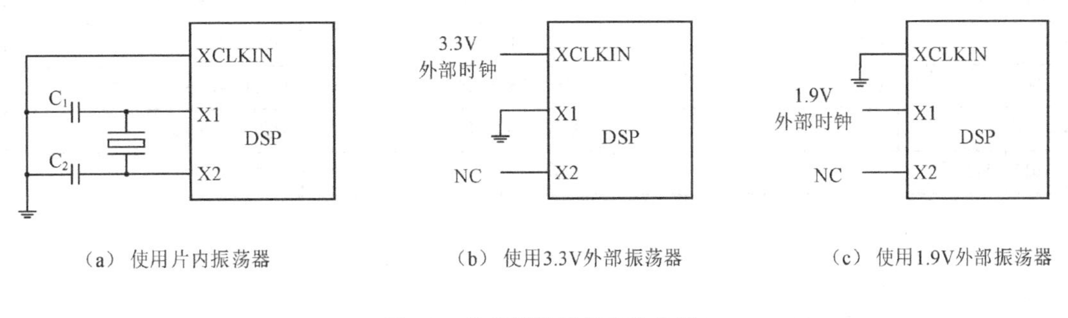


图 2.8　外部时钟信号产生方案

## 2.3.3　PLL 模块

PLL 模块具有频率放大和时钟信号提纯的作用，其不仅可以使晶振相对参考信号保持恒定相位，而且允许通过软件实时配置片上时钟，从而提高系统的灵活性和可靠性。同时，PLL 可以将较低的外部时钟频率倍频成系统需要的较高的工作频率，从而降低系统对外部时钟的依赖和电磁干扰。

如图 2.7 所示，CPU 输入时钟 CLKIN 是由外部时钟 OSCCLK 直接分频或经 PLL 倍频后再分频得到的。PLL 的分频系数由 PLLSTS 寄存器的[DIVSEL]位决定，倍频系数由 PLLCR 寄存器的[DIV]位决定。CPU 输入时钟 CLKIN 和系统时钟 SYSCLKOUT 与 PLL 模块的配置关系如表 2.3 所示。

表 2.3 锁相环模块配置

| PLLCR [DIV] | CLKIN 和 SYSCLKOUT | | |
|---|---|---|---|
| | PLLSTS[DIVSEL] =0、1 | PLLSTS[DIVSEL] =2 | PLLSTS[DIVSEL]=3 |
| 0000 | OSCCLK/4 | OSCCLK/2 | OSCCLK |
| 0001 | (OSCCLK×1)/4 | (OSCCLK×1)/2 | OSCCLK×1 |
| 0010 | (OSCCLK×2)/4 | (OSCCLK×2)/2 | OSCCLK×2 |
| 0011 | (OSCCLK×3)/4 | (OSCCLK×3)/2 | OSCCLK×3 |
| 0100 | (OSCCLK×4)/4 | (OSCCLK×4)/2 | OSCCLK×4 |
| 0101 | (OSCCLK×5)/4 | (OSCCLK×5)/2 | OSCCLK×5 |
| 0110 | (OSCCLK×6)/4 | (OSCCLK×6)/2 | OSCCLK×6 |
| 0111 | (OSCCLK×7)/4 | (OSCCLK×7)/2 | OSCCLK×7 |
| 1000 | (OSCCLK×8)/4 | (OSCCLK×8)/2 | OSCCLK×8 |
| 1001 | (OSCCLK×9)/4 | (OSCCLK×9)/2 | OSCCLK×9 |
| 1010 | (OSCCLK×10)/4 | (OSCCLK×10)/2 | OSCCLK×10 |
| 1011～1111 | 保留 | 保留 | 保留 |

## 2.4 复位电路设计

DSP 控制器在运行过程中可能出现程序跑飞或跳转等情况，此时可以通过手动或自动的方式通知特定硬件接口，使程序软件恢复至特定程序段或从头开始运行，该过程称为系统复位。

TMS320F28335 芯片的复位输入引脚 $\overline{XRS}$ 为其提供了硬件初始化的方法，它是一种不可屏蔽的外部中断，可以在任何时候对芯片进行复位。当系统上电后，引脚 $\overline{XRS}$ 应至少保持 5 个时钟周期的稳定低电平，以确保数据、地址和控制线的正确配置。系统复位的实现方式主要分为软件复位和硬件复位两种。其中，硬件复位主要有以下几种方法。

（1）上电复位电路。上电复位电路是利用 RC 电路的延迟特性来产生复位需要的低电平时间，具体复位电路如图 2.9（a）所示。

（2）手动复位电路。手动复位电路通过上电或按键两种方式对芯片进行复位。当按键 $S_{21}$ 闭合时，电容 $C_{21}$ 通过按键和电阻 $R_{22}$ 进行放电，使电容 $C_{21}$ 上的电压降为 0；当按键 $S_{21}$ 断开时，电容 $C_{21}$ 的充电过程与上电复位时相同，从而实现手动复位，具体复位电路如图 2.9（b）所示。

（3）自动复位电路。自动复位电路除具有上电复位功能之外，还能监视系统运行。当系统发生故障或死机时，可以通过该电路对系统进行自动复位。自动复位电路的基本原理是通过电路提供的监视线来监视系统运行，当系统正常运行时，在规定的时间内给监视线提供一个变化的高低电平信号，若在规定的时间内这个信号不发生变化，则自动复位电路认为系统运行不正常，从而对系统进行复位。基于 MAX706 芯片的自动复位电路如图 2.9（c）所示。

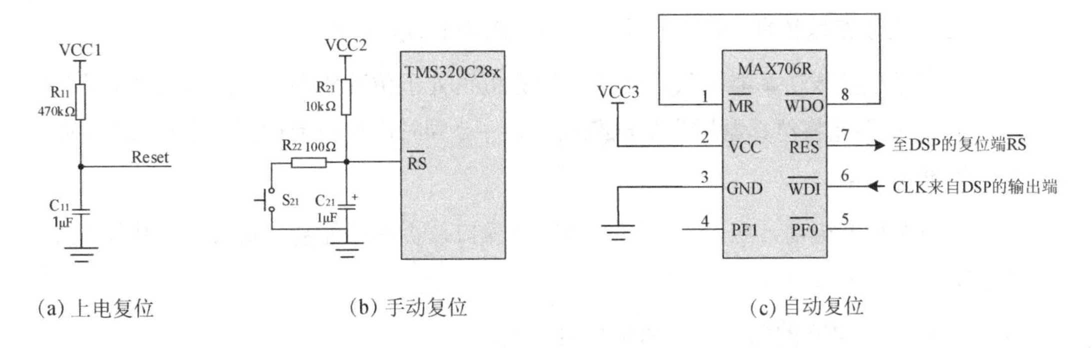


图 2.9　复位电路

## 2.5 JTAG 接口电路设计

联合测试行动小组（Joint Test Action Group，JTAG）协议是一种国际标准测试协议，主要用于芯片仿真和测试。现在多数高性能控制器，如 DSP、FPGA 器件等都支持 JTAG 协议。标准 JTAG 接口电路如图 2.10 所示。

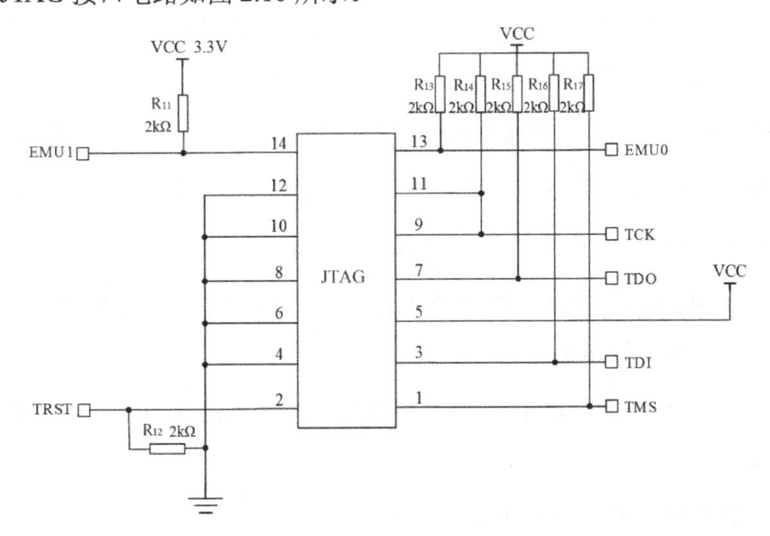


图 2.10　标准 JTAG 接口电路

在图 2.10 中，标准 JTAG 接口是 4 线的：TMS、TCK、TDI、TDO，分别为测试模式选择线、测试时钟线、测试数据输入线和测试数据输出线。通过标准 JTAG 接口可以实现与 DSP 内部的所有部件进行仿真通信和对外部 FLASH 的烧写，这是开发调试嵌入式系统的一种简洁高效的手段。

此外，在使用仿真器时一定要注意安全操作，避免因使用不当而损坏仿真器和电路板。在保证电路设计正确、仿真器接口符合要求的前提下，还应注意以下几点。

（1）要求装有仿真器的计算机的地与电路板的地必须可靠连接。

（2）不应带电插拔仿真器插头，特别是计算机正处于仿真器调试状态时（仿真器盒子的工作灯亮），更不能将仿真器插头从电路板上取下，同时应避免因仿真器电缆被意外碰撞而使仿真器插头脱落。

（3）在电路板断电前，应先退出仿真器软件窗口，否则可能会使仿真器工作不正常，从而无法重新进入 DSP。

（4）电路板上 DSP 的电源设置和仿真器一致。

## 思考题

1．一个 DSP 最小系统的设计通常包括哪些部分？

2．TMS320F28335 芯片是哪个公司的 DSP？试解释其型号命名含义。

3．简述 TMS320F28335 DSP 控制器的主要特点及总体结构。

4．简述 TMS320F28335 芯片各片内总线（PAB、DRAB、DWAB、PRDB、DRDB 及 DWDB）的主要功能和联系。

5．TMS320F28335 芯片内存储空间分为哪几个部分？代码安全模块的作用是什么？

6．TMS320F28335 芯片存储空间中外设寄存器帧的作用是什么？它映射哪个空间？

7．TMS320F28335 DSP 控制器的主要片内外设有哪些？

8．DSP 应用系统中一般需要提供哪 3 种电源？其各自的作用是什么？DSP 应用系统上电时的上电顺序是怎样的？

9．简述 TMS320F28335 DSP 控制器外部时钟信号的产生方案，并分析片内各模块时钟与振荡器频率间的关系。

10．看门狗定时器模块的作用是什么？

11．如何设置 PLL 模块的倍频系数？

# 第 3 章 软件开发环境

对 DSP 应用系统开发者而言，要想缩短开发周期，降低开发难度，高效的开发工具是至关重要的。CCS 是 TI 公司推出的集成开发环境，其内部集成了工程管理工具、代码编辑工具、代码生成工具、代码调试工具、仿真器及性能分析工具等。因此，开发者可以在 CCS 中完成所有与 DSP 软件开发相关的工作，从而降低 DSP 应用系统的开发难度，使开发者可以将更多的精力集中在应用上。

## 3.1 开发工具与开发流程

### 3.1.1 开发工具

DSP 应用系统硬件设计完成后，需要选择适当的开发工具和开发环境进行软件开发。通常 DSP 应用系统的开发工具可以分为代码生成工具和代码调试工具。代码生成工具包括 C 语言编译器、汇编器、连接器、文档管理器、运行支持库等，其主要作用是将用 C 语言或汇编语言编写的程序通过编译、汇编及链接，最后转化为可执行的 DSP 程序；代码调试工具的作用是在 DSP 程序的编写过程中，按照设计的要求对程序及系统进行调试，使编写的程序达到设计目标。例如，软件模拟器、软件评估模块 EVM、初学者开发工具 DSK 等。

### 3.1.2 开发流程

目前，DSP 应用系统的软件开发一般借助 TI 公司或第三方提供的 JTAG 仿真器和 TI 公司提供的集成开发环境 CCS 两个工具进行。基于 CCS 的 DSP 软件开发流程如图 3.1 所示。

整个开发过程包括软件设计、程序代码编写、应用程序调试和分析调整 4 个基本步骤。其中，软件设计主要包括程序模块的划分、算法和流程的确定及执行结果的预测等工作；

在进行程序代码编写时，可以采用汇编语言，也可以采用高级语言（主要是 C/C++语言）；应用程序调试和分析调整主要基于 CCS 提供的多种调试、分析工具，对设计的应用程序进行调试和结果分析。随着 DSP 应用系统规模和复杂程度的提高，软件开发需要的工作量越来越大，在开发时间和成本的限制下，开发方式逐渐向高级语言转变。因此，TMS320F28335 DSP 控制器一般采用 C 语言、C++语言或混合编程的方式进行软件开发。

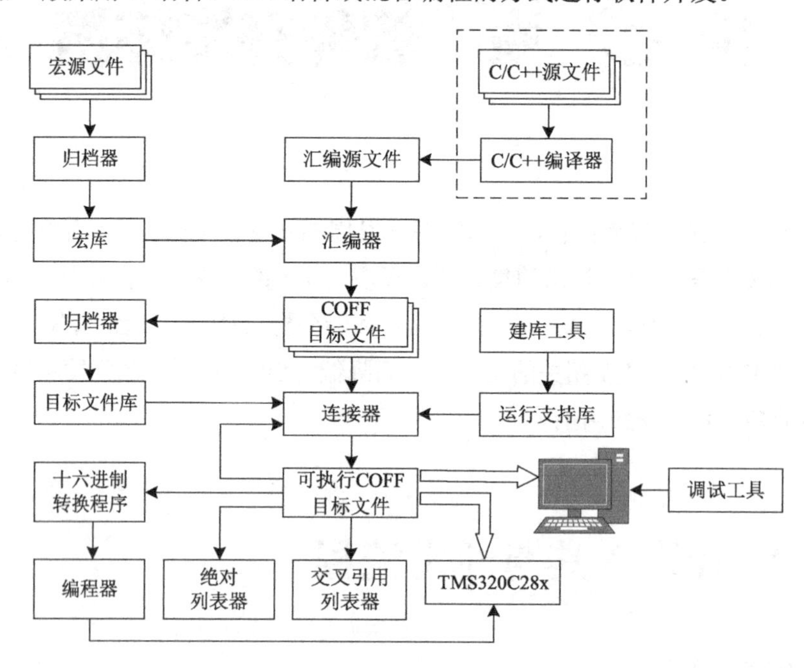


图 3.1 基于 CCS 的 DSP 软件开发流程图

# 3.2 CCS 简介及软件安装

## 3.2.1 CCS 简介

CCS 是一个完整的 DSP 集成开发环境，TI 公司官网（http://www.ti.com/tool/ccstudio）提供安装文件下载。目前，TI 公司的所有 DSP 产品都可以使用该软件工具进行开发，使用较多的是 CCS 2.0 以上的版本，对于不同系列的各种版本，其安装和使用方法的差异并不大。

CCS 的功能十分强大，它不仅集成了代码的编辑、编译、连接和调试等功能，而且支持 C/C++语言和汇编语言的混合编程，其主要功能如下。

（1）集成可视化代码编辑界面，支持编写 C/C++代码、汇编代码、H 文件、CMD 文件等。

（2）集成代码生成工具，优化 C/C++编译器、汇编器、连接器等，并将代码的编辑、编译、连接和调试等功能集成到一个软件环境中。

（3）基本调试工具具有载入可执行代码，以及查看寄存器、存储器、反汇编、变量窗口等功能，并支持 C 源代码级调试。

（4）具有断点工具（Break Points），能在程序调试过程中完成硬件断点、软件断点和条件断点的设置。

（5）具有探测点工具（Probe Points），可以用于算法的仿真及数据的实时监视等。

（6）具有分析工具（Profile Points），包括模拟器分析和仿真器分析，可以用于模拟和监视硬件功能。

（7）具有数据图形显示工具，可以将运算结果用图形显示。

（8）提供 GEL 工具，利用 GEL 扩展语言，用户可以定制自己的控制面板、菜单，以及设置 GEL 菜单选项，可以方便直观地修改变量和配置参数等。

（9）提供 DSP/BIOS 工具，可以增强对代码的实时分析能力，如分析代码执行的效率、调度程序执行的优先级等。

### 3.2.2 CCS 软件的安装

在使用 CCS 之前，首先必须按照 CCS 的产品说明书安装 CCS 软件；其次进行系统环境设置；最后按照具体使用的仿真器安装目标板和驱动程序。CCS 软件的安装过程与一般 Windows 应用程序的安装过程类似。下面以 CCS 6.1 版本为例，详细介绍 CCS 软件的安装过程。

（1）先将安装文件中的 CCS 6.1 程序压缩包（CCS6.1.0.00104_win32.zip）复制到 D\CCS 目录下（注意，目录不可以含有中文路径），并解压。

（2）双击解压后文件夹里的 CCS 6.1.0.00104_win32.exe 文件，运行安装程序。值得注意的是，在运行安装程序之前，务必退出所有杀毒软件，否则可能导致安装出错。若未关闭杀毒软件，则会弹出如图 3.2 所示的安装环境检测界面，选择“是”即可。

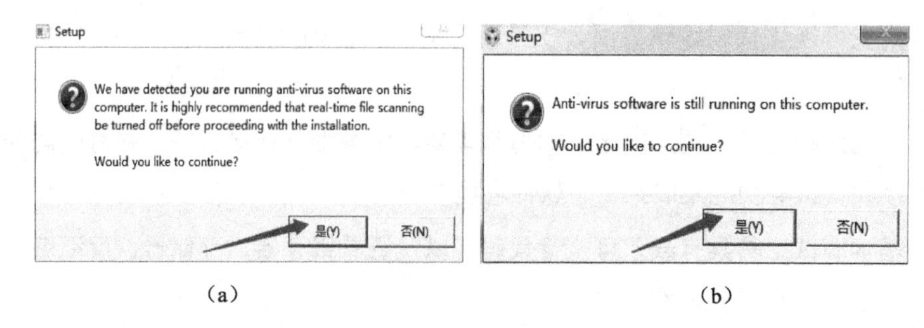


(a)　　　　(b)

图 3.2　安装环境检测

（3）进入软件安装界面，根据提示选择需要的软件安装路径、芯片支持及仿真设备驱动类型等，如图 3.3 和图 3.4 所示。此外，在安装过程中，系统一般会默认安装到 C 盘根目录下。如果用户的 C 盘空间足够大，那么可以直接安装在 C 盘；如果 C 盘空间比较小，那么可以指定安装到其他盘，因为之后还要安装仿真器驱动等。如果 C 盘空间很小，那么系统运行会不稳定。

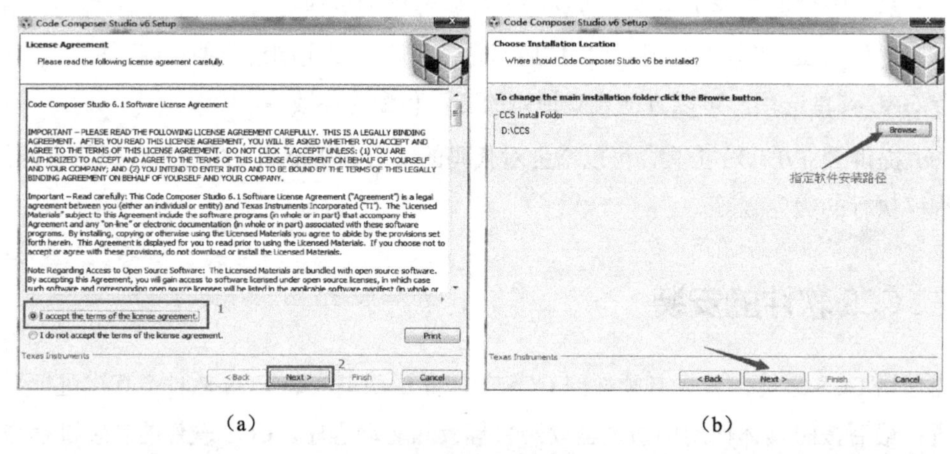


(a)　　　　(b)

图 3.3　软件许可及安装路径设置

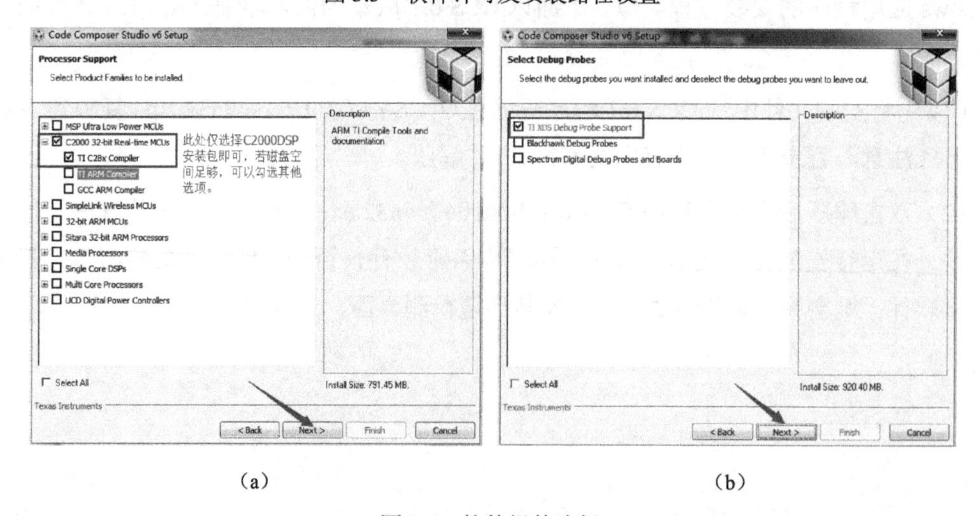


(a)　　　　(b)

图 3.4　软件组件选择

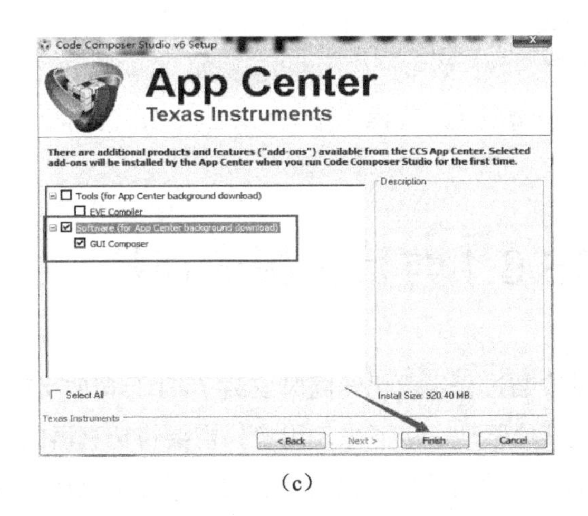


（c）

图 3.4　软件组件选择（续）

（4）耐心等待软件安装完成，如图 3.5 所示

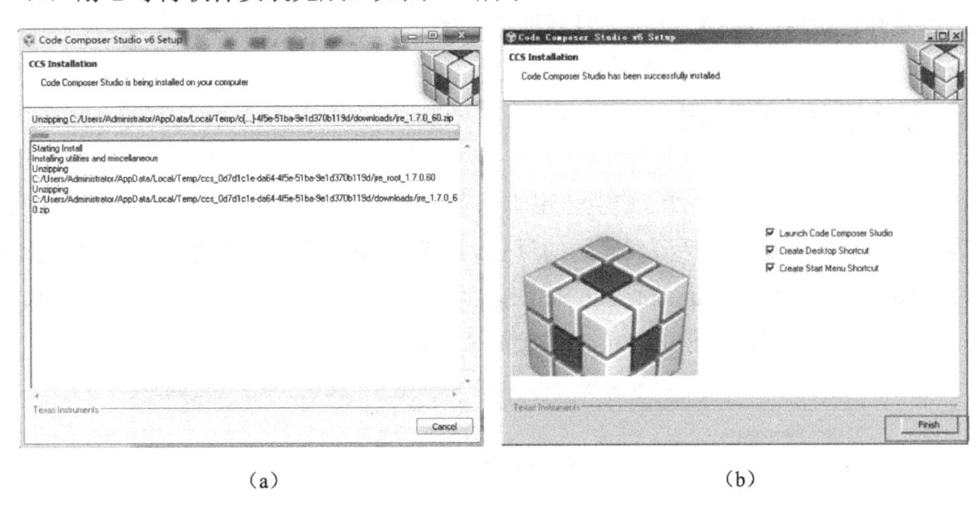


（a）　　（b）

图 3.5　软件安装及完成界面

## 3.2.3　CCS 软件安装中的常见问题及其解决办法

下面介绍 CCS 软件安装过程中可能会遇到的问题及相应的解决方法。

（1）在安装 CCS 软件之前，一定要关闭所有的杀毒软件，否则安装无法顺利完成，因为 CCS 软件在安装过程中会修改 Windows 的系统配置文件，一些杀毒软件会将 CCS 安装程序误认为是病毒，从而中断安装。

（2）在安装 CCS 软件时，若 CCS 安装程序直接跳出，报告安装已经结束，但实际上并没有安装 CCS 软件。此时，应彻底卸载以前安装的 CCS 软件，之后重新安装。

（3）在安装 CCS 软件后，若在进行系统更新时报告一个或多个驱动程序不能运行，则可能是因为其与早期的CCS软件版本产生了冲突。例如，若安装CCS 1.2之后再安装CCS 1.1，则会产生这种问题，此时计算机上会有两个不同版本的CCS软件，因此会出现驱动冲突问题。

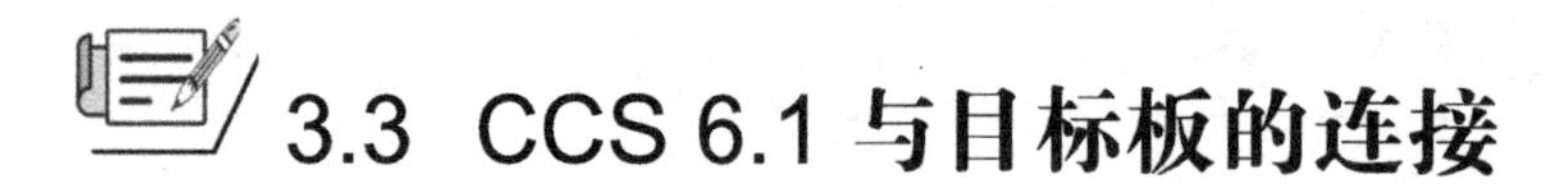

## 3.3 CCS 6.1 与目标板的连接

由于在 CCS 6.1 的安装过程中，已经同时安装了 TI 公司的 XDS 系列仿真器驱动，因此不需要用户额外安装其他驱动。接下来，用户只需要将仿真器的 USB 接口与计算机的 USB 接口连接即可，而且驱动也是自动识别安装的。当计算机提示驱动安装完毕时，用户就可以使用仿真器对目标板进行仿真操作了。

在完成仿真器驱动安装的基础上，以 TMS320F28335 DSP 控制器和 XDS100V1 仿真器为例，简要介绍如何完成 CCS 6.1 与目标板的连接。

### 3.3.1 定义工作区目录

CCS 6.1 首先要求定义一个工作区，用于保存开发过程中用到的所有元素（包括项目和指向项目的链接，可能还包括源代码）的目录。在默认情况下，CCS 软件会在 C:\Users\<用户>\Documents 或 C:\Documents and Settings\<用户>\My Documents 目录下创建工作区，但可以任意选择其位置。工作区目录设置如图 3.6 所示。

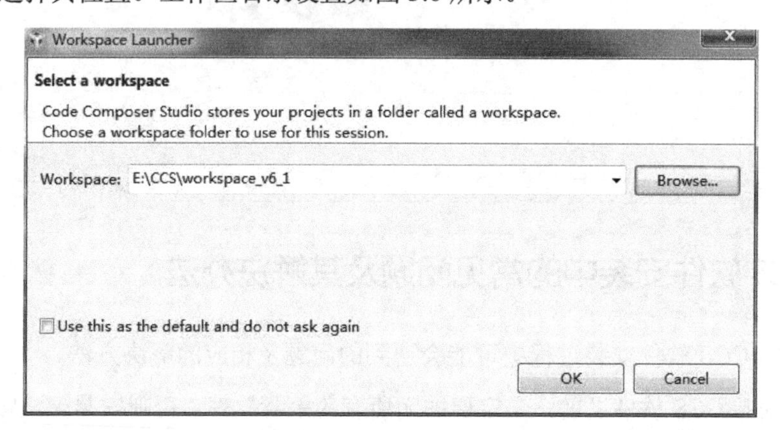


图 3.6 工作区目录设置

每次执行 CCS 6.1 都会要求选择工作区目录。如果计划对所有项目使用一个目录，那么只需选中“Use this as the default and do not ask again”（默认使用此目录时不再询问）选项。另外，也可以在 CCS 主界面的工具栏中，通过单击“File→Switch Workspace→Others”来更改工作区目录，如图 3.7 所示。

图 3.7　更改工作区目录

值得注意的是，目录中不可以含有中文路径。

## 3.3.2　建立目标板配置环境

在低版本的 CCS 软件中，需要用 CCS Setup 建立目标板配置环境，此处不多做介绍。下面主要介绍如何在 CCS 6.1 中建立仿真配置环境。

（1）在 CCS 主界面的工具栏中单击“File→New→Target Configuration File”，在弹出的窗口中，将此配置命名为“f28335_XDS100V1.ccxml”（可自行命名），再单击“Finish”按钮。新建目标板配置如图 3.8 所示。

（2）选择芯片型号和仿真器类型。在“Connection”（调试器类型）一栏中选择“Texas Instruments XDS100V1 USB Debug Probe”，在“Device”（芯片类型）一栏中选择“TMS320F28335”。芯片型号和仿真器类型选择如图 3.9 所示。注意，芯片型号和仿真器类型根据实际使用的开发板和仿真器进行选择。

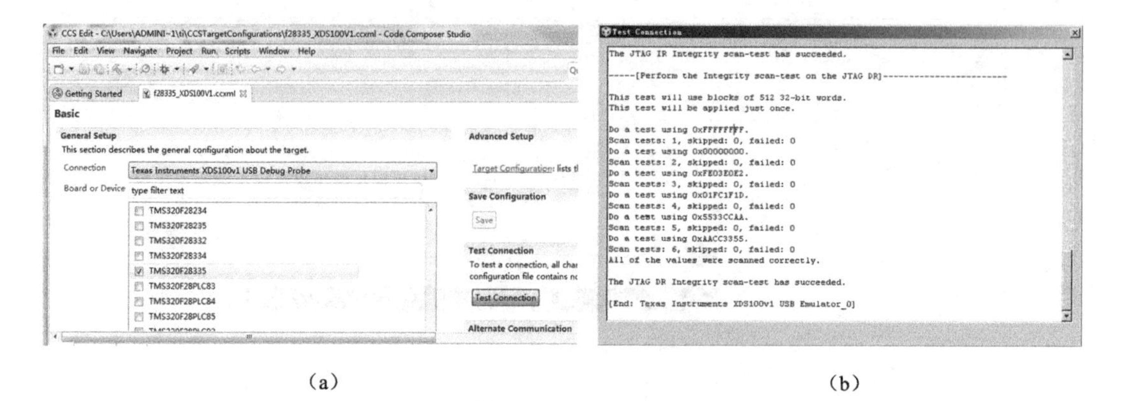


（a）　　　　　　　　　　　　（b）

图 3.8　新建目标板配置

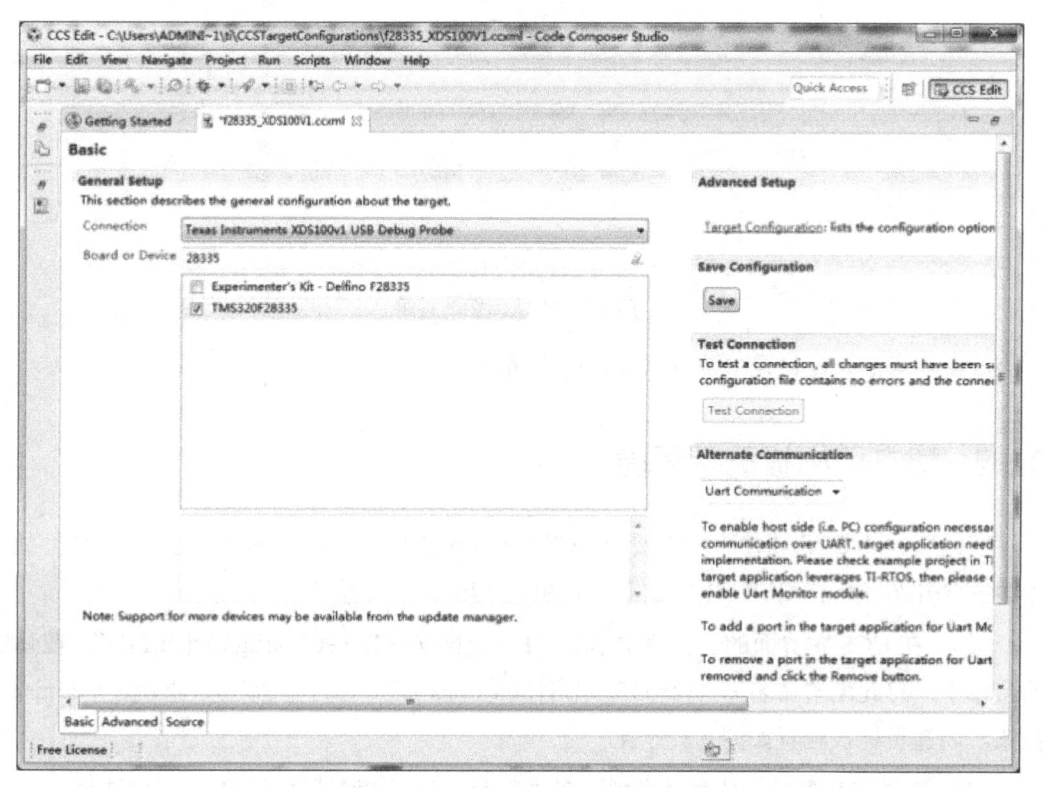


图 3.9　芯片型号和仿真器类型选择

（3）如果使用默认的 GEL 文件，那么单击“Save”即可；如果使用自己的 GEL 文件，那么单击蓝色字体的“Target Configuration”选项，然后在如图 3.10 所示的 GEL 文件选择界面中，单击“C28xx”选项，再在右面的“initialization script”中选择自己的 GEL 文件，最后单击“Save”按钮，此配置环境建立完毕。

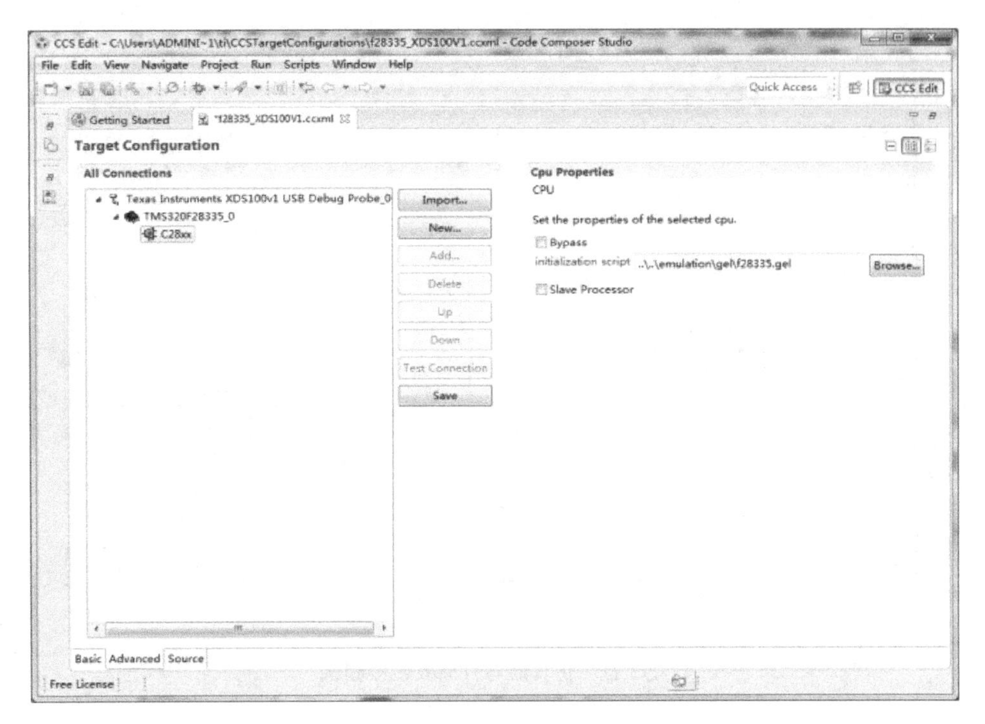


图 3.10　GEL 文件选择

## 3.3.3　连接目标板

### 一、硬件连接

在进行硬件仿真操作时，需要遵循一定的上电顺序，以保证仿真器和目标板之间连接成功，具体连接顺序如下。

（1）将电源适配器与目标板连接。

（2）将仿真器的 JTAG 接口插入目标板的相应插件。

（3）将电源适配器插入电源插座。

（4）按下目标板上的电源开关。

（5）将仿真器的 USB 线连接到计算机 USB 接口上。

### 二、连接测试

在新建的“f28335_XDS100V1.ccxml”仿真配置界面中，按上电顺序连接目标板硬件并上电，之后单击“Test Connection”选项，开始 XDS100V1 仿真器与目标板上 TMS320F28335 芯片的连接测试。若连接测试结果如图 3.11（b）所示，则表明仿真器与目标板上的 TMS320F28335 芯片连接成功。

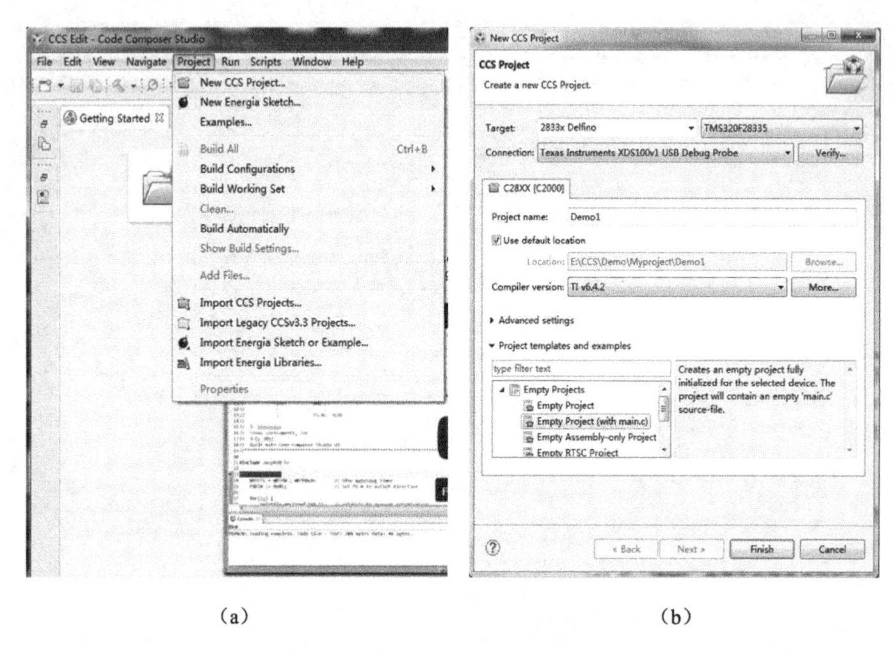


（a）　　　　　　　　　　　　（b）

图 3.11　仿真器与目标板连接测试

# 3.4 CCS 工程项目的创建

CCS 开发环境对用户系统采用工程项目的集成化管理方法，使用户系统的开发和调试变得简单明了。在开发过程中，CCS 会在开发平台中建立不同程序的跟踪信息，再通过这些跟踪信息对不同的文件进行分类管理，并建立相应的文件库和目标文件。

## 3.4.1 完整工程的构成

一个完整的 CCS 工程包括源文件（.c 或.asm）、头文件（.h）、库文件（.lib）和链接命令文件（.cmd）等，它们按照目录树的结构组织在工程文件中。工程构建（编译链接）完成后生成可执行文件。

1）源文件

源文件是整个工程的核心部分，包含了所有需要实现功能的代码。软件开发时，编写的代码都是保存在源文件中的。TI 公司为 TMS320F28335 芯片的开发准备了很多源文件，通常只要往这些源文件中添加代码就可以实现期望的功能。

2）头文件（.h）

头文件主要定义了控制器内部寄存器的数据结构、中断服务程序等内容，从而为

TMS320F28335 芯片的开发提供便利。一般情况下，头文件不需要修改，如果需要定义一些在整个工程内都具有作用域的全局变量，那么可以在头文件中定义这些变量。TI 公司官网提供 TMS320F28335 DSP 控制器头文件下载。

3）库文件（.lib）

TMS320F28335 芯片的库文件不仅包含了寄存器的地址和对应标识符的定义，还包含了标准的 C/C++运行支持库函数。库文件的作用是将函数封装在一起，在经过编译之后供自己或他人调用。库文件的优点在于编译后的库文件是看不到源码的，保密性很好，同时不会因不小心修改了函数而出问题，便于维护。

4）链接命令文件（.cmd）

由于 DSP 编译器的编译结果是未定位的，DSP 也没有操作系统来定位执行代码，DSP 系统的配置需求也不尽相同，因此可以根据实际需求，自定义代码的存储位置。例如，我们有一个仓库，现在需要把货物存放到仓库里面去，为了便于日后取用货物，我们将货物分门别类，然后把它们存放到指定的位置去，而把哪些货物放到哪个位置的规则，就是链接命令文件的内容。

链接命令文件又分为两种，一种是分配 RAM 空间的，用来将程序下载到 RAM 内进行调试，因为我们大部分时间都是在调试程序，所以多用这类链接命令文件；另一种是分配 FLASH 空间的，当程序调试完毕后，需要将其烧写到 FLASH 内部进行固化，此时需要使用这种链接命令文件。

从上面的分析可以看出，一个完整的工程需要由库文件、头文件、源文件和链接命令文件组成，缺一不可。

## 3.4.2 创建 CCS 6.1 工程

### 1. 创建工程文件夹

将安装文件中的“Demo”文件夹复制到计算机中（如复制到 E:\CCS\Demo），然后在 Demo 文件夹里新建一个工程文件夹（如命名为 Myproject），最后在该工程文件夹下新建一个项目文件夹（如命名为 Demo1），注意避免路径中出现中文字符。创建完成的工程文件夹如图 3.12 所示。

### 2. 指定工作区

双击计算机桌面上的 CCS 软件图标，打开安装好的 CCS 6.1 软件。同时，将工作区指定至新建工程文件夹“Myproject”，如图 3.13 所示。

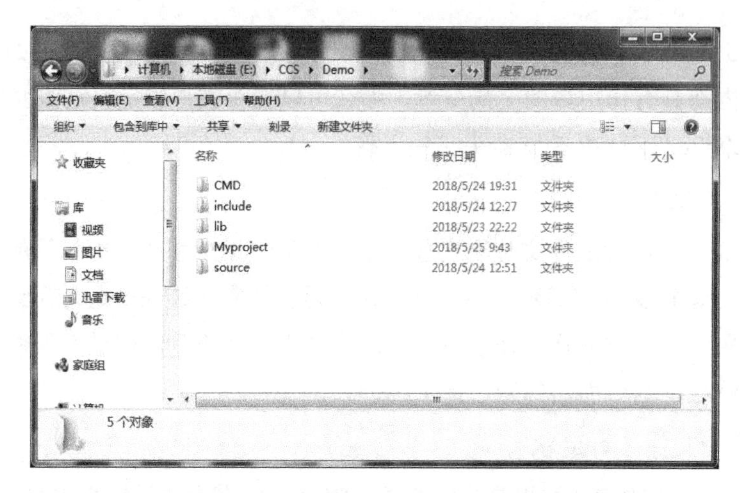


图 3.12　创建完成的工程文件夹

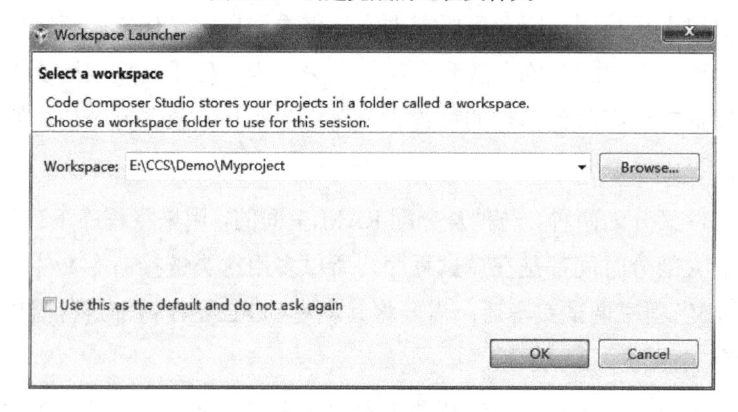


图 3.13　指定工作区至新建工程文件夹

### 3. 配置项目

在 CCS 软件主界面的工具栏中单击“Project→New CCS Project”，在弹出的项目配置窗口中，新建一个空的项目，并进行配置。CCS 新建项目及配置界面如图 3.14 所示。

配置流程如下。

（1）在“Target”菜单中选择要使用的芯片类型，此处选择“TMS320F28335”。

（2）在“Connection”菜单中选择要使用的调试器类型。

（3）在“Project name”（项目名称）字段中，输入新项目的名称。若勾选“Use default location”（使用默认位置）选项（默认启用），则会在工作区文件夹中创建项目。此处将项目命名为“Demo1”。若取消选择该选项，则可以选择一个新位置［使用“Browse...”（浏览...）按钮］。

（4）在“Project templates and examples”菜单中选择项目模板，此处选择“Empty Project (with main.c)”选项。

（5）单击“Finish”（完成）创建项目。

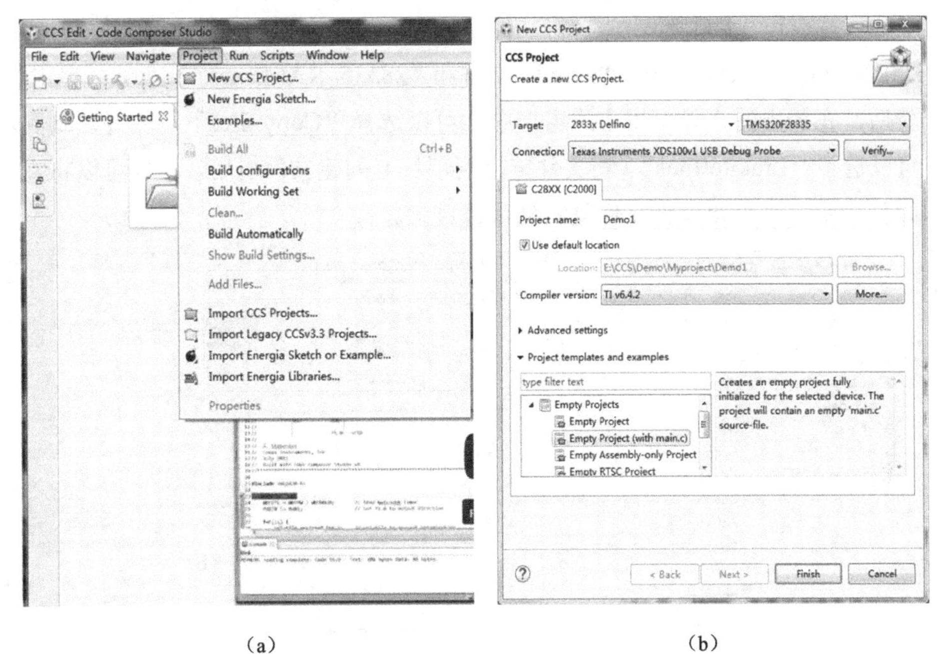


（a）　　　　　　　　　　　　　　　　（b）

图 3.14　CCS 新建项目及配置界面

### 4. 给新建的项目添加链接命令文件、库文件及源文件

下面以链接命令文件的添加为例，具体如下。

（1）删除默认生成的链接命令文件（28335_RAM_lnk.cmd），如图 3.15 所示。

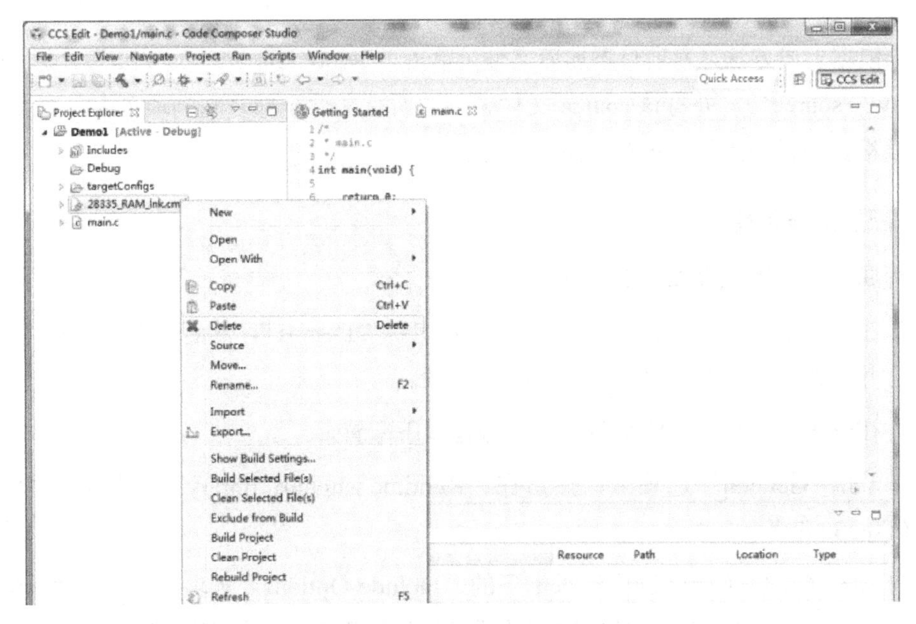


图 3.15　删除默认生成的链接命令文件

（2）导入工程所需的链接命令文件（见图 3.16）。在“Project Explorer”选项卡中，右击项目名称，并选择“Add Files…”（将文件添加到项目）选项，在弹出的文件选择窗口中，选择“DSP2833x_Headers_nonBIOS.cmd”文件和“28335_RAM.cmd”文件，并单击“打开”按钮。然后，在弹出的文件引用方式窗口中，可以选择“Copy files”将文件复制到项目目录；也可以选择“Link to files”（将文件链接到项目）创建文件引用，这样可以将文件保留在其原始目录中。此处建议将文件复制到项目目录。

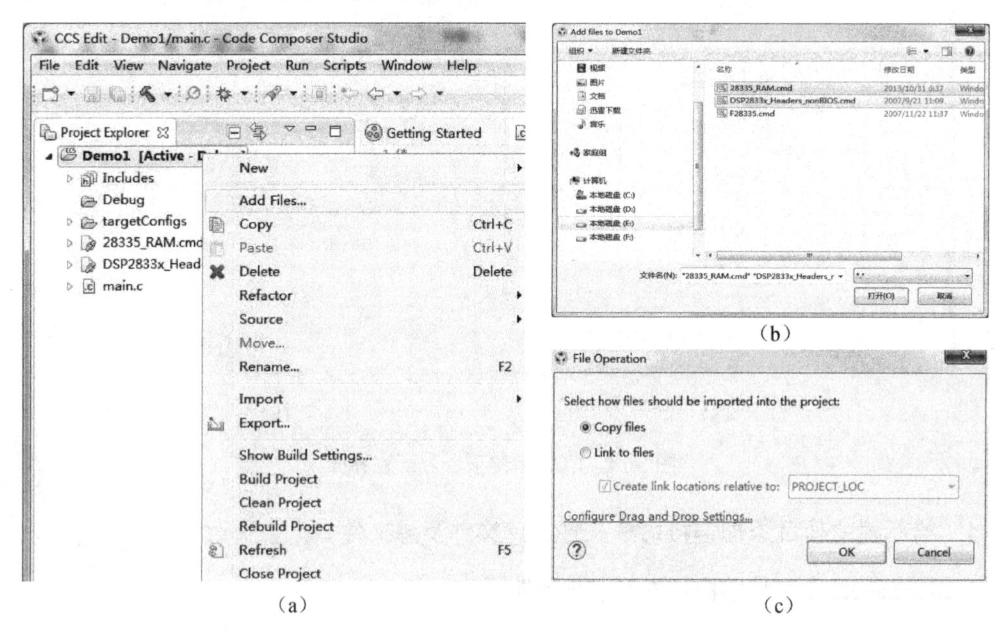


（a）（b）（c）

图 3.16　导入工程所需的链接命令文件

（3）依据上述方法，为项目添加库文件（单击“Demo→lib→IQmath.lib”）、源文件（单击“Demo→source”），并将该 source 文件夹下的所有文件全部复制到项目中。在实际应用中，可以根据项目用到的片内外设进行添加。

5. 配置工程属性

工程属性的配置流程如图 3.17 所示。

（1）在“Project Explorer”窗口，选中项目名称“Demo1”，然后单击工具栏“Project”选项卡，并在该选项卡中选择“Properties”选项。

（2）在弹出的项目属性配置窗口中，进行以下配置。

① 单击“General”选项卡，然后在“Runtime support library”下拉列表中，选择“rts2800_fpu32.lib”。

② 单击“C2000 Compiler”选项卡下的“Include Options”选项；然后在“Add dir to #include search path”窗口中，单击右侧的绿色加号，添加头文件搜索路径；最后在弹出的

路径选择窗口中，选择“E:\CCS\Demo\include”，并将该文件夹中的头文件（.h）链接到项目中。

③ 单击“C2000 Linker”选项卡下的“Basic Options”选项，然后在“Set C system stake size”数值框中，设置堆栈深度为“800”；

④ 三项均设置完成，单击“OK”按钮，完成工程项目的配置。

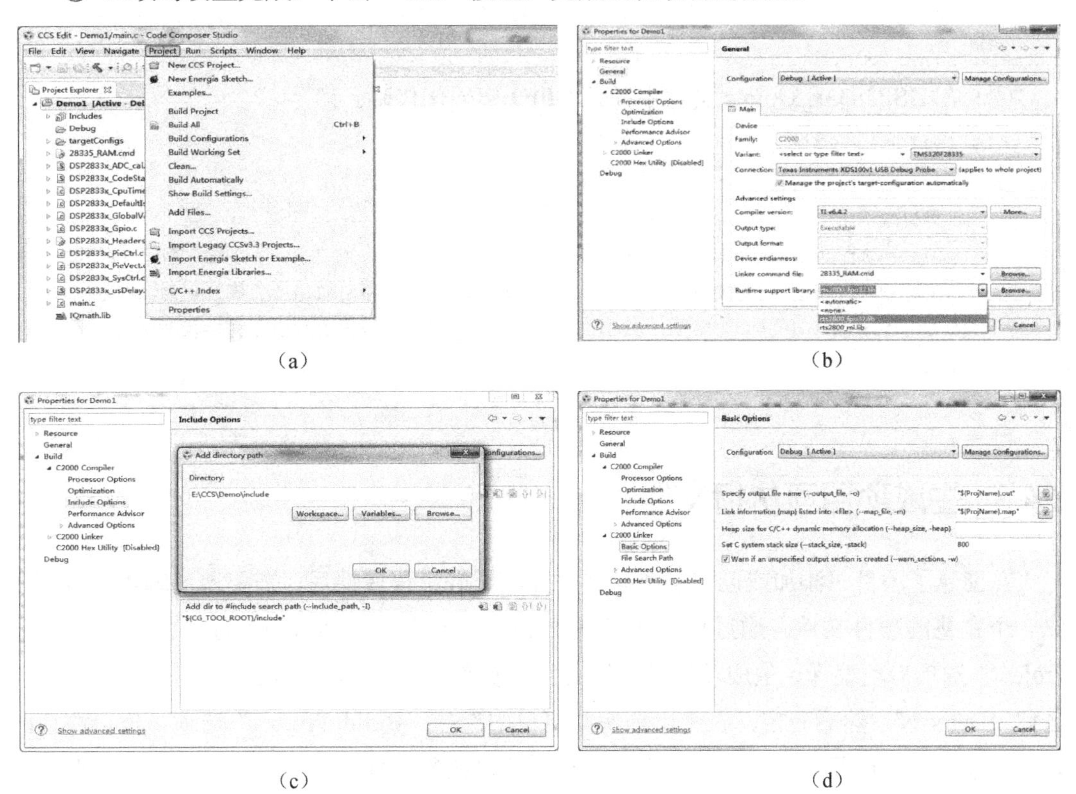

图 3.17　工程属性的配置流程

### 6. 编写主程序

下面以利用 TMS320F28335 芯片在 GPIO64 口点亮一盏 LED 灯为例。

（1）在主程序（main.c）中输入以下代码。

```
// 在 GPIO64 口点亮一盏 LED 灯，低电平点亮
#include "DSP2833x_Device.h"          // DSP2833x Headerfile Include File
#include "DSP2833x_Examples.h"        // DSP2833x Examples Include File
void main(void)
  {
      InitSysCtrl( );                  // 初始化系统控制
      DINT;                            // 禁止 CPU 全局中断
      IER = 0x0000;                    // 禁止 CPU 中断和清除所有 CPU 中断标志
      IFR = 0x0000;
```

```
        InitPieCtrl( );                    // 初始化 PIE 控制寄存器，使能 PIE 中断
        InitPieVectTable( );               // 初始化 PIE 中断向量表，使能 PIE 中断向量表
        InitGpio( );                       // 初始化 GPIO
        while(1)
         {
           GpioDataRegs.GPCCLEAR.bit.GPIO64=1; // 点亮 LED 灯
         }
    }
```

（2）在 DSP2833x_Gpio.c 文件中插入 GPIO 初始化代码。

```
void InitGpio(void)
    {
        EALLOW;
        GpioCtrlRegs.GPCMUX1.bit.GPIO64=0;        // 设置 GPIO64 为通用数字 I/O 口
        GpioCtrlRegs.GPCDIR.bit.GPIO64=1;         // 将 GPIO64 引脚设置为输出方向
        GpioDataRegs.GPCDAT.bit.GPIO64=1;         // 设置 GPIO64 初始状态为高电平
        EDIS;
    }
```

### 3.4.3　生成项目可执行文件

在创建了项目、添加或创建了所有文件并配置好工程属性后，需要通过编译、链接生成一个完整的项目文件。通过单击 CCS 主界面工具栏中 “Project”选项卡下的“Build Project”选项启动编译、生成项目可执行文件，或者在“Project Explorer”窗口，选中项目名称“Demo1”，然后右击，在弹出的快捷窗口中选择“Build Project”选项。值得注意的是，如果在编译过程中遇到错误，而且没有创建可执行文件，那么屏幕底部的控制台窗口会显示一条错误或警告消息，并且不会启动调试窗口；如果编译没有问题，那么在“Project Explorer”窗口中的“Debug”文件夹下会生成一个可执行文件（.out 文件）。项目编译和编译结果如图 3.18 所示。

从编译结果可以看出，屏幕底部的控制台窗口中没有错误或警告消息，说明项目编译没有问题，并成功生成了可执行文件。另外，每次修改源文件后，需要通过单击“Rebuild Project”选项来重新编译所有项目文件。如果项目较大，那么编译所需时间一般较长。

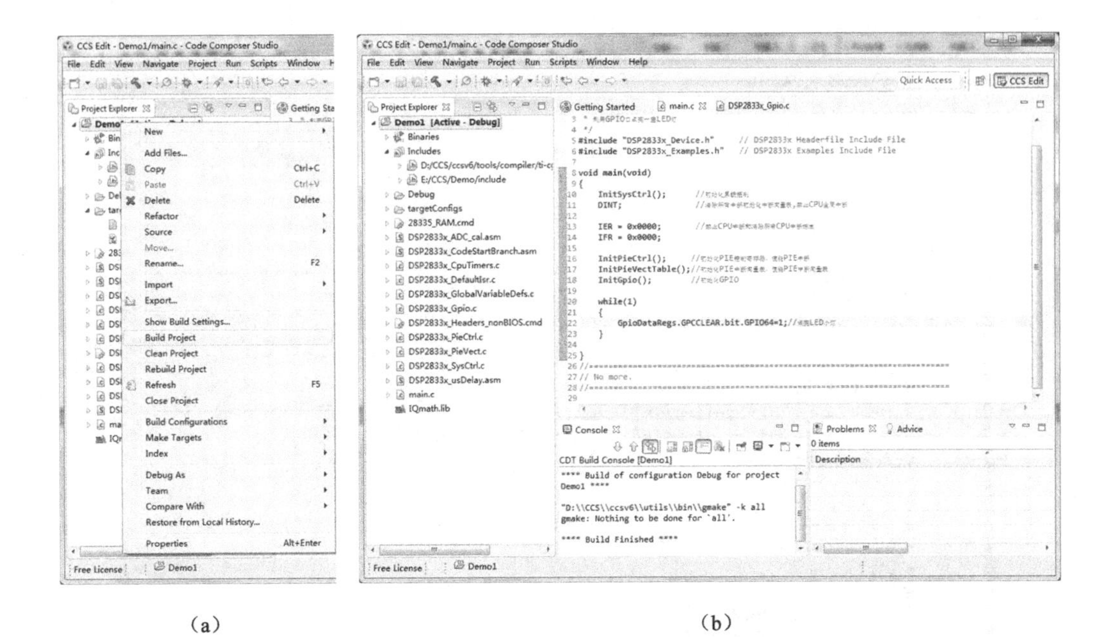


(a)　　　　　　　　　　　　　　(b)

图 3.18　项目编译和编译结果

# 3.5　CCS 6.1 的仿真与烧写

在创建好项目文件后，下面进行 CCS 与目标板或开发板的联调，这里以 TMS320F28335 芯片和 TI 公司的 XDS100V1 型仿真器为例进行仿真和烧写测试。

## 3.5.1　CCS 6.1 的仿真操作

（1）按照本书 3.3.3 节所述的硬件连接顺序，将目标板、仿真器和计算机的 USB 端口依次有序连接。如果连接成功，那么可以在设备管理器窗口查看到仿真器型号。仿真器连接成功界面如图 3.19 所示。

（2）将视图切换到“CCS Debug”视图下，单击工具栏“Run→Load→Load Program”进行项目可执行文件的加载。然后，在弹出的文件选择框中，单击“Browse”按钮，选择刚生成的“Demo1.out”可执行文件。选择完毕后，单击“OK”按钮，完成下载操作。加载项目可执行文件如图 3.20 所示。

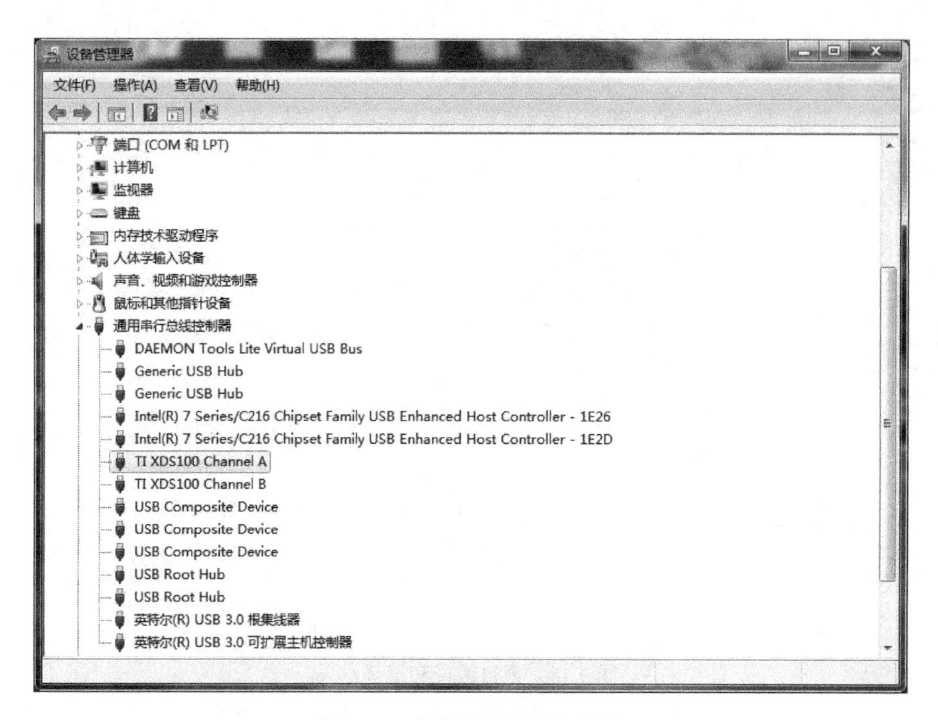


图 3.19　仿真器连接成功界面

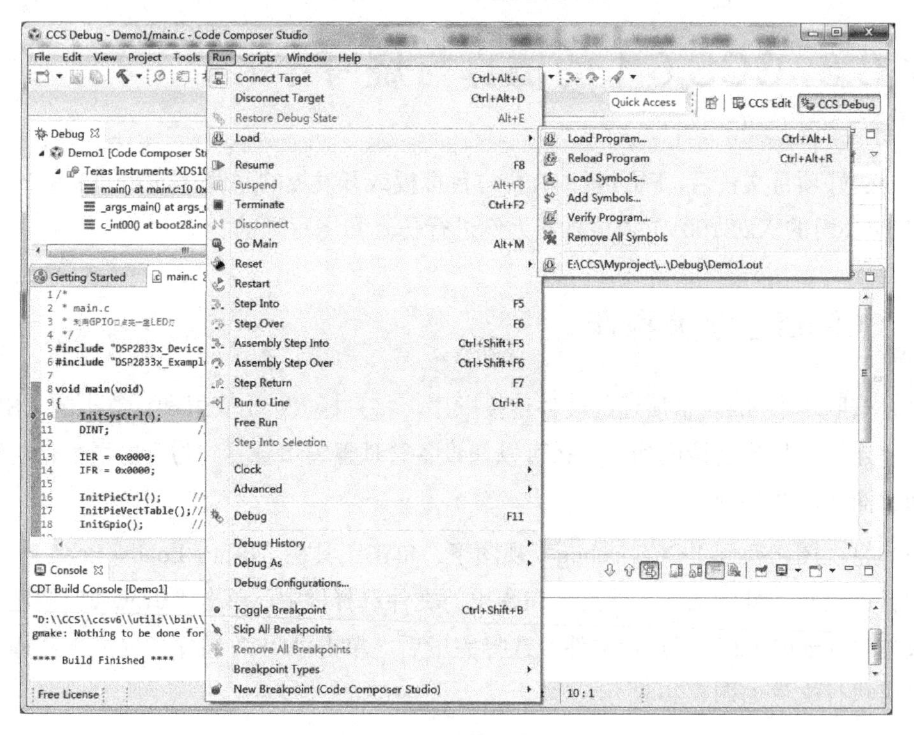


图 3.20　加载项目可执行文件

（3）在“CCS Debug”视图下，单击工具栏“Run→Resume”选项，运行程序，即可在目标板上观察到对应现象。仿真启动界面如图 3.21 所示。

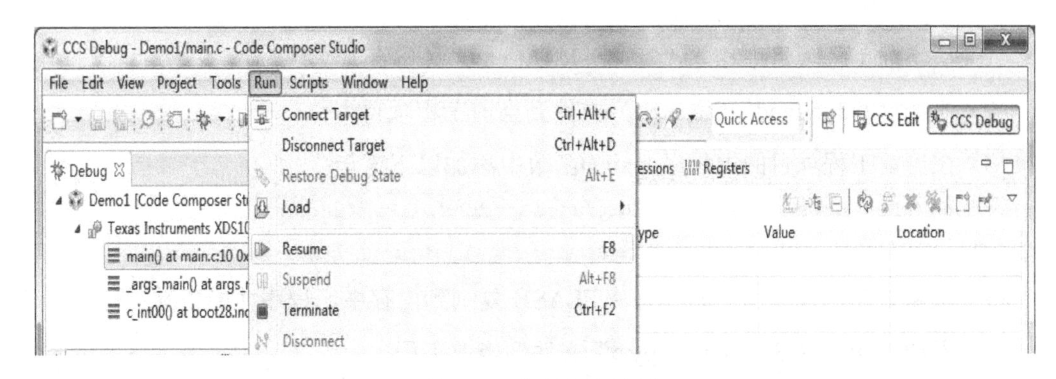


图 3.21　仿真启动界面

至此，仿真操作进行完毕。

## 3.5.2　CCS 6.1 的烧写操作

在进行程序烧写之前，展开创建的工程项目下的 Debug 文件，双击打开.map 文件，进行密码区域检查，如图 3.22 所示。

```
Getting Started    main.c    DSP2833x_Gpio.c    Demo1.map
1 ******************************************************************************
2              TMS320C2000 Linker PC v6.4.2
3 ******************************************************************************
4 >> Linked Fri May 25 14:20:29 2018
5
6 OUTPUT FILE NAME:   <Demo1.out>
7 ENTRY POINT SYMBOL: "_c_int00"  address: 0000941b
8
9
10 MEMORY CONFIGURATION
11
12          name            origin    length      used     unused    attr    fill
13 ----------------------  --------  ---------  --------  --------  ----  --------
14 PAGE 0:
15   BEGIN                 00000000   00000002  00000002  00000000  RWIX
16   BOOT_RSVD             00000002   0000004e  00000000  0000004e  RWIX
17   RAMM0                 00000050   000003b0  00000000  000003b0  RWIX
18   RAML0                 00008000   00001000  0000001a  00000fe6  RWIX
19   RAML1                 00009000   00001000  0000050f  00000af1  RWIX
20   RAML2                 0000a000   00001000  00000000  00001000  RWIX
21   RAML3                 0000b000   00001000  00000000  00001000  RWIX
22   ZONE6A                00100000   0000fc00  00000000  0000fc00  RWIX
23   CSM_RSVD              0033ff80   00000076  00000000  00000076  RWIX
24   CSM_PWL               0033fff8   00000008  00000000  00000008  RWIX
25   ADC_CAL               00380080   00000009  00000007  00000002  RWIX
26   IQTABLES              003fe000   00000b50  00000000  00000b50  RWIX
27   IQTABLES2             003feb50   0000008c  00000000  0000008c  RWIX
28   FPUTABLES             003febdc   000006a0  00000000  000006a0  RWIX
29   BOOTROM               003ff27c   00000d44  00000000  00000d44  RWIX
```

图 3.22　密码区域检查

检查密码区域（CSM_PWL）情况，如果“used”和“unused”一栏的数值分别为“00”和“08”，那么表示密码区域尚未使用；否则密码区域可能已被使用，不可以烧写。若强行烧写，则芯片锁死。

CCS 6.1 的烧写操作与仿真操作基本一样，主要流程如下。

（1）从当前工程项目中移除“28335_RAM.cmd”（仿真）文件。

（2）添加“28335.cmd”（烧写用）文件到当前工程项目中。

（3）在当前工程项目的主程序 main()函数中添加以下语句：

```
MemCopy(&RamfuncsLoadStart, &RamfuncsLoadEnd, &RamfuncsRunStart);
InitFlash();
```

将一些需要在内存中运行的代码从 FLASH 复制到内存中，程序才能正常运行。

（4）添加“DSP2833x_MemCopy.c”文件到当前工程。

（5）选择“Rebuild Project”对工程项目重新进行编译，编译没有错误后会在工程项目文件夹下的 Debug 文件夹中产生一个.out 文件，加载这个.out 文件进行下载即可。下载过程与仿真操作一致，此处不再赘述。

值得注意的是，28335.cmd 文件和 28335_RAM.cmd 文件两者只能选其一参与编译，否则编译器会因无法识别具体的操作空间而出错。另外，在程序的下载过程中，不要断电或拔掉仿真器，否则可能造成芯片锁死。

## 3.6 CCS 工程项目的调试

CCS 开发环境提供了丰富的调试手段。当完成工程项目的创建，并生成项目的可执行文件后，可以进行程序的调试。一般的调试步骤如下。

（1）装入构建好的可执行文件。

（2）设置程序断点、探测点和评价点。

（3）执行程序。

（4）将程序停留在断点处，查看寄存器和内存单元的数据，并对中间数据进行在线（或输出）分析。

重复上述过程，直到程序达到预期功能为止。

### 3.6.1 程序的运行控制

在程序调试过程中，经常需要使用复位、运行、停止、步入/步出等控制操作。在 CCS 中，用户可以使用调试工具条或调试菜单“Run”中相应的命令控制程序的运行。程序运行控制相关命令如图 3.23 所示。

图 3.23 程序运行控制相关命令

## 3.6.2 监视变量和寄存器

程序加载时会打开“Variables”、“Expressions”和“Registers”视图，并显示本地和全局变量，用户可以方便地查看源文件中的相关变量及各寄存器中的值。变量查看视图如图 3.24 所示，寄存器查看视图如图 3.25 所示。

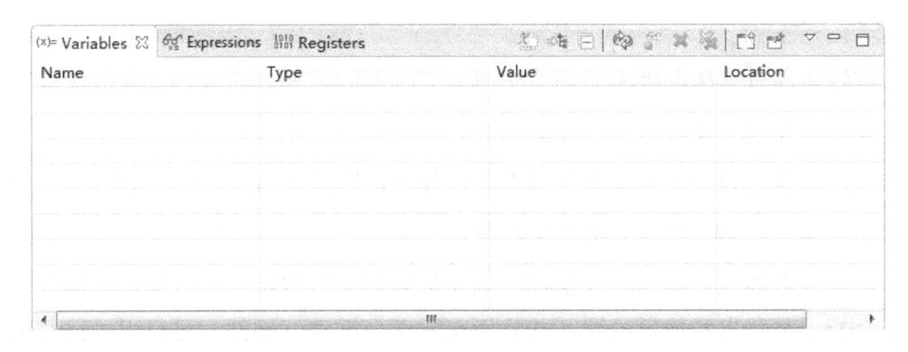


图 3.24 变量查看视图

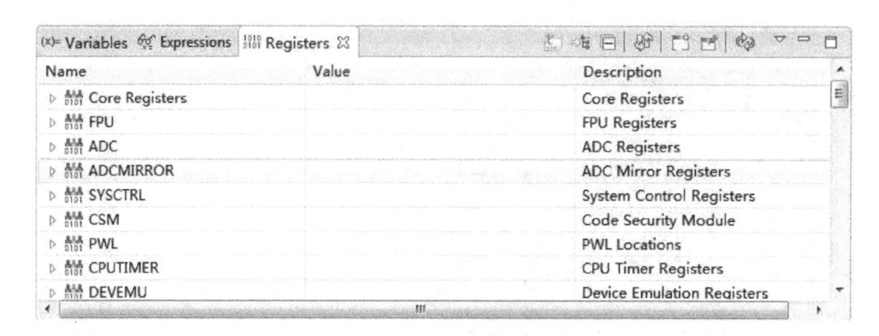


图 3.25 寄存器查看视图

## 3.6.3 管理断点

断点是任何调试器都会拥有的一项基本功能。它可以暂停程序的运行，以便观察程序的状态，还可以检查或修正变量，并查看调用的堆栈、存储器和寄存器的内容等。CCS 6.1 中的断点添加了一系列选项，有助于增加调试进程的灵活性。断点属性设置界面如图 3.26 所示。

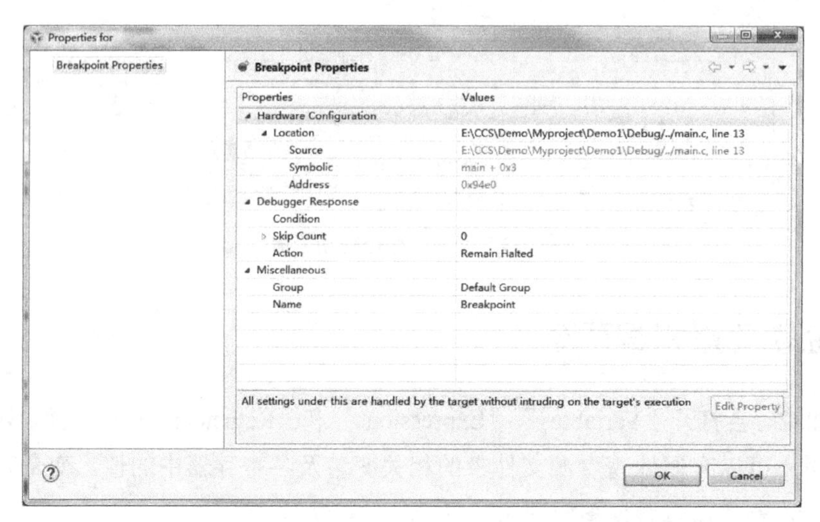


图 3.26 断点属性设置界面

（1）硬件断点可以从 IDE 直接进行设置。

（2）软件断点仅受设备可用内存的限制。

（3）软件断点可以设置为无条件或有条件停止，除停止目标之外，软件断点还可以执行其他功能，如文件 I/O 传输、屏幕更新等。

（4）若要设置断点，则只需在源代码或反汇编视图中双击代码行即可。硬件或软件断点的图标会指示其状态和放置位置，并且所有断点（软件、硬件、已启用、已禁用）都可以在断点查看窗口中看到。

（5）若要配置断点，则只需右击断点图标，或者在断点查看窗口中右击并选择"Breakpoint Properties..."（断点属性）。

（6）通过"Action"选项可以设置断点的行为。例如，保持停止、更新一个或所有调试器视图、从文件中读取数据或将数据写入其中、激活或停用断点组等。

（7）通过"Skip Count"（跳过计数）选项可以设置在执行断点操作前通过的数目。

（8）通过"Group"（分组）可以对断点进行分组，以进行高级控制。

### 3.6.4 反汇编视图

在默认情况下，反汇编视图不会打开，但是可以通过菜单栏单击"View→Disassembly"进行查看。反汇编视图中一个极其有用的功能是源代码与汇编代码混合模式查看器。若要使用此功能，则只需在"Disassembly"（反汇编）视图中右击并选择"Show Source"（查看源代码）即可。反汇编视图如图 3.27 所示。

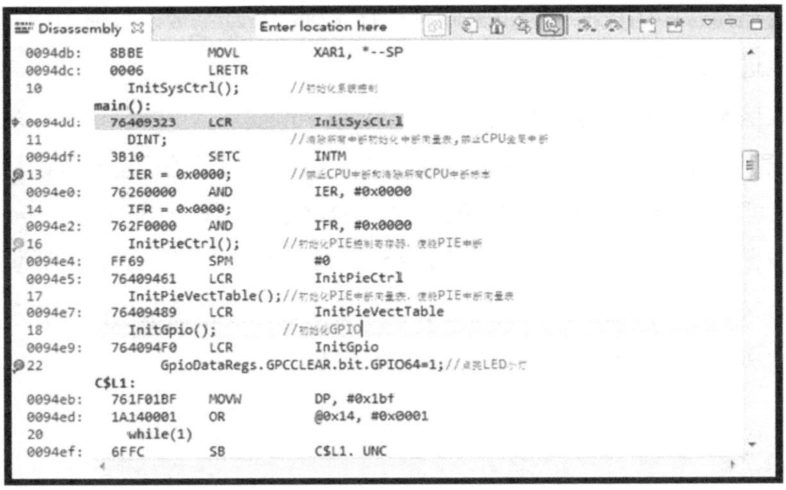

```
Disassembly    Enter location here
0094db:   8BBE        MOVL        XAR1, *--SP
0094dc:   0006        LRETR
10          InitSysCtrl();        //初始化系统控制
        main():
0094dd:   76409323    LCR         InitSysCtrl
11          DINT;                 //清除所有中断初始化中断向量表,禁止CPU全局中断
0094df:   3B10        SETC        INTM
13          IER = 0x0000;         //禁止CPU中断和清除所有CPU中断标志
0094e0:   76260000    AND         IER, #0x0000
14          IFR = 0x0000;
0094e2:   762F0000    AND         IFR, #0x0000
16          InitPieCtrl();        //初始化PIE控制寄存器, 使能PIE中断
0094e4:   FF69        SPM         #0
0094e5:   76409461    LCR         InitPieCtrl
17          InitPieVectTable();//初始化PIE中断向量表, 使能PIE中断向量表
0094e7:   76409489    LCR         InitPieVectTable
18          InitGpio();           //初始化GPIO
0094e9:   764094F0    LCR         InitGpio
22              GpioDataRegs.GPCCLEAR.bit.GPIO64=1;//点亮LED小灯
        C$L1:
0094eb:   761F01BF    MOVW        DP, #0x1bf
0094ed:   1A140001    OR          @0x14, #0x0001
20          while(1)
0094ef:   6FFC        SB          C$L1. UNC
```

图 3.27　反汇编视图

### 3.6.5 内存视图

在默认情况下，内存视图不会打开，但是可以通过菜单栏单击"View→Memory Browser"进行查看。通过内存视图可以访问一些有用的功能：内存可以通过多种格式进行查看，并填充任意值，也可以保存至计算机中的二进制文件或从中加载。此外，还可以查看所有变量和函数，而且每个内存位置都有上下文相关的信息框。

### 3.6.6　图形和图像可视化工具

CCS 6.1 中提供了一个高级图形和图像可视化工具，可以通过图形形式显示数组，并且可以采用多种格式。若要添加图形，则只需通过菜单栏单击“Tools→Graph”，然后从各显示选项中选择一个，主要包括基于时间的图形——“Single Time”(单曲线图)和“Dual Time”(双曲线图)，以及基于频率的图形——所有 FFT 选项。

在图形窗口中，其顶部工具栏可以控制多种功能，如更新速率（冻结、连续、目标停止时或手动）、缩放、配置属性等。图形窗口工具栏如图 3.28 所示。

图 3.28　图形窗口工具栏

以单曲线图为例，在默认情况下，图形窗口会在目标停止时立即更新，并以样本数设置 $X$ 轴，以显示缓存中的数据值大小，同时进行 $Y$ 轴的自动缩放，以便图形显示。所有这些选项都可以进行设置。

若要显示图像，则只需通过菜单栏单击“Tools→Image”。这时，屏幕底部将打开两个视图：“Image”（图像）和“Properties”（属性）。CCS 6.1 显示的信息既可以是来自计算机中的文件，也可以是目标开发板中加载的图像。在属性页面中，只需将“Image source”(图像源）选项设置为“File”（文件）或“Connected Device”（连接的设备）即可。

与图形显示类似，图像显示需要设置其他相关属性才能使显示的内容有意义。彩色障板、线条尺寸和数据宽度等选项会影响图像的正确显示。

## 思考题

1. DSP 软件开发流程包括哪些步骤？每个步骤的主要作用分别是什么？

2. 请分析编译器、汇编器和连接器的功能及它们之间的联系。

3. 一个完整的 DSP 工程至少需要包含哪些文件？

4. 链接命令文件（*.cmd）包含哪些内容？其主要功能是什么？

5. 简述代码生成工具和代码调试工具的作用。

6. 请分析 CCS 的软件仿真（Simulator）和硬件仿真（Emulator）两种工作模式的主要区别，并简述两种模式在 CCS 中的配置方式。

7. 请说明在 CCS 集成开发环境中查看寄存器、存储器和变量的方法及具体操作步骤。

8. 请说明在 CCS 集成开发环境中，如何实现单步调试、全速调试、设置断点和动画运行。

9. 简述 CCS 中 DSP 程序烧写的主要流程。

10. 请分析采用 C 语言和汇编语言独立进行 DSP 软件开发的优缺点。

# 第4章 中央处理器

中央处理器（CPU）作为DSP器件的核心部件，是DSP的大脑，其性能直接影响整个DSP器件的综合性能。它的主要任务是先从程序读数据总线（PRDB）或数据读数据总线（DRDB）上获取数据，再将这些读取来的数据经过乘法器、移位器和中央算术逻辑等部分，最后完成乘法、移位和累加等操作。

## 4.1 CPU概述

TI公司生产的DSP芯片的种类非常多，TI公司将常用的DSP芯片概括为三大系列，即C2000系列、C5000系列、C6000系列。这些系列包含许多DSP芯片，C2000系列有C20x系列、C24x系列和C28x系列；C5000系列有C54x系列和C55x系列；C6000系列有C62x系列、C64x系列和C67x系列。这些DSP芯片的CPU不可能全部相同，但是同一系列芯片的CPU是相同的。这里的同一系列指的是像C20x系列、C24x系列这样的子系列，但不同子系列之间也可能具有相同的CPU。

TMS320F28335 DSP控制器的CPU采用C28x+FPU的架构，它与C28x定点DSP控制器具有相同的定点架构，但多了一个单精度32位IEEE-754浮点处理单元FPU。它不仅支持使用C/C++语言来完成控制程序的设计，而且可以实现复杂的定点、浮点运算，还能够满足许多应用系统中对多处理器的需求。

### 4.1.1 内部结构

TMS320F28335 DSP控制器的CPU内部结构如图4.1所示。在图4.1中，阴影部分的总线是通向CPU外部存储器的CPU总线；运算数总线（Operand Bus）为乘法器、移位器和算术逻辑单元（ALU）的操作提供操作数；结果总线（Result Bus）负责把运算结果送到相应的寄存器和存储器中。

如图 4.1 所示，CPU 的主要单元如下。

（1）程序控制逻辑（用来存储从程序存储器中取出的指令队列）。

（2）实时仿真接口。

（3）辅助寄存器算术单元（ARAU）。

（4）算术逻辑单元（ALU）。

（5）移位器和乘法器。移位器主要完成数据的左移或右移操作，最大可以移动 16 位；乘法器执行 32×32 位的二进制补码乘法，并产生 64 位的计算结果。

（6）预取队列及指令译码单元。

（7）程序和数据地址生成器。

（8）中断处理单元。

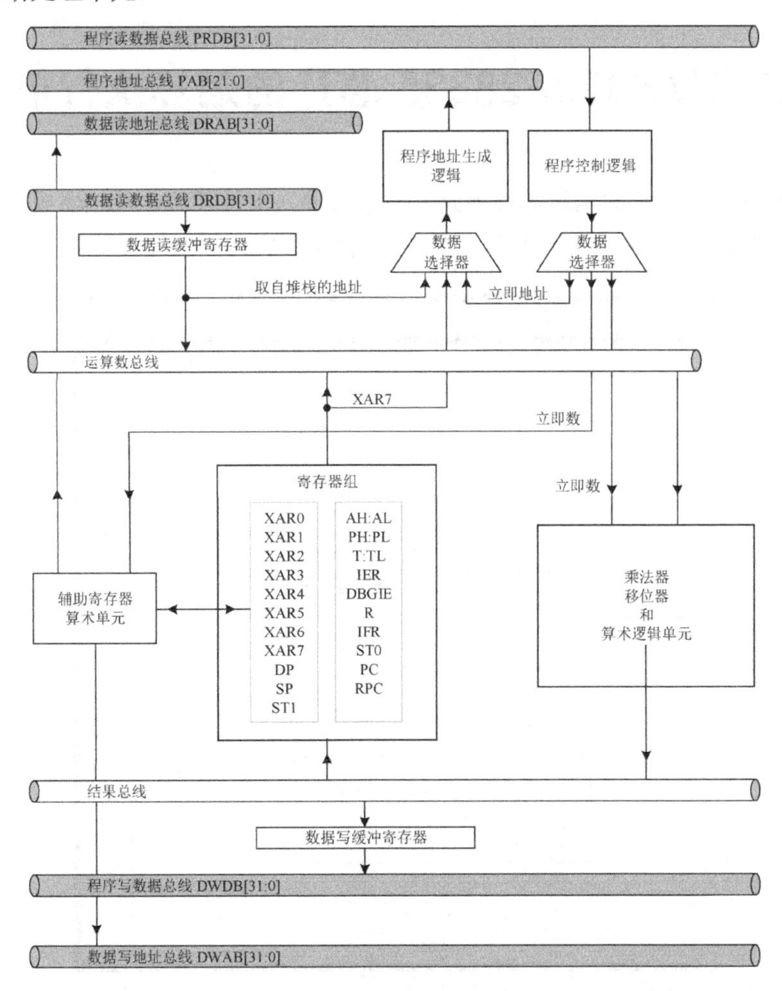


图 4.1　TMS320F28335 DSP 控制器的 CPU 内部结构

### 4.1.2 主要特性

（1）保护流水线。CPU 具有 8 级流水线，可以避免因从同一地址进行读和写而造成的秩序混乱。

（2）独立寄存器空间。CPU 包含一些没有映射到数据空间的寄存器，这些寄存器可以通过特殊指令或特殊寻址模式（寄存器寻址模式）来操作。

（3）32 位算术逻辑单元，能够快速完成二进制补码的算术和布尔逻辑操作。

（4）硬件乘法器，能够完成 32×32 位或双 16×16 位的定点乘法操作。

（5）增加的浮点处理单元 FPU 可以有效提高处理器的性能。同时，在原有 C28x 指令系统的基础上增加支持浮点运算的新指令，避免浮点环境到定点环境的算法移植，便于用户完成控制类算法的开发。

## 4.2 TMS320F28335 芯片的运算执行单元

TMS320F28335 芯片的运算执行单元主要包括输入定标部分、乘法器模块、算术逻辑单元（ALU）及累加器（ACC）4 部分。TMS320F28335 芯片的运算执行单元如图 4.2 所示。

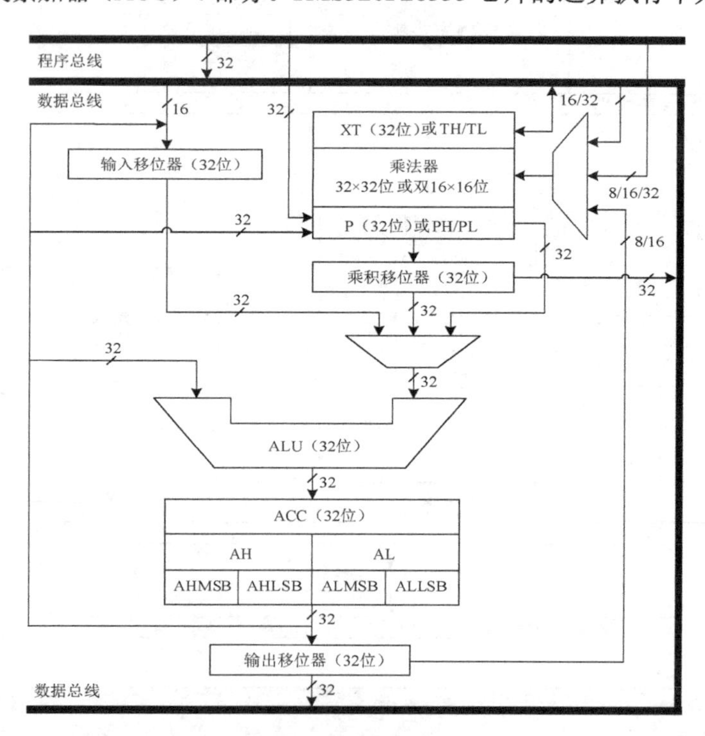


图 4.2 TMS320F28335 芯片的运算执行单元

### 4.2.1 输入定标部分

输入定标部分是一个 32 位的输入移位器，其作用主要是将来自总线的 16 位数据定标为 32 位后送至 32 位的 ALU。它可以将输入的数值向左进行 0～16 位的移位操作，具体要移的位数由指令字中的常数或临时寄存器 TREG 中的低 4 位来确定。当对输入数据进行左移时，没有使用的低位（LSB）补 0，没有使用的高位（MSB）补 0 或进行符号扩展。是否需要进行符号扩展由 CPU 状态寄存器 ST0 的符号扩展位 SXM 控制。

当 SXM=0 时，不进行符号扩展，未使用的低位补 0，未使用的高位也补 0。当 SXM=1 时，需进行符号扩展，未使用的低位补 0，未使用的高位有两种情况：当输入值为正数时，未使用的高位补 0；当输入值为负数时，未使用的高位置 1。

### 4.2.2 乘法器模块

TMS320F28335 芯片的 CPU 中有一个 32×32 位的硬件乘法器，可以完成 32×32 位、16×16 位或双 16×16 位的定点乘法运算。当流水线启动后，TMS320F28335 芯片可以在单周期内实现 32×32 位的乘累加（MAC）或双 16×16 位的 MAC 操作。

乘法器模块主要由被乘数寄存器 XT、32×32 位的硬件乘法器、32 位的乘积寄存器（P）和 32 位的乘积移位器 4 部分组成。被乘数寄存器 XT 主要用于存放被乘数，也可以作为两个独立的 16 位寄存器 TH（高 16 位）和 TL（低 16 位）使用；32×32 位的硬件乘法器可以实现 32×32 位、16×16 位或双 16×16 位的定点乘法运算；乘积寄存器 P 主要用于存放定点乘法运算的结果，也可以作为两个独立的 16 位寄存器 PH（高 16 位）和 PL（低 16 位）使用；乘积定标移位寄存器主要用于将乘积左移或右移后送入 ALU 或在定点乘法运算中，操作数和运算结果的存储器中。具体执行过程主要分为以下 3 类。

（1）32×32 位乘法。乘法器可以将来自 XT 或存储单元的 32 位数据和指令中给出的另一个 32 位数据相乘，64 位乘积结果存储于乘积寄存器 P 和 ACC 中。乘积寄存器 P 中存储高 32 位还是低 32 位、有符号数还是无符号数由指令确定。

（2）16×16 位乘法。乘法器可以将来自寄存器 T 与指令中给出的另一个 16 位数据相乘，32 位乘积结果存储于乘积寄存器 P 或 ACC 中并由指令确定。

（3）双 16×16 位乘法。乘法器的输入是两个 32 位的操作数，高位字的乘积结果存储于 ACC 中，低位字的乘积结果存储于乘积寄存器 P 中。

### 4.2.3 ALU

ALU 的基本功能是完成算术运算和逻辑操作，其主要包括 32 位加法运算、32 位减法运算、布尔逻辑操作及位操作（位测试、移位和循环移位）。其中，ALU 有两个输入，一个操作数来自 ACC，另一个操作数来自输入移位器。乘积移位器的输出或直接来自乘积寄存器 P，其由具体指令决定。

### 4.2.4 ACC

ACC 是 32 位的，主要用于存储算术逻辑单元的输出结果。它不但可以作为两个独立的 16 位寄存器 AH（高 16 位）和 AL（低 16 位）使用，也可以作为 4 个 8 位寄存器 AH.MSB、AH.LSB、AL.MSB、AL.LSB 使用。此外，在 ACC 中可以完成移位和循环移位（包含进位位）的位操作，以实现数据的定标和逻辑位的测试。

将累加器的输出结果送入输出移位器，输出移位器可以进行高位字或低位字的移位操作，并完成数据的储前处理。

## 4.3 TMS320F28335 芯片的内核寄存器组

TMS320F28335 芯片的内核寄存器组分为 CPU 寄存器组和 FPU 寄存器组两部分，如图 4.3 所示。

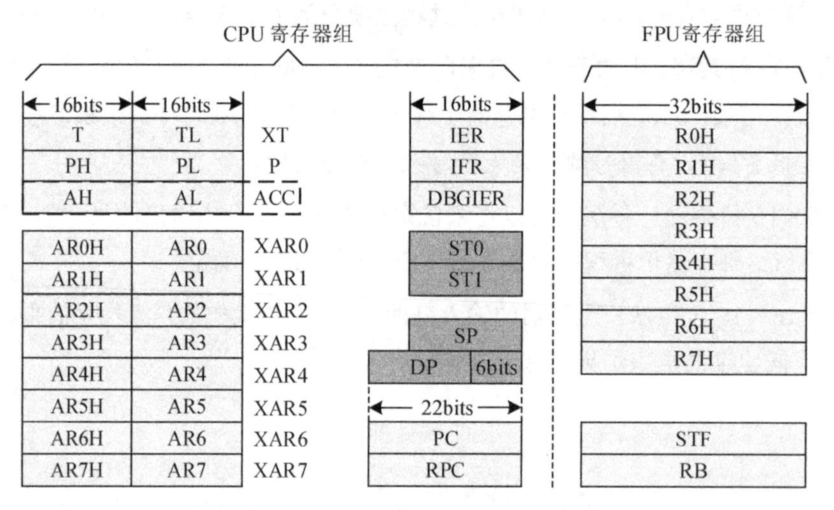


图 4.3 TMS320F28335 芯片的内核寄存器组

### 4.3.1 FPU 寄存器组

TMS320F28335 芯片的浮点处理单元 FPU 并没有改变 C28x CPU 的指令集、流水线或存储器总线结构，其只是在定点 CPU 的基础上增加了支持 IEEE 单精度浮点操作的寄存器组和指令集。增加的浮点寄存器组主要包括：8 个 32 位的浮点结果寄存器（R0H～R7H）、1 个 32 位的浮点状态寄存器（STF）和 1 个 32 位的块重复寄存器（RB）。除块重复寄存器之外，其余寄存器均具有映射寄存器，可以在处理高优先级中断时对浮点寄存器的值进行快速保护和恢复。

浮点状态寄存器可以反映浮点操作的结果，浮点状态寄存器如图 4.4 所示，其位定义如表 4.1 所示。

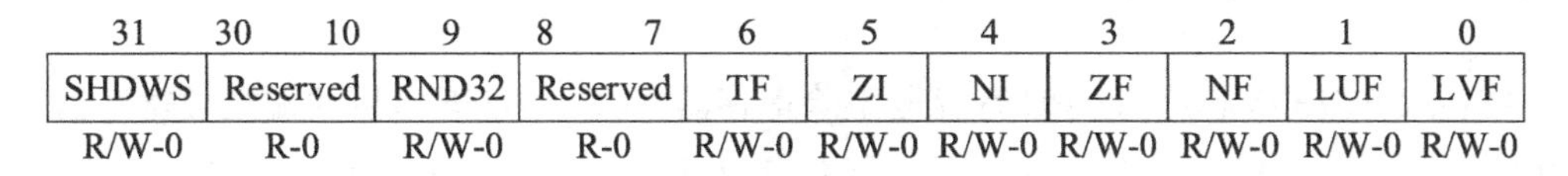


图 4.4 浮点状态寄存器

表 4.1 浮点状态寄存器的位定义

| 位 号 | 名 称 | 说 明 |
|---|---|---|
| 31 | SHDWS | 映射模式状态位。RESTORE 指令强制其置 1；SAVE 指令强制其清零，装载 STF 不影响该位 |
| 30～10 | Reserved | 保留 |
| 9 | RND32 | 浮点运算取整模式位。0 表示向零取整；1 表示向最近整数取整 |
| 8-7 | Reserved | 保留 |
| 6 | TF | 测试标志位。0 表示测试条件为假；1 表示测试条件为真 |
| 5 | ZI | 零取整标志位。0 表示整数值非 0；1 表示整数值为 0 |
| 4 | NI | 负整数标志位。0 表示整数值非负；1 表示整数值非负 |
| 3 | ZF | 浮点零标志位。0 表示浮点值非 0；1 表示浮点值为 0 |
| 2 | NF | 浮点负标志位。0 表示浮点值非负；1 表示浮点值为负 |
| 1 | LUF | 浮点下溢条件缓存标志位。0 表示下溢条件未被缓存；1 表示下溢条件被缓存 |
| 0 | LVF | 浮点上溢条件缓存标志位。0 表示上溢条件未被缓存；1 表示上溢条件被缓存 |

块重复寄存器主要用于辅助实现块重复操作，块重复寄存器如图 4.5 所示，其位定义如表 4.2 所示。

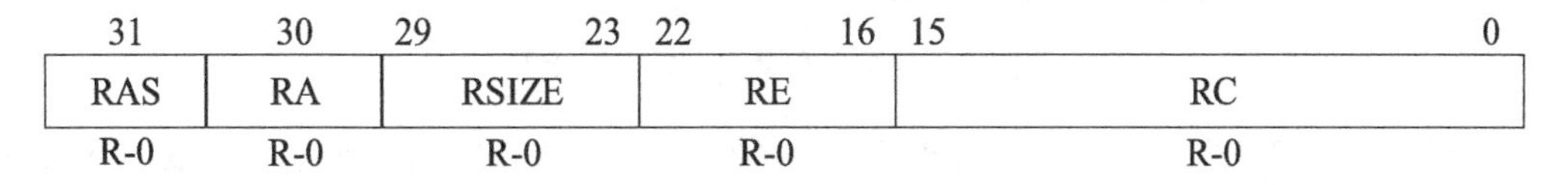


图 4.5 块重复寄存器

表 4.2　块重复寄存器的位定义

| 位　号 | 名　称 | 说　明 |
|---|---|---|
| 31 | RAS | 重复块激活缓冲位。发生中断时，将 RA 复制至 RAS |
| 30 | RA | 重复块激活位。当执行 RPTB 指令时，该位置 1；当块重复结束时，该位清零。当中断发生时，将 RA 复制至 RAS 且 RA 清零；当中断结束返回时，将 RAS 复制至 RA 且 RAS 清零 |
| 29～23 | RSIZE | 重复块大小，反映重复块中 16 位字的数目。从偶地址开始的重复块至少包括 9 个以上的字，从奇地址开始的重复块至少包括 8 个以上的字。因此，RSIZE=0～7 为非法数字，8～0x7F 为合法数字 |
| 22～16 | RE | 重复块结束地址。当执行 RPTB 指令时，RE=(PC+1+RSIZE)的低 7 位 |
| 15～0 | RC | 重复计数器。块重复次数=RC+1 次 |

## 4.3.2　CPU 寄存器组

TMS320F28335 芯片的 CPU 寄存器组除寄存器 ACC、乘法器模块的被乘数寄存器 XT、乘积寄存器 P 为 32 位寄存器 ACC 外，还包括 8 个 32 位的辅助寄存器 XAR0～XAR7、2 个 22 位的程序控制寄存器——程序指针（PC）和返回程序寄存器（PRC）、1 个 22 位的数据页面指针 DP、1 个 16 位的堆栈指针 SP、2 个 16 位的 CPU 状态寄存器 ST0 和 ST1，以及 3 个 16 位的 CPU 中断控制寄存器——中断使能寄存器 IER、中断标志寄存器 IFR 和调试中断使能寄存器 DBGIER，如图 4.3 所示。

### 一、辅助寄存器及其算术单元

TMS320F28335 芯片的 CPU 中提供了 8 个 32 位的辅助寄存器，即 XAR0～XAR7。它们可以作为地址指针指向存储器，或者作为通用目的寄存器使用。

辅助寄存器的低 16 位为 AR0～AR7，可以用作循环控制或 16 位数据比较的通用目的寄存器，如图 4.6 所示。在访问 AR0～AR7 时，辅助寄存器的高 16 位（AR0H～AR7H）是否改变取决于所用的指令。同时，AR0H～AR7H 只能作为 XAR0～XAR7 的一部分来读取，不能单独进行访问。

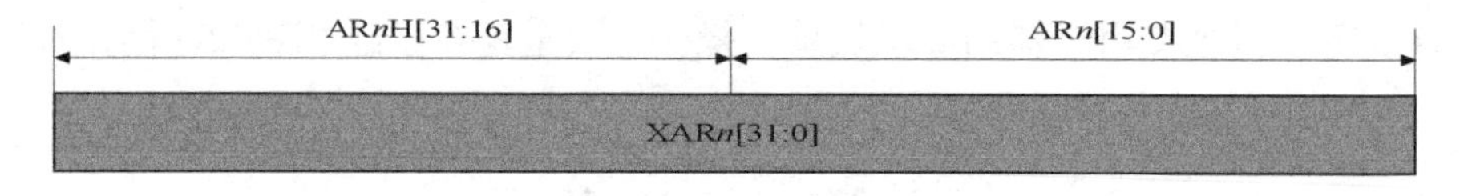


图 4.6　辅助寄存器 XAR0～XAR7

另外，TMS320F28335 芯片设置有一个独立于 ALU 之外的辅助寄存器算术单元（ARAU），其功能是通过 8 个 32 位的辅助寄存器（XAR0～XAR7）来与 ALU 并行地执行算术操作，从而灵活高效地完成间接寻址功能。

ARAU 可以对 XAR0～XAR7 中的地址进行运算，如地址加/减 1、地址加/减某一常数、地址加/减 AR0 的值及将工作寄存器与 AR0 的值进行比较，以实现程序控制等。由于 ARAU 与 ALU 并行工作，因此对地址的运算不需要 ALU 参与。

在指令执行时，当前 XAR*n* 的内容用作访问数据存储器的地址：若从数据存储器读数据，则 ARAU 就把这个地址送到数据读地址总线（DRAB）；若向数据存储器写数据，ARAU 就把这个地址送到数据写地址总线（DWAB）。

## 二、程序指针 PC 和程序控制寄存器 PRC

对 TMS320F28335 芯片的 8 级保护流水线而言，程序指针 PC 总是指向流水线中到达取址译码 D2 阶段的指令，如图 4.7 所示。

当返回程序寄存器 PRC 用于执行长调用（LCR）指令时，存放返回地址，从而加速调用返回过程。

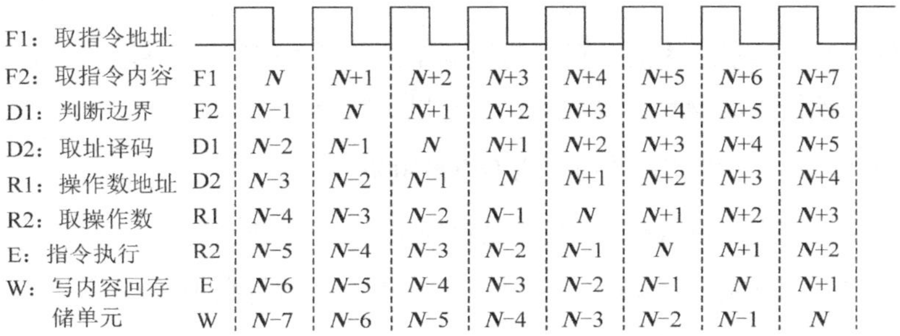

F1：取指令地址
F2：取指令内容
D1：判断边界
D2：取址译码
R1：操作数地址
R2：取操作数
E：指令执行
W：写内容回存储单元

| | | | | | | | | |
|---|---|---|---|---|---|---|---|---|
| F1 | *N* | *N*+1 | *N*+2 | *N*+3 | *N*+4 | *N*+5 | *N*+6 | *N*+7 |
| F2 | *N*−1 | *N* | *N*+1 | *N*+2 | *N*+3 | *N*+4 | *N*+5 | *N*+6 |
| D1 | *N*−2 | *N*−1 | *N* | *N*+1 | *N*+2 | *N*+3 | *N*+4 | *N*+5 |
| D2 | *N*−3 | *N*−2 | *N*−1 | *N* | *N*+1 | *N*+2 | *N*+3 | *N*+4 |
| R1 | *N*−4 | *N*−3 | *N*−2 | *N*−1 | *N* | *N*+1 | *N*+2 | *N*+3 |
| R2 | *N*−5 | *N*−4 | *N*−3 | *N*−2 | *N*−1 | *N* | *N*+1 | *N*+2 |
| E | *N*−6 | *N*−5 | *N*−4 | *N*−3 | *N*−2 | *N*−1 | *N* | *N*+1 |
| W | *N*−7 | *N*−6 | *N*−5 | *N*−4 | *N*−3 | *N*−2 | *N*−1 | *N* |

图 4.7　TMS320F28335 芯片的 8 级保护流水线

## 三、数据页面指针 DP

将数据存储空间的低 4MW 按照每 64W 为一页分为 65 536 个数据页，再对数据存储器进行直接寻址。

数据存储空间低 4MW 的分页如表 4.3 所示，高 16 位的页面编号（0～65535）由 16 位的数据页面指针 DP 指示，低 6 位的偏移量（0～63）由指令给出。因此，在直接寻址时，数据空间的最大寻址范围为 $2^{16}\times2^{6}=2^{22}=4\text{MW}$。

表 4.3　数据存储空间低 4MW 的分页

| 数　据　页 | 偏　移　量 | 数据存储器 |
|---|---|---|
| 00 0000 0000 0000 00<br>…<br>00 0000 0000 0000 00 | 00 0000<br>…<br>11 1111 | 页 0：0000 0000h～0000 003Fh |
| 00 0000 0000 0000 01<br>…<br>00 0000 0000 0000 01 | 00 0000<br>…<br>11 1111 | 页 1：0000 0000h～0000 003Fh |

续表

| 数 据 页 | 偏 移 量 | 数据存储器 |
| --- | --- | --- |
| 00 0000 0000 0000 10<br>…<br>00 0000 0000 0000 10 | 00 0000<br>…<br>11 1111 | 页 2：0000 0000h～0000 003Fh |
| ⋮ | ⋮ | ⋮ |
| 11 1111 1111 1111 11<br>…<br>11 1111 1111 1111 11 | 00 0000<br>…<br>11 1111 | 页 65 5335：003F FFC0h～003F FFFFh |

值得注意的是，当 CPU 工作在 C2xLP 兼容模式时，使用一个 7 位的偏移量，并忽略数据页面指针 DP 的最低位。

## 四、堆栈指针 SP

堆栈指针 SP 为 16 位，因此其可以对数据空间的低 64W 进行寻址。在正常情况下，堆栈由低地址向高地址方向增长。堆栈操作具有以下特点。

（1）复位后，堆栈指针 SP 的内容为 0x000400h。

（2）在使用过程中，堆栈指针 SP 总是指向下一个可用的字。

（3）在将 32 位数据存入堆栈时，先存放低 16 位，然后将高 16 位存入下一个高地址中。

（4）在对堆栈进行 32 位访问时，一般从偶地址开始。

（5）当 SP 值超过 0xFFFF 时，将自动从 0x0000 开始向高地址循环，当 SP 值减小到小于 0x0000 时，会自动从 0xFFFF 向低地址循环。

## 五、状态寄存器 ST0 和 ST1

TMS320F28335 芯片的 CPU 中有两个非常重要的状态寄存器，即状态寄存器 ST0 和 ST1。它们控制 DSP 的工作模式并反映 DSP 的运行状态。

### 1. 状态寄存器 ST0

状态寄存器 ST0 如图 4.8 所示。在图 4.8 中，所有这些位都可以在流水线执行的过程中进行更改。

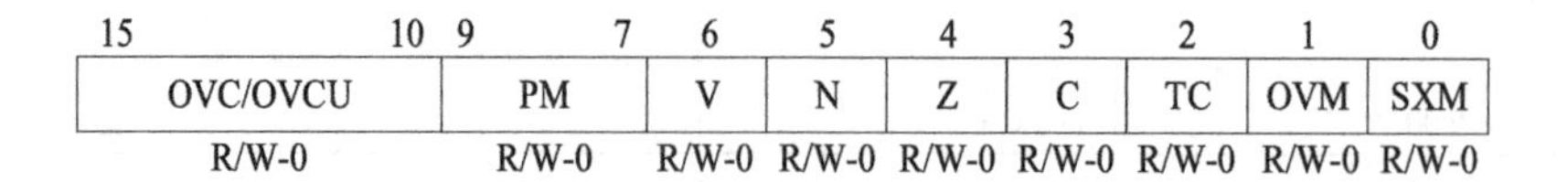


注：“R”表示该位可读，“W”表示该位可写，“-”之后的数字为复位默认值。

图 4.8 状态寄存器 ST0

状态寄存器 ST0 的位定义如表 4.4 所示。

**表 4.4　状态寄存器 ST0 的位定义**

| 位　　号 | 名　　称 | 说　　明 |
|---|---|---|
| 15～10 | OVC/OVCU | 溢出计数器。当有符号运算时，为 OVC，保存累加器 ACC 的溢出信息；当无符号运算时，为 OVCU，加法有进位则加，减法有借位则减 |
| 9～7 | PM | 乘积移位模式，决定乘积在输出前如何位移 |
| 6 | V | 溢出标志位，反映操作结果是否会引起保存结果的寄存器溢出 |
| 5 | N | 负标志位，反映在某些操作中运算结果是否为负 |
| 4 | Z | 零标志位，反映操作结果是否为零 |
| 3 | C | 进位位，反映加法运算是否产生进位，或者减法运算是否产生借位 |
| 2 | TC | 测试/控制位，反映位测试（TBIT）或归一化（NORM）指令的测试结果 |
| 1 | OVM | 溢出模式位，规定是否需要对累加器 ACC 溢出结果进行调整 |
| 0 | SXM | 符号扩展位，决定输入移位器在对数据进行移位时是否需要进行符号扩展 |

## 2. 状态寄存器 ST1

状态寄存器 ST1 如图 4.9 所示。

| 15～13 | 12 | 11 | 10 | 9 | 8 |
|---|---|---|---|---|---|
| ARP | Reserved | M0M1MAP | Reserved | OBJMODE | AMODE |
| R/W-0 | R-0 | R-1 | R-0 | R/W-0 | R/W-0 |

| 7 | 6 | 5 | 4 | 3 | 2 | 1 | 0 |
|---|---|---|---|---|---|---|---|
| IDLESTAT | EALLOW | LOOP | SPA | VMAP | PAGE0 | DBGM | INTM |
| R-0 | R-0 | R/W-0 | R/W-0 | R/W-1 | R/W-0 | R/W-1 | R/W-1 |

图 4.9　状态寄存器 ST1

状态寄存器 ST1 的位定义如表 4.5 所示。

**表 4.5　状态寄存器 ST1 的位定义**

| 位　　号 | 名　　称 | 说　　明 |
|---|---|---|
| 15-13 | ARP | 辅助寄存器指针，用于指示当前时刻的工作寄存器 |
| 12 | Reserved | 保留 |
| 11 | M0M1MAP | 状态寄存器 M0 和 M1 的映射位。在 C28x 模式下为 1；在 C27x 兼容模式下为 0（仅供 TI 公司测试用） |
| 10 | Reserved | 保留 |
| 9 | OBJMODE | 目标兼容模式位，用于在 C28x（该位为 1）和 C27x 模式（该位为 0）间进行选择 |
| 8 | AMODE | 寻址模式位，用于在 C28x（该位为 0）和 C2xLP 寻址模式（该位为 1）间进行选择 |
| 7 | IDLESTAT | 空闲状态位，只读。在执行 IDLE 指令时，置位，在下列情况下，复位：执行中断、CPU 退出 IDLE 状态、无效指令进入指令寄存器或某个外设复位后 |
| 6 | EALLOW | 受保护寄存器访问允许位，在对仿真寄存器或受保护寄存器进行访问前，要将该位置 1 |
| 5 | LOOP | 循环指令状态位，当 CPU 执行循环指令时，该位置位 |
| 4 | SPA | 队列指针定位位，反映 CPU 是否已把堆栈指针 SP 定位到偶地址 |

续表

| 位　号 | 名　称 | 说　明 |
|---|---|---|
| 3 | VMAP | 向量映射位，用于确定将 CPU 的中断向量表映射到最低地址（该位为 0）还是最高地址（该位为 1） |
| 2 | PAGE0 | 寻址模式设置位，用于在直接寻址（该位为 1）和堆栈寻址（该位为 0）间进行选择 |
| 1 | DBGM | 调试功能屏蔽位，该位置位时仿真器不能实时访问存储器和寄存器 |
| 0 | INTM | 中断屏蔽位，即可屏蔽中断的总开关，该位为 1 时所有可屏蔽中断被禁止 |

### 六、中断控制寄存器

TMS320F28335 芯片的 CPU 中有 3 个寄存器用于控制中断，即中断使能寄存器 IER、中断标志寄存器 IFR 和调试中断使能寄存器 DBGIER。它们的定义及功能将在本书第 6 章进行叙述。

## 4.4 TMS320F28335 芯片的时钟及其控制

TMS320F28335 芯片的时钟源模块包括振荡器、PLL、看门狗及工作模式选择等。

### 4.4.1 振荡器及 PLL 模块

TMS320F28335 芯片的最高频率为 150MHz，其主要由片上振荡器与 PLL 模块共同决定。片上振荡器（OSC）与 PLL 模块的电路结构如图 4.10 所示。

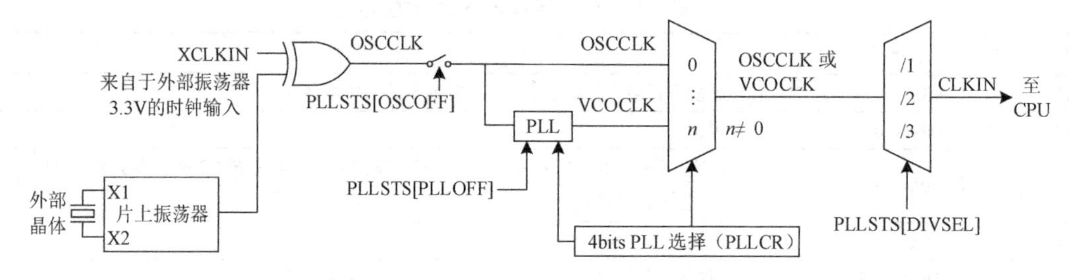


图 4.10　片上振荡器与 PLL 模块的电路结构

如图 4.10 所示，片上振荡器产生的外部时钟 OSCCLK 可以不经 PLL 模块而直接通过多路选择器，再经分频得到 CLKIN 信号并送往 CPU。外部时钟 OSCCLK 也可以作为 PLL 模块的输入时钟，经 PLL 模块倍频后通过多路选择器，再经过分频得到 CLKIN 信号并送往 CPU。倍频系数和分频系数由 PLL 控制寄存器决定。

## 4.4.2　时钟信号监视电路

时钟信号监视电路主要用来检测外部时钟 OSCCLK 是否缺失。时钟信号监视电路的结构如图 4.11 所示。该电路采用两个计数器分别监视进入 PLL 前的时钟信号 OSCCLK 及 PLL 输出的时钟信号 VCOCLK。时钟信号监视电路的工作原理如下。

7 位的 OSCCLK 计数器用来对外部时钟 OSCCLK 进行计数，13 位的 VCOCLK 计数器用来对 VCOCLK 进行计数。当 7 位的 OSCCLK 计数器溢出时，会将 13 位的 VCOCLK 计数器清零。因此，在正常情况下，VCOCLK 计数器不会溢出。如果外部时钟 OSCCLK 丢失，那么 PLL 将进入 Limp-mode 模式，并产生一个低频时钟信号，VCOCLK 计数器会对这个低频时钟信号持续计数。由于此时 OSCCLK 计数器不再产生周期性的清零信号，因此 VCOCLK 计数器将溢出，同时产生一个复位信号 MCLKRES，对 CPU、外设及其他单元进行复位，并将 PLLSTS 寄存器的 MCLKSTS 位置 1，表明时钟信号监视电路发现外部时钟信号 OSCCLK 丢失。

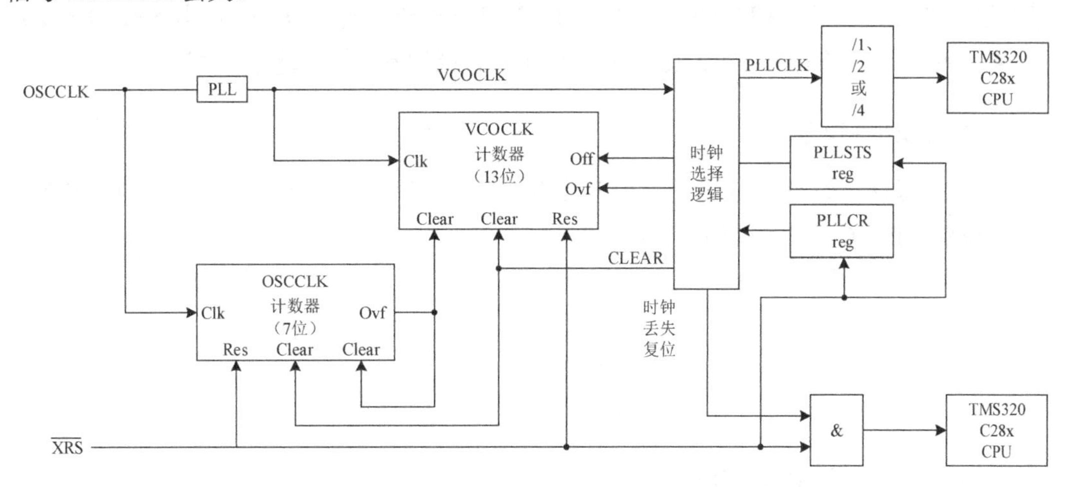


图 4.11　时钟信号监视电路的结构

## 4.4.3　时钟控制相关寄存器

时钟控制相关寄存器如表 4.6 所示。需要注意的是，表 4.6 中的寄存器均只能通过执行 EALLOW 指令进行访问。

表 4.6　时钟控制相关寄存器

| 名　　称 | 地　　址 | 长度（×16 位） | 功 能 描 述 |
|---|---|---|---|
| PLLSTS | 0x7011 | 1 | PLL 状态寄存器（PLLSTS） |
| HISPCP | 0x701A | 1 | 高速外设时钟信号（HSPCLK）寄存器 |
| LOSPCP | 0x701B | 1 | 低速外设时钟信号（LSPCLK）寄存器 |

续表

| 名　　称 | 地　　址 | 长度（×16 位） | 功 能 描 述 |
|---|---|---|---|
| PCLKCR0 | 0x701C | 1 | 外设时钟控制寄存器 0 |
| PCLKCR1 | 0x701D | 1 | 外设时钟控制寄存器 1 |
| LPMCR0 | 0x701E | 1 | 低功耗模式控制寄存器 0 |
| PCLKCR3 | 0x7020 | 1 | 外设时钟控制寄存器 3 |
| PLLCR | 0x7021 | 1 | PLL 控制寄存器（PLLCR） |
| SCSR | 0x7022 | 1 | 系统控制与状态寄存器 |
| WDCNTR | 0x7023 | 1 | 看门狗计数寄存器 |
| WDKEY | 0x7025 | 1 | 看门狗复位关键字寄存器 |
| WDCR | 0x7029 | 1 | 看门狗控制寄存器 |

下面着重介绍几个常用寄存器的相关配置。

## 一、PLL 模块寄存器

PLL 模块寄存器包括 PLL 控制寄存器（PLLCR）、PLL 状态寄存器（PLLSTS）及外部时钟输出控制寄存器(XINTCNF2)。其中，XINTCNF2 用于配置 XCLKOUT 与 SYSCLKOUT 的关系，PLLCR 寄存器和 PLLSTS 寄存器用于对振荡器和 PLL 模块进行控制。

### 1. PLLCR 寄存器

PLLCR 寄存器的 DIV 位控制着 PLL 是否被旁路，以及当 PLL 没有被旁路时，其时钟比率的设置。PLLCR 寄存器如图 4.12 所示。

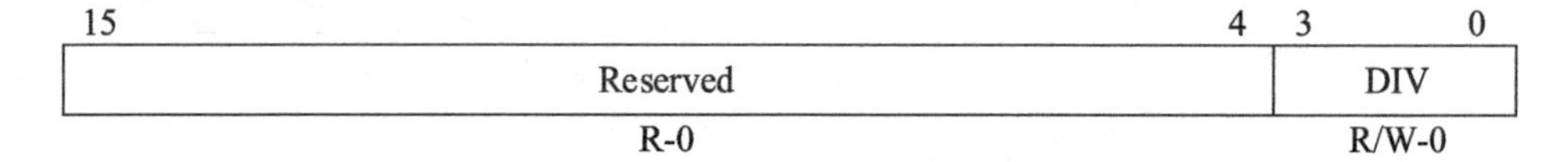


图 4.12　PLLCR 寄存器

PLLCR 寄存器的位定义如表 4.7 所示。

表 4.7　PLLCR 寄存器的位定义

| PLLCR[DIV] 的值 | 不同配置下 SYSCLKOUT 的输出频率 | | |
|---|---|---|---|
| | PLLSTS [DIVSEL]=0 或 1 | PLLSTS [DIVSEL]=2 | PLLSTS [DIVSEL]=3 |
| 0000（PLL 被旁路） | OSCCLK/4（默认） | OSCCLK/4 | OSCCLK |
| 0001～1010（转换为十进制 $k$） | （OSCCLK×$k$）/4 | （OSCCLK×$k$）/2 | 保留 |
| 1011～1111 | 保留 | 保留 | 保留 |

### 2. PLLSTS 寄存器

PLLSTS 寄存器如图 4.13 所示。

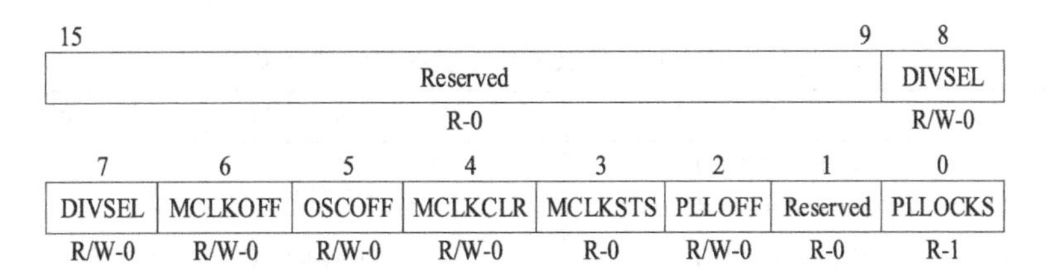


图 4.13　PLLSTS 寄存器

PLLSTS 寄存器的位定义如表 4.8 所示。

**表 4.8　PLLSTS 寄存器的位定义**

| 位　号 | 名　称 | 说　明 |
|---|---|---|
| 15～9 | Reserved | 保留 |
| 8～7 | DIVSEL | 分频设置位。00 或 01 表示 4 分频；10 表示 2 分频；11 表示不分频 |
| 6 | MCLKOFF | 时钟监视禁止位。0 表示使能时钟监视功能；1 表示时钟监视功能关闭 |
| 5 | OSCOFF | 振荡器时钟禁止位。0 表示外部时钟 OSCCLK 被送入 PLL 模块；1 表示禁止送入 PLL 模块 |
| 4 | MCLKCLR | 时钟丢失状态清除位。写 0 表示无影响；写 1 表示强制清除和复位时钟信号监视电路 |
| 3 | MCLKSTS | 时钟丢失状态位。0 表示系统正常工作，未检测到时钟丢失；1 表示检测到时钟丢失 |
| 2 | PLLOFF | PLL 关闭控制位。0 表示锁相环模块开启；1 表示锁相环模块关闭 |
| 1 | Reserved | 保留 |
| 0 | PLLLOCKS | PLL 状态稳定标志位。0 表示锁相正在进行；1 表示锁相已经完成 |

## 二、外设时钟控制寄存器

外设时钟控制寄存器 PCLKCR0、PCLKCR1、PCLKCR3 控制各种片上外设时钟的工作状态，各寄存器的位定义分别如表 4.9、表 4.10 和表 4.11 所示。

对外设时钟而言，当控制寄存器的相应位为 1 时，使能该外设时钟，当控制寄存器的相应位为 0 时，禁止该外设时钟。在实际应用中，可以根据使用到的外设，合理使能或禁止相应的外设时钟，以降低系统功耗。

**表 4.9　PCLKCR0 寄存器的位定义**

| 位　号 | 名　称 | 说　明 | 位　号 | 名　称 | 说　明 |
|---|---|---|---|---|---|
| 15 | ECANB ENCLK | ECAN-B 时钟使能<br>0 表示禁止；1 表示使能 | 8 | SPIA ENCLK | SPI-A 时钟使能<br>0 表示禁止；1 表示使能 |
| 14 | ECANA ENCLK | ECAN-A 时钟使能<br>0 表示禁止；1 表示使能 | 7～6 | Reserved | 保留 |
| 13 | MB ENCLK | McBSP-B 时钟使能<br>0 表示禁止；1 表示使能 | 5 | SCIC ENCLK | SCI-C 时钟使能<br>0 表示禁止；1 表示使能 |
| 12 | MA ENCLK | McBSP-A 时钟使能<br>0 表示禁止；1 表示使能 | 4 | I2CA ENCLK | $I^2C$ 时钟使能<br>0 表示禁止；1 表示使能 |
| 11 | SCIB ENCLK | SCI-B 时钟使能<br>0 表示禁止；1 表示使能 | 3 | ADC ENCLK | ADC 时钟使能<br>0 表示禁止；1 表示使能 |
| 10 | SCIA ENCLK | SCI-A 时钟使能<br>0 表示禁止；1 表示使能 | 2 | TBCLK SYNC ENCLK | PWM 模块时基时钟同步使能<br>0 表示禁止；1 表示使能 |
| 9 | Reserved | 保留 | 1～0 | Reserved | 保留 |

表 4.10 PCLKCR1 寄存器的位定义

| 位 号 | 名 称 | 说 明 | 位 号 | 名 称 | 说 明 |
|---|---|---|---|---|---|
| 15 | EQEP2<br>ENCLK | EQEP-2 时钟使能<br>0 表示禁止；1 表示使能 | 7～6 | Reserved | 保留 |
| 14 | EQEP1<br>ENCLK | EQEP-1 时钟使能<br>0 表示禁止；1 表示使能 | 5 | EPWM6ENCL<br>K | EPWM-6 时钟使能<br>0 表示禁止；1 表示使能 |
| 13 | ECAP6<br>ENCLK | ECAP-6 时钟使能<br>0 表示禁止；1 表示使能 | 4 | EPWM5ENCL<br>K | EPWM-5 时钟使能<br>0 表示禁止；1 表示使能 |
| 12 | ECAP5<br>ENCLK | ECAP-5 时钟使能<br>0 表示禁止；1 表示使能 | 3 | EPWM4ENCL<br>K | EPWM-4 时钟使能<br>0 表示禁止；1 表示使能 |
| 11 | ECAP4<br>ENCLK | ECAP-4 时钟使能<br>0 表示禁止；1 表示使能 | 2 | EPWM3ENCL<br>K | EPWM-3 时钟使能<br>0 表示禁止；1 表示使能 |
| 10 | ECAP3<br>ENCLK | ECAP-3 时钟使能<br>0 表示禁止；1 表示使能 | 1 | EPWM2ENCL<br>K | EPWM-2 时钟使能<br>0 表示禁止；1 表示使能 |
| 9 | ECAP2<br>ENCLK | ECAP-2 时钟使能<br>0 表示禁止；1 表示使能 | 0 | EPWM1ENCL<br>K | EPWM-1 时钟使能<br>0 表示禁止；1 表示使能 |
| 8 | ECAP1<br>ENCLK | ECEP-1 时钟使能<br>0 表示禁止；1 表示使能 | | | |

表 4.11 PCLKCR3 寄存器的位定义

| 位 号 | 名 称 | 说 明 |
|---|---|---|
| 15～14 | Reserved | 保留 |
| 13 | GPIOINENCLK | GPIO 输入时钟使能。0 表示禁止；1 表示使能 |
| 12 | XINTFENCLK | XINTF 模块时钟使能。0 表示禁止；1 表示使能 |
| 11 | DMAENCLK | DMA 模块时钟使能。0 表示禁止；1 表示使能 |
| 10 | CPUTIMER2ENCLK | CPU 定时器 2 时钟使能。0 表示禁止；1 表示使能 |
| 9 | CPUTIMER1ENCLK | CPU 定时器 1 时钟使能。0 表示禁止；1 表示使能 |
| 8 | CPUTIMER0ENCLK | CPU 定时器 0 时钟使能。0 表示禁止；1 表示使能 |
| 7～0 | Reserved | 保留 |

## 三、高/低速外设时钟预定标寄存器

CPU 输出的时钟 SYSCLKOUT 可以直接送片内外设（如 ePWM、eCAP、eQEP、$I^2C$、DMA 等模块）使用，或者经 2 分频后送片内外设（如 eCAN 模块）使用；同时，还可以经高速外设时钟信号寄存器（HISPCP）定标后得到高速外设时钟（HSPCLK）供 ADC 模块使用，或者在经低速外设时钟信号寄存器（LOSPCP）定标后得到低速外设时钟（LSPCLK）供 SPI、SCI 等模块使用。HISPCP 和 LOSPCP 均为 16 位寄存器，高 13 位保留、低 3 位有效，位域名称分别为 HSPCLK 和 LSPCLK。

HISPCP 和 LOSPCP 寄存器如图 4.14 所示。

| 15 ~ 3 | 2 ~ 0 |
|---|---|
| Reserved | HSPCLK |
| R-0 | R/W-001 |

| 15 ~ 3 | 2 ~ 0 |
|---|---|
| Reserved | LSPCLK |
| R-0 | R/W-010 |

图 4.14 HISPCP 和 LOSPCP 寄存器

设 HSPCLK 和 LSPCLK 的设定值对应的十进制数为 $k$，则输出高速外设时钟或低速外设时钟的频率与系统时钟 SYSCLKOUT 的关系如下：

$$f=\begin{cases} f_{\text{SYSCLKOUT}}, & k=0 \\ f_{\text{SYSCLKOUT}}/(2\times k), & k\neq 0 \end{cases} \tag{4-1}$$

当系统复位时，高速外设时钟 HSPCLK 的默认频率为 $f_{\text{SYSCLKOUT}}/2$，低速外设时钟 LSPCLK 的默认频率为 $f_{\text{SYSCLKOUT}}/4$。

## 四、看门狗模块的相关寄存器

看门狗模块主要用于监控程序的运行。若程序正常运行，则通过周期性地向看门狗复位寄存器 WDKEY 写入“0x55+0xAA”进行“喂狗”，从而复位看门狗计数器，以防止因其溢出而产生中断或使 DSP 芯片复位。反之，当程序跑飞或死机时，若看门狗定时器因没有按时清零而发生溢出，则触发看门狗中断，复位 DSP 控制器。看门狗模块的相关寄存器如下。

### 1. 看门狗计数寄存器

看门狗计数寄存器（WDCNTR）是一个 16 位寄存器，高 8 位保留，低 8 位为有效位。WDCNTR 寄存器的位定义如表 4.12 所示。看门狗时钟 WDCLK 由外部时钟 OSCCLK 先除以 512 再经预定标产生。预定标因子及是否允许看门狗时钟 WDCLK 的输入由看门狗控制寄存器（WDCR）的相应位进行控制。

表 4.12 WDCNTR 寄存器的位定义

| 位 号 | 名 称 | 说 明 |
|---|---|---|
| 15～8 | Reserved | 保留 |
| 7～0 | WDCNTR | 位 0～7 包含看门狗计数器的当前值。8 位计数器将根据看门狗时钟 WDCLK 连续计数。若计数器溢出，则看门狗初始化中断；若将 WDKEY 寄存器写入有效的数据组合，则使计数器清零 |

### 2. 看门狗复位寄存器

看门狗复位寄存器（WDKEY）是一个 16 位寄存器，高 8 位保留，低 8 位为有效位。对该寄存器依次写入“0x55+0xAA”，使看门狗计数器清零，若再写入其他任何值及组合，不但不会产生计数器清零信号，还会导致看门狗复位。另外，在读该寄存器时，将返回看门狗控制寄存器（WDCR）的内容。

### 3. 看门狗控制寄存器

看门狗控制寄存器（WDCR）是一个 16 位寄存器，高 8 位保留，低 8 位为有效位。WDCR 寄存器的位定义如表 4.13 所示。

表 4.13 WDCR 寄存器的位定义

| 位　号 | 名　称 | 说　明 |
|---|---|---|
| 15～8 | Reserved | 保留 |
| 7 | WDFLAG | 看门狗复位状态标志位。0 表示外部设备或上电复位条件。该位将一直锁存，直到写 1 到 WDFLAG，将该位清零；1 表示看门狗复位（ $\overline{\text{WDRST}}$ ）满足复位条件 |
| 6 | WDDIS | 看门狗使能位。复位时，看门狗模块激活。0 表示使能看门狗模块。只有当 SCSR 寄存器中的 WDOVERRIDE 位置 1 时，WDDIS 的值才能被修改；1 表示禁止看门狗模块 |
| 5～3 | WDCHK | 看门狗检查位。必须一直向该位写入 101，写入其他值会使设备复位。当看门狗被使能时，写入其他值会立即使设备复位或引起看门狗中断，读操作返回 000 |
| 2～0 | WDPS | 用于配置看门狗计数时钟的速率（相对于 OSCCLK/512）<br>000：WDCLK=OSCCLK/512/1（默认），设置 $k_i$= 001～111，<br>则 WDCLK=OSCCLK / 512 / $\left[2^{(k_i\text{对应的十进制值}-1)}\right]$ |

## 五、系统控制与状态寄存器

系统控制和状态寄存器（SCSR）包含看门狗溢出位和看门狗中断屏蔽/使能位。SCSR 寄存器的位定义如表 4.14 所示。

表 4.14 SCSR 寄存器的位定义

| 位　号 | 名　称 | 说　明 |
|---|---|---|
| 15～3 | Reserved | 保留 |
| 2 | WDINTS | 看门狗中断标志位，反映 $\overline{\text{WDINT}}$ 信号的当前状态。0 表示看门狗中断信号为低电平（有效电平）；1 表示看门狗中断信号为高电平（无效电平） |
| 1 | WDEN<br>INT | 看门狗中断使能位。0 表示使能看门狗模块的复位器件模式，禁止中断模式（默认状态），看门狗中断信号 $\overline{\text{WDINT}}$ 被屏蔽；1 表示使能看门狗模块的中断模式，禁止复位模式，看门狗复位信号 $\overline{\text{WDINT}}$ 被屏蔽 |
| 0 | WDOVE<br>RRIDE | 看门狗写控制位。0 表示写 0 无反应，若此位被清零，则将保持为 0 直到复位；1 表示允许用户修改 WDCR 寄存器的看门狗使能位 WDDIS。若写 1 并将此位清零，则不能修改 WDDIS 位 |

## 六、低功耗模式控制寄存器

为了满足低功耗应用需求，可以在 DSP 系统空闲时将某些时钟源停止，以降低系统功耗。TMS320F28335 芯片有 3 种低功耗模式，3 种低功耗模式的对比如表 4.15 所示。

表 4.15 3 种低功耗模式的对比

| 低功耗模式 | LPMCR0 [LPM] | OSCCLK | CLKIN | SYS CLKOUT | 退出条件 |
|---|---|---|---|---|---|
| IDLE | 00 | 开 | 开 | 开 | $\overline{XRS}$、$\overline{WDINT}$、任何允许的中断 |
| STANDBY | 01 | 开（看门狗仍运行） | 关 | 关 | $\overline{XRS}$、$\overline{WDINT}$、GPIO 端口 A 信号、调试器 |
| HALT | 10 或 11 | 关（振荡器、PLL 关闭，看门狗失效） | 关 | 关 | $\overline{XRS}$、GPIO 端口 A 信号、调试器 |

具体进入何种低功耗模式，由低功耗模式控制寄存器（LPMCR0）控制。

LPMCR0 寄存器如图 4.15 所示。

| 15 | 14～8 | 7～2 | 1～0 |
|---|---|---|---|
| WDINTE | Reserved | QUALSTDBY | LPM |
| R/W-0 | R-0 | R/W-1 | R/W-0 |

图 4.15 LPMCR0 寄存器

LPMCR0 寄存器的位定义如表 4.16 所示。若配置 LPMCR0 的 LPM 位为“00”，则在 CPU 执行 IDLE 指令后，系统进入 IDLE（空闲）模式。在该模式下，程序计数器 PC 不再增量，即 CPU 停止执行指令，处于休眠状态。不可屏蔽中断和任何使能的中断可以使系统退出该模式，且退出过程无须执行任何操作。

若配置 LPMCR0 的 LPM 位为“01”，则在 CPU 执行 IDLE 指令后，系统进入 STANDBY（待机）模式。在该模式下，进出 CPU 的时钟均关闭，但看门狗模块仍正常工作。指定的 GPIO 端口 A 信号、复位中断及看门狗中断可以使系统退出该模式。

若配置 LPMCR0 的 LPM 位为“1x”，则在 CPU 执行 IDLE 指令后，系统将进入 HALT（暂停）模式。在该模式下，振荡器和 PLL 关闭，看门狗也停止工作。指定的 GPIO 端口 A 信号、复位中断可以使系统退出该模式。

表 4.16 LPMCR0 寄存器的位定义

| 位 号 | 名 称 | 说 明 |
|---|---|---|
| 15 | WDINTE | 看门狗中断唤醒允许位，反映是否允许看门狗中断将 DSP 从 STANDBY 模式唤醒。0 表示不允许；1 表示允许 |
| 14～8 | Reserved | 保留 |

续表

| 位　号 | 名　称 | 说　明 |
|---|---|---|
| 7~2 | QUALSTDBY | STANDBY 模式唤醒所需 GPIO 信号有效电平保持时间（以 OSCCLK 周期数来衡量）。设 QUALSTDBY 位段设置值对应的十进制数为 *k*，则要求有效电平保持时间为(*k*+2)个 OSCCLK 周期，默认值为两个 OSCCLK 周期 |
| 1~0 | LPM | 低功耗模式选择位，决定 CPU 执行 IDLE 指令后，进入哪种低功耗模式。00 表示 IDLE 模式（默认值）；01 表示 STANDBY 模式；1x 表示 HALT 模式 |

# 4.5　CPU 定时器

TMS320F28335 芯片有 3 个 32 位的 CPU 定时器，分别称为 Timer0、Timer1 和 Timer2。其中，Timer2 用于实时操作系统，Timer0、Timer1 留给用户使用。CPU 定时器具有定时、计时和计数的功能，可以为芯片提供时间基准，或者配合其他功能单元实现复杂的功能，特别适合作为基准时钟实现用户软件各模块的同步。而且，CPU 定时器结构简单，一旦启动即可循环工作而无须软件干预，使用方便。

## 4.5.1　CPU 定时器的结构及原理

CPU 定时器的结构如图 4.16 所示。CPU 定时器的核心是一个 32 位计数器 TIMH:TIM 和一个 16 位预定标计数器 PSCH:PSC。它们均进行减计数，且有各自的周期寄存器，计数器和预定标计数器的周期寄存器分别为 32 位周期寄存器 PRDH:PRD 和 16 位定时器分频寄存器 TDDRH:TDDR。其中，预定标计数器 PSCH:PSC 用于将系统时钟 SYSCLKOUT 进行分频，之后作为计数器的计数脉冲，分频系数为 TDDRH:TDDR+1。计数器 TIMH:TIM 根据分频后的时钟信号进行计数，每计数 PRDH:PRD+1 个脉冲就中断一次。所以，CPU 定时器中断一次的时间为(PRDH:PRD+1)×(TDDRH:TDDR+1)×$T_{SYSCLKOUT}$。

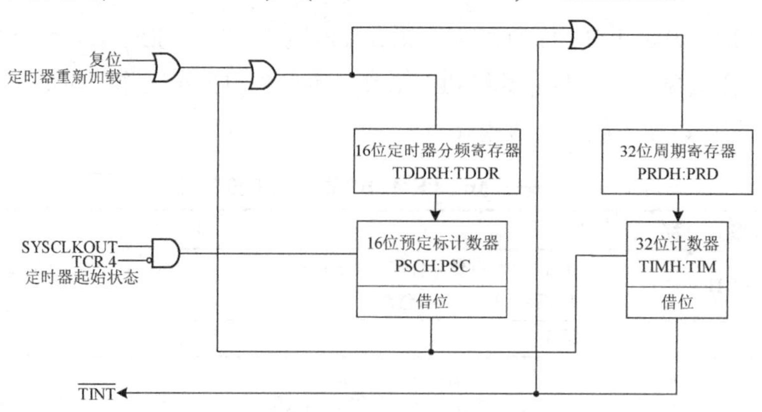


图 4.16　CPU 定时器结构

当计数器 TIMH:TIM 下溢时，借位信号会产生中断信号 $\overline{\text{TINT}}$，但应该注意，3 个 CPU 定时器产生的中断信号向 CPU 传递的通道是不同的。

CPU 定时器中断申请途径如图 4.17 所示。Timer2 的中断 TINT2 独占 CPU 的 INT14 中断；Timer1 的中断 TINT1 与外部中断 XINT13 复用 INT13 中断；Timer0 的中断 TINT0 通过 PIE 模块与 CPU 中断相连。

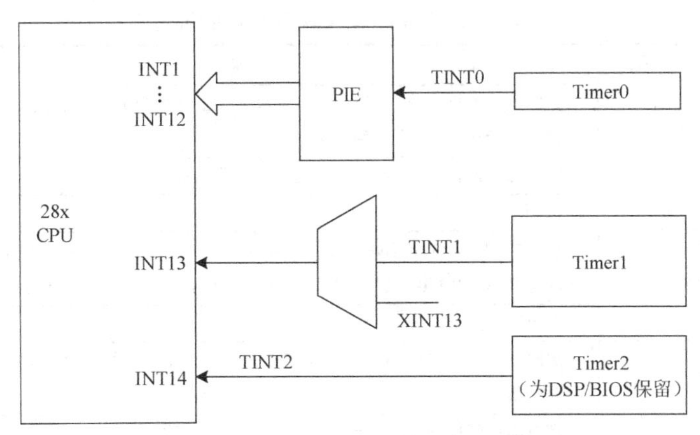


图 4.17　CPU 定时器中断申请途径

## 4.5.2　CPU 定时器相关寄存器

每个 CPU 定时器都包含 7 个寄存器，即各自的控制寄存器、32 位计数寄存器、32 位周期寄存器、16 位预定标计数器及 16 位分频寄存器，如表 4.17 所示。其中，*x* 表示 0、1、2。

表 4.17　CPU 定时器相关寄存器

| 寄存器 | 字（16 位） | 地址 | | | 说明 |
|---|---|---|---|---|---|
| | | Timer0 | Timer1 | Timer2 | |
| TIMER*x*TIM | 1 | 0x0C00 | 0x0C08 | 0x0C10 | 计数器低 16 位 |
| TIMER*x*TIMH | 1 | 0x0C01 | 0x0C09 | 0x0C11 | 计数器高 16 位 |
| TIMER*x*PRD | 1 | 0x0C02 | 0x0C0A | 0x0C12 | 周期寄存器低 16 位 |
| TIMER*x*PRDH | 1 | 0x0C03 | 0x0C0B | 0x0C13 | 周期寄存器高 16 位 |
| TIMER*x*TCR | 1 | 0x0C04 | 0x0C0C | 0x0C14 | 控制寄存器 |
| TIMER*x*TPR | 1 | 0x0C06 | 0x0C0E | 0x0C16 | 低 8 位为 TDDR，高 8 位为 PSC |
| TIMER*x*TPRH | 1 | 0x0C07 | 0x0C0F | 0x0C17 | 低 8 位为 TDDRH，高 8 位为 PSCH |

### 一、定时器控制寄存器

如表 4.17 所示，除定时器控制寄存器（TIMER*x*TCR）以外，其他均为数据类寄存器，编程时只需向其写入期望值即可。TIMER*x*TCR 寄存器如图 4.18 所示。

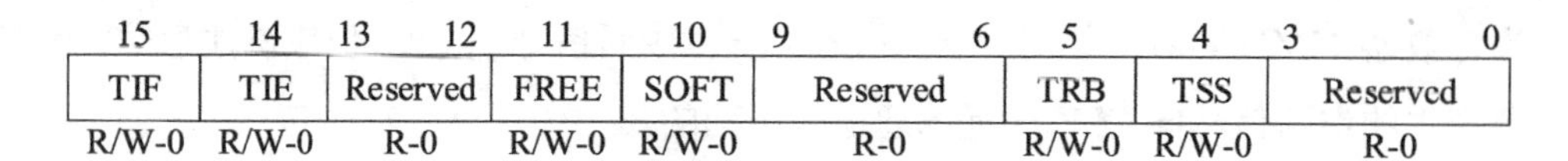


图 4.18　TIMER*x*TCR 寄存器

TIMER*x*TCR 寄存器的位定义如表 4.18 所示。

**表 4.18　TIMER*x*TCR 寄存器的位定义**

| 位　号 | 名　称 | 说　明 |
|---|---|---|
| 15 | TIF | 定时器中断标志位。0 表示定时器模块中的计数单元还未达到 0；1 表示定时器模块中的计数单元达到 0（写 1 清零） |
| 14 | TIE | 定时器中断使能位。0 表示禁止；1 表示使能 |
| 13～12 | Reserved | 保留 |
| 11 | FREE | 仿真控制位，决定在调试过程中遇到断点时定时器执行的动作。00 表示计数器完成下一次递减后停止；01 表示计数器减到 0 后停止；1x 表示定时器自由运行，不受断点影响 |
| 10 | SOFT | |
| 9～6 | Reserved | 保留 |
| 5 | TRB | 定时器重新装载位。0 表示无影响；1 表示计数器和预定标计数器同时装载各自周期寄存器的值 |
| 4 | TSS | 定时器启停控制位。0 表示启动定时器工作（默认）；1 表示停止定时器 |
| 3～0 | Reserved | 保留 |

## 二、32 位计数寄存器 TIMER*x*TIMH 和 TIMER*x*TIM

TIMER*x*TIMH 和 TIMER*x*TIM 寄存器如图 4.19 所示。TIMER*x*TIMH 寄存器存放当前 32 位定时器计数值的高 16 位，TIMER*x*TIM 寄存器存放当前 32 位定时器计数值的低 16 位。每经过 TDDRH:TDDR+1 个系统时钟周期，TIMH:TIM 减 1；当 TIMH:TIM 减到 0 时，TIMH:TIM 重新装载 PRDH:PRD 寄存器的值，同时产生定时器中断信号 $\overline{\text{TINT}}$。

| 15 ～ 0 |
|---|
| TIMER*x*TIMH |
| R/W-0 |

| 15 ～ 0 |
|---|
| TIMER*x*TIM |
| R/W-0 |

图 4.19　TIMER*x*TIMH 和 TIMER*x*TIM 寄存器

## 三、32 位周期寄存器 TIMER*x*PRDH 和 TIMER*x*PRD

TIMER*x*PRDH 和 TIMER*x*PRD 寄存器如图 4.20 所示。

| 15 ～ 0 |
|---|
| TIMER*x*PRDH |
| R/W-0 |

| 15 ～ 0 |
|---|
| TIMER*x*PRD |
| R/W-0xFFFF |

图 4.20　TIMER*x*PRDH 和 TIMER*x*PRD 寄存器

如图 4.20 所示，TIMER*x*PRDH 寄存器存放当前 32 位周期值的高 16 位，TIMER*x*PRD 寄存器存放当前 32 位周期值的低 16 位。当 TIMH:TIM 减到 0 时，在下一个输入时钟（预定标寄存器输出时钟）周期开始之前，TIMH:TIM 重新装载 PRDH:PRD 寄存器的周期值。另外，如果定时器控制寄存器中的定时器重载位（TRB）被置位，那么 TIMH:TIM 也会重新装载 PRDH:PRD 寄存器的周期值。

## 四、预定标寄存器 TIMER*x*TPRH 和 TIMER*x*TPR

TIMER*x*TPRH 和 TIMER*x*TPR 都是 16 位寄存器。它们的高 8 位组合成 16 位预定标计数器 PSCH:PSC，它们的低 8 位组合成 16 位定时器分频寄存器 TDDRH:TDDR。

TIMER*x*TPRH 和 TIMER*x*TPR 寄存器如图 4.21 所示。PSCH:PSC 存放预定标计数器的当前值。每个时钟源周期，只要 PSCH:PSC 的值大于 0，PSCH:PSC 就会减 1。当 PSCH:PSC 减到 0 时，PSCH:PSC 重新装载 TDDRH:TDDR 中的值，同时定时器计数寄存器 TIMH:TIM 减 1。另外，如果定时器控制寄存器 TIMER*x*TCR 中的定时器重载位（TRB）被置位，那么 PSCH:PSC 会重新装载 TDDRH:TDDR 中的值。PSCH:PSC 中的值可以被读取但不能被直接设置。当系统复位时，PSCH:PSC 被清零。

| 15　　　　8 | 7　　　　0 |
|---|---|
| PSCH | TDDRH |
| R-0 | R/W-0 |

| 15　　　　8 | 7　　　　0 |
|---|---|
| PSC | TDDR |
| R-0 | R/W-0 |

图 4.21　TIMER*x*TPRH 和 TIMER*x*TPR 寄存器

定时器分频寄存器 TDDRH:TDDR 每经过 TDDRH:TDDR+1 个定时器时钟源周期，定时器计数寄存器 TIMH:TIM 减 1。当系统复位时，TDDRH:TDDR 被清零。

## 思考题

1．TMS320F28335 芯片的 CPU 主要包括哪几个部分？各部分作用是什么？

2．TMS320F28335 DSP 控制器采用了几级流水线的工作方式？执行一条指令需要经过哪几个阶段？各阶段的作用分别是什么？

3．在 TMS320F28335 芯片的 CPU 中，运算执行单元主要由哪几部分组成？各部分的功能分别是什么？

4．说明 TMS320F28335 芯片的浮点处理单元 FPU 在 C28x 定点 CPU 基础上增加了哪些寄存器组？

5．TMS320F28335 芯片的 CPU 包括哪些寄存器？辅助寄存器有哪些？其作用分别是什么？

6．简述状态寄存器 ST0、ST1 的主要功能。

7．EALLOW 保护机制的作用是什么？有哪些寄存器是被 EALLOW 机制保护的？

8．CPU 定时器有几个？其主要区别是什么？

9．简述 CPU 定时器的基本工作原理。

10．什么是 DSP 的低功耗模式？如何使用看门狗定时器？

11．假定 TMS320F28335 芯片的时钟频率为 150MHz，试根据周期寄存器和预定标寄存器的取值范围计算 CPU 定时器 Timer0 可以实现的定时周期最大值。

# 第 5 章 通用输入输出接口

DSP 控制器的大部分引脚可以作为通用数字量输入输出（General Purpose Input/Output，GPIO）接口，以实现最基本的控制与数据传输任务。由于芯片引脚资源有限，因此 GPIO 引脚一般与某些片内外设的外部引脚复用，用户可以通过配置相应的寄存器（GPIOMUX）把这些引脚设置成数字 I/O（GPIO）或外设 I/O 工作模式。如果设置成数字 I/O 模式，那么既可以灵活配置为输入或输出引脚，又可以通过量化寄存器对输入信号的脉宽进行限制，以消除不必要的噪声。

## 5.1 GPIO 模块结构与工作原理

为了有效地利用引脚资源，TMS320F28335 芯片提供了 88 个多功能复用引脚。它们可分成 3 组，并对应 3 个 32 位的端口，端口 A 由 GPIO0～GPIO31 组成，端口 B 由 GPIO32～GPIO63 组成，端口 C 由 GPIO64～GPIO87 组成。GPIO 引脚分组如图 5.1 所示。

每个 GPIO 引脚均可以配置成数字 I/O（GPIO）工作模式或外设 I/O 工作模式，具体工作于哪种模式由功能配置寄存器 GP*x*MUX1/2（*x* 为 A、B、C，本章下文均如此）进行配置。如图 5.1 所示，功能配置寄存器有 6 个，每个寄存器的 32 位分成 16 个位域，每个位域的两位对应一个引脚。若设置某个位域为“00”，则对应的引脚为数字 I/O（GPIO）工作模式。数字 I/O（GPIO）工作模式下的控制逻辑如图 5.2 所示。

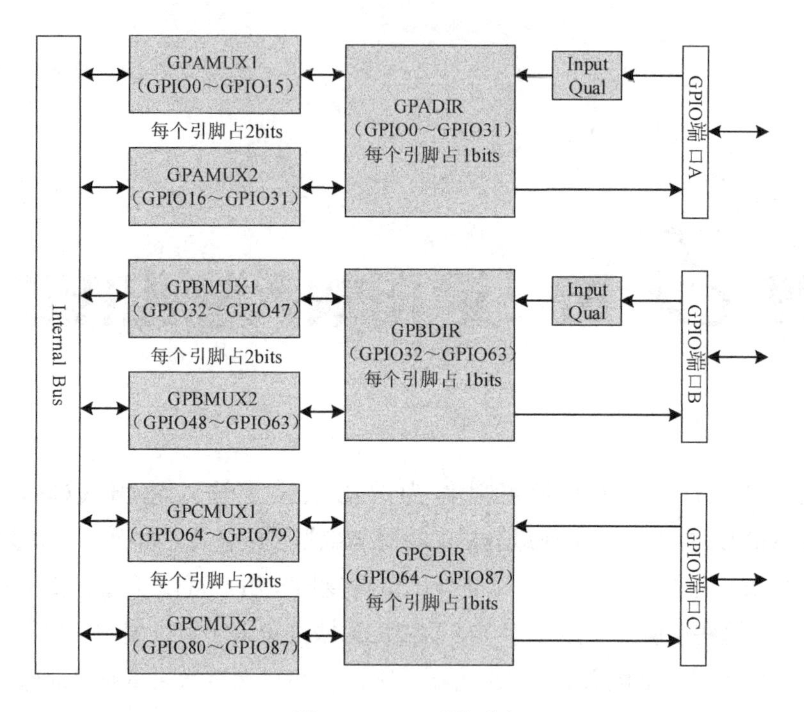


图 5.1 GPIO 引脚分组

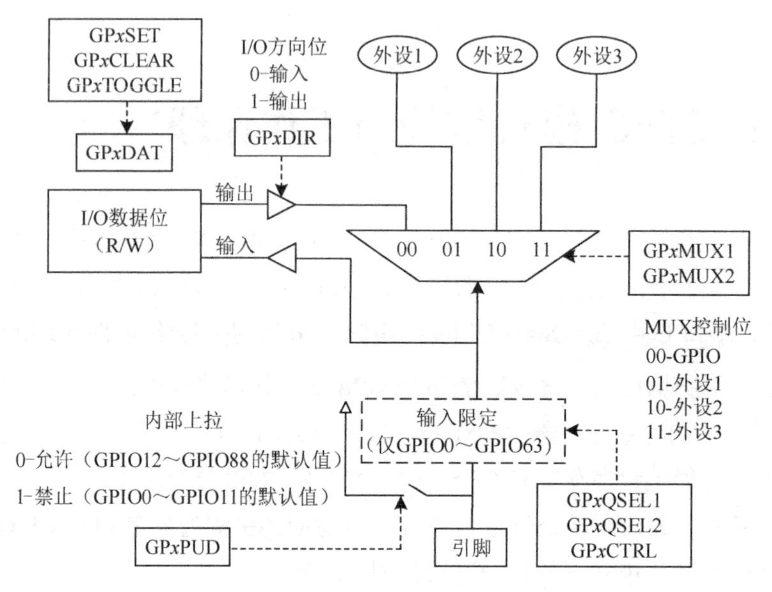


图 5.2 数字 I/O（GPIO）工作模式下的控制逻辑

如图 5.2 所示，每个引脚最多可以复用 4 种功能：GPIO 和外设 1、外设 2、外设 3。在任意时刻，引脚上的电平与相应数据寄存器 GPxDAT 中的数据位一致（“1”-高电平，“0”-低电平）；3 个方向控制寄存器 GPxDIR 控制 I/O 口数据传输方向（0-输入，1-输出，默认值为 0）；当方向设置为输出时，可以由数据置位 GPxSET、清零 GPxCLEAR 和翻转 GPxTOGGLE 寄存器对输出数据进行配置。

此外，GPIO 的每个引脚内部都配有上拉电阻，可以分别通过 3 个上拉寄存器 GP*x*PUD 来控制是否禁止或允许上拉（0–允许，1–禁止）。

## 5.2 输入限定功能

TMS320F28335 芯片的 GPIO 端口 A 和端口 B 具有输入限定功能，用户可以通过配置 GPAQSEL1/2 和 GPBQSEL1/2 寄存器来选择 GPIO 引脚的输入限定类型。对于一个 GPIO 输入引脚，输入限定可以被指定为与系统时钟同步或用采样窗限定；而对于配置为外设输入的引脚，除可以被指定为与系统时钟同步或用采样窗限定之外，输入限定还可以是异步的。

### 5.2.1 异步输入

由于工作在外设 I/O 模式下的引脚不需要输入同步信号或其自身具有信号同步功能，如通信接口 SCI、SPI、eCAN 和 I²C 等，因此此时引脚的输入限定可以设置为异步输入模式。当引脚工作在数字 I/O（GPIO）工作模式下时，异步输入功能无效。

### 5.2.2 仅与系统时钟同步

TMS320F28335 芯片的所有引脚在复位时都采用默认的限定方式。在此模式下，输入信号被限定为与系统时钟 SYSCLKOUT 同步，由于引脚的输入信号是异步的，因此在与系统时钟同步的过程中，会产生一个系统时钟周期的延迟。

### 5.2.3 用采样窗进行限定

利用采样进行输入限定时，输入信号首先与系统时钟 SYSCLKOUT 同步，然后经过对输入进行限定的采样窗，最后得到最终的信号。只有输入信号在一个采样窗内保持不变，采样窗后的信号才允许改变，从而滤除噪声信号。在该模式下，输入限定结构和利用采样窗消除噪声的实现过程分别如图 5.3 和图 5.4 所示。

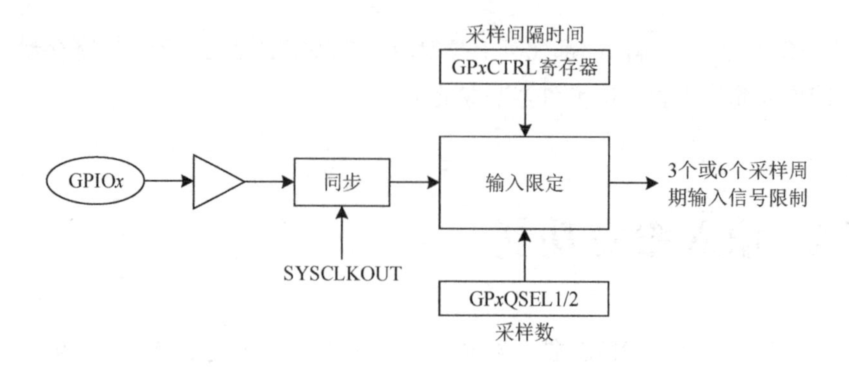


图 5.3　基于采样窗的输入限定结构

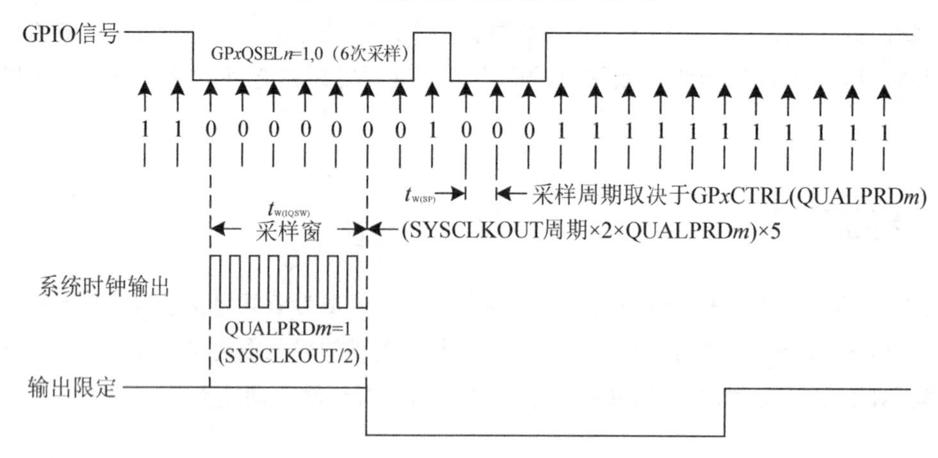


图 5.4　利用采样窗消除噪声的实现过程

在该类型的限定模式下，有两种参数需要配置，即采样周期和采样窗长度。

1）采样周期

为了对输入信号进行限定，要间隔一定的周期对输入信号进行采样。采样周期由 GPxCTRL 寄存器内的 QUALPRDm 位决定，并且在配置过程中以 8 个输入引脚为 1 组。例如，GPIO0～GPIO7 由 GPxCTRL 寄存器的 QUALPRD0 位设置，GPIO8～GPIO15 由 GPxCTRL 寄存器的 QUALPRD1 位设置。

2）采样窗长度

一个采样窗内包含 3 次或 6 次采样，可以通过量化选择寄存器 GPAQSEL1/2 和 GPBQSEL1/2 进行设置。只有当输入信号在采样窗内的多次采样结果保持不变时，输入信号才会被输送到芯片内部。

图 5.4 为利用采样窗消除噪声的实现过程，由于噪声的持续时间小于输入限定设定的采样窗宽度，因此噪声被滤除。

# 5.3 GPIO 寄存器

GPIO 寄存器可以分为 3 种，分别是 GPIO 控制类寄存器、GPIO 数据类寄存器和 GPIO 中断源与低功耗模式唤醒选择寄存器。下面对各种 GPIO 寄存器进行详细说明。

## 5.3.1 GPIO 控制类寄存器

GPIO 控制类寄存器汇总如表 5.1 所示。

表 5.1　GPIO 控制类寄存器汇总

| 寄存器名称 | 地　址 | 长度/字 | 说　明 |
|---|---|---|---|
| GPACTRL | 0x6F80 | 2 | GPIOA 限定控制寄存器（GPIO0～GPIO31） |
| GPAQSEL1 | 0x6F82 | 2 | GPIOA 输入限定选择寄存器 1（GPIO0～GPIO15） |
| GPAQSEL2 | 0x6F84 | 2 | GPIOA 输入限定选择寄存器 2（GPIO16～GPIO31） |
| GPAMUX1 | 0x6F86 | 2 | GPIOA 功能选择控制寄存器 1（GPIO0～GPIO15） |
| GPAMUX2 | 0x6F88 | 2 | GPIOA 功能选择控制寄存器 2（GPIO16～GPIO31） |
| GPADIR | 0x6F8A | 2 | GPIOA 方向控制寄存器（GPIO0～GPIO31） |
| GPAPUD | 0x6F8C | 2 | GPIOA 上拉控制寄存器（GPIO0～GPIO31） |
| GPBCTRL | 0x6F90 | 2 | GPIOB 限定控制寄存器（GPIO32～GPIO63） |
| GPBQSEL1 | 0x6F92 | 2 | GPIOB 输入限定选择寄存器 1（GPIO32～GPIO47） |
| GPBQSEL2 | 0x6F94 | 2 | GPIOB 输入限定选择寄存器 2（GPIO48～GPIO63） |
| GPBMUX1 | 0x6F96 | 2 | GPIOB 功能选择控制寄存器 1（GPIO32～GPIO47） |
| GPBMUX2 | 0x6F98 | 2 | GPIOB 功能选择控制寄存器 2（GPIO48～GPIO63） |
| GPBDIR | 0x6F9A | 2 | GPIOB 方向控制寄存器（GPIO32～GPIO63） |
| GPBPUD | 0x6F9C | 2 | GPIOB 上拉控制寄存器（GPIO32～GPIO63） |
| GPCMUX1 | 0x6FA6 | 2 | GPIOC 功能选择控制寄存器 1（GPIO64～GPIO79） |
| GPCMUX2 | 0x6FA8 | 2 | GPIOC 功能选择控制寄存器 2（GPIO80～GPIO87） |
| GPCDIR | 0x6FAA | 2 | GPIOC 方向控制寄存器（GPIO64～GPIO87） |
| GPCPUD | 0x6FAC | 2 | GPIOC 上拉控制寄存器（GPIO64～GPIO87） |

### 一、GPIO 限定控制寄存器

GPIO 模块有两个 32 位限定控制寄存器，即 GPACTRL 和 GPBCTRL，分别对应 GPIO 的端口 A 和端口 B。它们为输入限定的引脚指定了采样周期（相对于系统时钟周期的倍数）。

GPACTRL 寄存器如图 5.5 所示。GPACTRL 寄存器分为 4 个 8 位位域，各自控制 8 个引脚的采样周期。例如，位域 QUALPRD0 设定引脚 GPIO0～GPIO7 的采样周期数；位域 QUALPRD1 设定引脚 GPIO8～GPIO15 的采样周期数；位域 QUALPRD2 设定引脚 GPIO16～

GPIO23 的采样周期数；位域 QUALPRD3 设定引脚 GPIO24～GPIO31 的采样周期数。

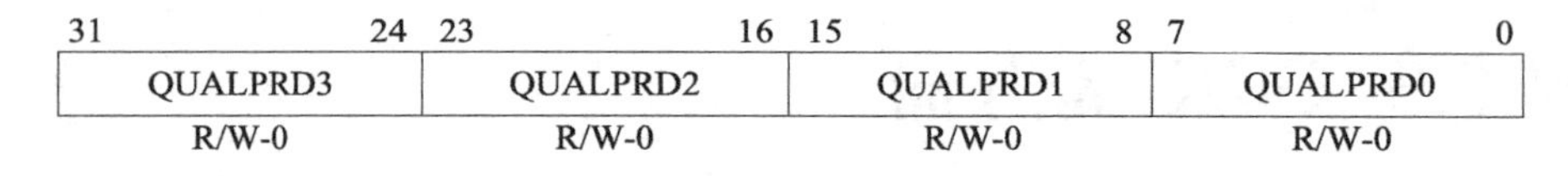


图 5.5 GPACTRL 寄存器

当某一位域的设定值为 0,1,2,⋯, 255 时，其对应引脚的采样周期数为 1,2,4,⋯, 510。由于 GPBCTRL 寄存器与 GPACTRL 寄存器类似，只是对应的引脚为端口 B，因此不再赘述。

## 二、GPIO 输入限定选择寄存器

GPIO 模块有 4 个 32 位的输入限定选择寄存器，即 GPAQSEL1/2 和 GPBQSEL1/2，分别对应 GPIO 的端口 A 和端口 B。它们为引脚指定输入限定模式。由于 GPBQSEL1/2 寄存器的各位信息和 GPAQSEL1/2 寄存器类似，因此下面主要介绍 GPAQSEL1/2 寄存器。GPAQSEL1/2 寄存器如图 5.6 所示。

| 31 30 | 29 28 | … | 3 2 | 1 0 |
|---|---|---|---|---|
| GPIO15 | GPIO14 | … | GPIO1 | GPIO0 |
| R/W-0 | R/W-0 | … | R/W-0 | R/W-0 |

| 31 30 | 29 28 | … | 3 2 | 1 0 |
|---|---|---|---|---|
| GPIO31 | GPIO30 | … | GPIO17 | GPIO16 |
| R/W-0 | R/W-0 | … | R/W-0 | R/W-0 |

图 5.6 GPAQSEL1/2 寄存器

如图 5.6 所示，GPAQSEL1/2 寄存器的每两个位域对应一个 GPIO 引脚。例如，GPAQSEL1 寄存器的位域 D31、D30 对应引脚 GPIO15，位域 D29、D28 对应引脚 GPIO14，⋯，位域 D1、D0 对应引脚 GPIO0。各位域的两个位可以选择 4 种输入限定模式。

当该位域设定为“00”时，表示仅与系统时钟 SYSCLKOUT 同步，引脚配置为 GPIO 与外设 I/O 工作模式均有效；当该位域设定为“01”时，表示采用 3 个采样周期宽度限定，引脚配置为 GPIO 或外设 I/O 工作模式均有效；当该位域设定为“10”时，表示采用 6 个采样周期宽度限定，引脚配置为 GPIO 或外设 I/O 工作模式均有效；当该位域设定为“11”时，表示无同步及采样窗限定，该选项仅用于配置为外设 I/O 工作模式的引脚。若引脚配置为 GPIO 工作模式，则与“00”选项相同，仅与系统时钟 SYSCLKOVT 同步。

## 三、GPIO 功能选择控制寄存器

GPIO 模块有 6 个 32 位的功能选择控制寄存器，即 GPAMUX1、GPAMUX2、GPBMUX1、GPBMUX2、GPCMUX1 和 GPCMUX2，分别对应 GPIO 模块的端口 A、端口 B 和端口 C。

GPAMUX 寄存器的位定义如表 5.2 所示。其中，GPAMUX1 和 GPAMUX2 分别用于配置 GPIO0～GPIO15 及 GPIO16～GPIO31 的引脚复用。

表 5.2　GPAMUX 寄存器的位定义

| 寄存器位 | 复位时默认功能 | 外设选择 1 | 外设选择 2 | 外设选择 3 |
| --- | --- | --- | --- | --- |
| GPAMUX1 | 00 | 01 | 10 | 11 |
| 1～0 | GPIO0(I/O) | EPWM1A(O) | 保留 | 保留 |
| 3～2 | GPIO1(I/O) | EPWM1B(O) | ECAP6(I/O) | MFSRB(I/O) |
| 5～4 | GPIO2(I/O) | EPWM2A(O) | 保留 | 保留 |
| 7～6 | GPIO3(I/O) | EPWM2B(O) | ECAP5(I/O) | MCLKRB(I/O) |
| 9～8 | GPIO4(I/O) | EPWM3A(O) | 保留 | 保留 |
| 11～10 | GPIO5(I/O) | EPWM3B(O) | MSFRA(I/O) | ECAP1(I/O) |
| 13～12 | GPIO6(I/O) | EPWM4A(O) | EPWM<br>SYNCI(I) | EPWM<br>SYNCO(O) |
| 15～14 | GPIO7(I/O) | EPWM4B(O) | MCLKRA(I/O) | ECAP2(I/O) |
| 17～16 | GPIO8(I/O) | EPWM5A(O) | CANTXB(O) | $\overline{\text{ADCSOCAO}}$ (O) |
| 19～18 | GPIO9(I/O) | EPWM5B(O) | SCITXDB(O) | ECAP3(I/O) |
| 21～20 | GPIO10(I/O) | EPWM6A(O) | CANRXB(I) | $\overline{\text{ADCSOCBO}}$ (O) |
| 23～22 | GPIO11(I/O) | EPWM6B(O) | SCIRXDB(I) | ECAP4(I/O) |
| 25～24 | GPIO12(I/O) | $\overline{\text{TZ1}}$ (I) | CANTXB(O) | MDXB(O) |
| 27～26 | GPIO13(I/O) | $\overline{\text{TZ2}}$ (I) | CANRXB(I) | MDRB(I) |
| 29～28 | GPIO14(I/O) | $\overline{\text{TZ3}}$ /<br>$\overline{\text{XHOLD}}$ (I) | SCITXDB(O) | MCLKXB(I/O) |
| 31～30 | GPIO15(I/O) | $\overline{\text{TZ4}}$ /<br>$\overline{\text{XHOLDA}}$ (O) | SCIRXDB(I) | MFSXB(I/O) |
| GPAMUX2 | 00 | 01 | 10 | 11 |
| 1～0 | GPIO16(I/O) | SPISIMOA(I/O) | CANTXB(O) | $\overline{\text{TZ5}}$ (I) |
| 3～2 | GPIO17(I/O) | SPISOMIA(I/O) | CANRXB(I) | $\overline{\text{TZ6}}$ (I) |
| 5～4 | GPIO18(I/O) | SPICLKA(I/O) | SCITXDB(O) | CANRXA(I) |
| 7～6 | GPIO19(I/O) | $\overline{\text{SPISTEA}}$ (I/O) | SCIRXDB(I) | CABTXA(O) |
| 9～8 | GPIO20(I/O) | EQEP1A(I) | MDXA(O) | CABRXB(O) |
| 11～10 | GPIO21(I/O) | EQEP1B(I) | MDRA(I) | CANTXB(I) |
| 13～12 | GPIO22(I/O) | EQEP1S(I/O) | MCLKXA(I/O) | SCIRXDB(O) |
| 15～14 | GPIO23(I/O) | EQEP1I(I/O) | MFSXA(I/O) | SCIRXDB(I) |
| 17～16 | GPIO24(I/O) | ECAP1(I/O) | EQEP2A(I) | MDRB(O) |
| 19～18 | GPIO25(I/O) | ECAP2(I/O) | EQEP2B(I) | MDRB(I) |
| 21～20 | GPIO26(I/O) | ECAP3(I/O) | EQEP2S(I/O) | MCLKXB(I/O) |
| 23～22 | GPIO27(I/O) | ECAP4(I/O) | EQEP2I(I/O) | MFXB(I/O) |
| 25～24 | GPIO28(I/O) | SCIRXDA(I) | $\overline{\text{XZSCS6}}$ (O) | $\overline{\text{XZSCS6}}$ (O) |
| 27～26 | GPIO29(I/O) | SCITXDA(O) | XA19(O) | XA19(O) |
| 29～28 | GPIO30(I/O) | CANRXA(I) | XA18(O) | XA18(O) |
| 31～30 | GPIO31(I/O) | CANTXA(O) | SXA17(O) | SXA17(O) |

GPBMUX 寄存器的位定义如表 5.3 所示。其中，GPBMUX1 和 GPBMUX2 分别用于配置 GPIO32～GPIO47 及 GPIO48～GPIO63 的引脚复用。

表 5.3　GPBMUX 寄存器的位定义

| 寄存器位 | 复位时默认值 | 外设选择 1 | 外设选择 2 | 外设选择 3 |
|---|---|---|---|---|
| GPBMUX1 | 00 | 01 | 10 | 11 |
| 1～0 | GPIO32(I/O) | SDAA(I/OC) | EPWM SYNCI(I) | $\overline{\text{ADCSOCAO}}$ (O) |
| 3～2 | GPIO33(I/O) | SCLA(I/OC) | EPWM SYNCO(O) | $\overline{\text{ADCSOCBO}}$ (O) |
| 5～4 | GPIO34(I/O) | ECAP1(I/O) | XREADY(I) | XREADY(I) |
| 7～6 | GPIO35(I/O) | SCITXDA(O) | XR/ $\overline{\text{W}}$ (O) | XR/ $\overline{\text{W}}$ (O) |
| 9～8 | GPIO36(I/O) | SCIRXDA(I) | $\overline{\text{XZCS0}}$ (O) | $\overline{\text{XZCS0}}$ (O) |
| 11～10 | GPIO37(I/O) | ECAP2(I/O) | $\overline{\text{XZCS7}}$ (O) | $\overline{\text{XZCS7}}$ (O) |
| 13～12 | GPIO38(I/O) | 保留 | $\overline{\text{XWE0}}$ (O) | $\overline{\text{XWE0}}$ (O) |
| 15～14 | GPIO39(I/O) | 保留 | XA16(O) | XA16(O) |
| 17～16 | GPIO40(I/O) | 保留 | XA0/ $\overline{\text{XWE1}}$ (O) | XA0/ $\overline{\text{XWE1}}$ (O) |
| 19～18 | GPIO41(I/O) | 保留 | XA1(O) | XA1(O) |
| 21～20 | GPIO42(I/O) | 保留 | XA2(O) | XA2(O) |
| 23～22 | GPIO43(I/O) | 保留 | XA3(O) | XA3(O) |
| 25～24 | GPIO44(I/O) | 保留 | XA4(O) | XA4(O) |
| 27～26 | GPIO45(I/O) | 保留 | XA5(O) | XA5(O) |
| 29～28 | GPIO46(I/O) | 保留 | XA6(O) | XA6(O) |
| 31～30 | GPIO47(I/O) | 保留 | XA7(O) | XA7(O) |
| GPBMUX2 | 00 | 01 | 10 | 11 |
| 1～0 | GPIO48(I/O) | ECAP5(I/O) | XD31(I/O) | XD31(I/O) |
| 3～2 | GPIO49(I/O) | ECAP6(I/O) | XD30(I/O) | XD30(I/O) |
| 5～4 | GPIO50(I/O) | EQEP1A(I) | XD29(I/O) | XD29(I/O) |
| 7～6 | GPIO51(I/O) | EQEP1B(I) | XD28(I/O) | XD28(I/O) |
| 9～8 | GPIO52(I/O) | EQEP1S(I/O) | XD27(I/O) | XD27(I/O) |
| 11～10 | GPIO53(I/O) | EQEP1I(I/O) | XD26(I/O) | XD26(I/O) |
| 13～12 | GPIO54(I/O) | SPISIMOA(I/O) | XD25(I/O) | XD25(I/O) |
| 15～14 | GPIO55(I/O) | SPISOMIA(I/O) | XD24(I/O) | XD24(I/O) |
| 17～16 | GPIO56(I/O) | SPICLKA(I/O) | XD23(I/O) | XD23(I/O) |
| I9～18 | GPIO57(I/O) | $\overline{\text{SPISTEA}}$ (I/O) | XD22(I/O) | XD22(I/O) |
| 21～20 | GPIO58(I/O) | MCLKRA(I/O) | XD21(I/O) | XD21(I/O) |
| 23～22 | GPIO59(I/O) | MFSRA(I/O) | XD20(I/O) | XD20(I/O) |
| 25～24 | GPIO60(I/O) | MCLKRB(I/O) | XD19(I/O) | XD19(I/O) |
| 27～26 | GPIO61(I/O) | MFSRB(I/O) | XD18(I/O) | XD18(I/O) |
| 29～28 | GPIO62(I/O) | SCIRXDC(I/O) | XD17(I/O) | XD17(I/O) |
| 31～30 | GPIO63(I/O) | SCITXDC (I/O) | XD16(I/O) | XD16(I/O) |

GPCMUX 寄存器的位定义如表 5.4 所示。其中，GPCMUX1 和 GPCMUX2 分别用于配置 GPIO64～GPIO79 及 GPIO80～GPIO87 的引脚复用。

表 5.4　GPCMUX 寄存器的位定义

| 寄存器位 | 复位时默认值 | 外设选择 1 | 外设选择 2 | 外设选择 3 |
|---|---|---|---|---|
| GPCMUX1 | 00 | 01 | 10 | 11 |
| 1～0 | GPIO64(I/O) | GPIO64(I/O) | XD15(I/O) | XD15(I/O) |
| 3～2 | GPIO65(I/O) | GPIO65(I/O) | XD14(I/O) | XD14(I/O) |
| 5～4 | GPIO66(I/O) | GPIO66(I/O) | XD13(I/O) | XD13(I/O) |
| 7～6 | GPIO67(I/O) | GPIO67(I/O) | XD12(I/O) | XD12(I/O) |
| 9～8 | GPIO68(I/O) | GPIO68(I/O) | XD11(I/O) | XD11(I/O) |
| 11～10 | GPIO69(I/O) | GPIO69(I/O) | XD10(I/O) | XD10(I/O) |
| 13～12 | GPIO70(I/O) | GPIO70(I/O) | XD9(I/O) | XD9(I/O) |
| 15～14 | GPIO71(I/O) | GPIO71(I/O) | XD8(I/O) | XD8(I/O) |
| 17～16 | GPIO72(I/O) | GPIO72(I/O) | XD7(I/O) | XD7(I/O) |
| I9～18 | GPIO73(I/O) | GPIO73(I/O) | XD6(I/O) | XD6(I/O) |
| 21～20 | GPIO74(I/O) | GPIO74(I/O) | XD5(I/O) | XD5(I/O) |
| 23～22 | GPIO75(I/O) | GPIO75(I/O) | XD4(I/O) | XD4(I/O) |
| 25～24 | GPIO76(I/O) | GPIO76(I/O) | XD3(I/O) | XD3(I/O) |
| 27～26 | GPIO77(I/O) | GPIO77(I/O) | XD2(I/O) | XD2(I/O) |
| 29～28 | GPIO78(I/O) | GPIO78(I/O) | XD1(I/O) | XD1(I/O) |
| 31～30 | GPIO79(I/O) | GPIO79(I/O) | XD0(I/O) | XD0(I/O) |
| GPCMUX2 | 00 | 01 | 10 | 11 |
| 1～0 | GPIO80(I/O) | GPIO80(I/O) | XA8(O) | XA8(O) |
| 3～2 | GPIO81(I/O) | GPIO81(I/O) | XA9(I/O) | XA9(I/O) |
| 5～4 | GPIO82(I/O) | GPIO82(I/O) | XA10(I/O) | XA10(I/O) |
| 7～6 | GPIO83(I/O) | GPIO83(I/O) | XA11(I/O) | XA11(I/O) |
| 9～8 | GPIO84(I/O) | GPIO84(I/O) | XA12(I/O) | XA12(I/O) |
| 11～10 | GPIO85(I/O) | GPIO85(I/O) | XA13(I/O) | XA13(I/O) |
| 13～12 | GPIO86(I/O) | GPIO86(I/O) | XA14(I/O) | XA14(I/O) |
| 15～14 | GPIO87(I/O) | GPIO87(I/O) | XA15(I/O) | XA15(I/O) |
| 31～16 | 保留 | 保留 | 保留 | 保留 |

## 四、GPIO 方向控制寄存器

GPIO 模块有 3 个 32 位的方向控制寄存器，即 GPADIR、GPBIR 和 GPCDIR，分别对应 GPIO 的端口 A、端口 B 和端口 C。当引脚工作在数字 I/O 模式时，可以通过配置该寄存器设定 GPIO 引脚的输入输出方向；当引脚工作在外设 I/O 模式时，配置该寄存器不起作用。

1）GPADIR 寄存器

GPADIR 寄存器如图 5.7 所示。该寄存器的 D31～D0 位分别对应 GPIO31～GPIO0 引脚，当配置某位为 0（默认）时，对应引脚为输入功能；当配置某位为 1 时，对应引脚为输出功能。

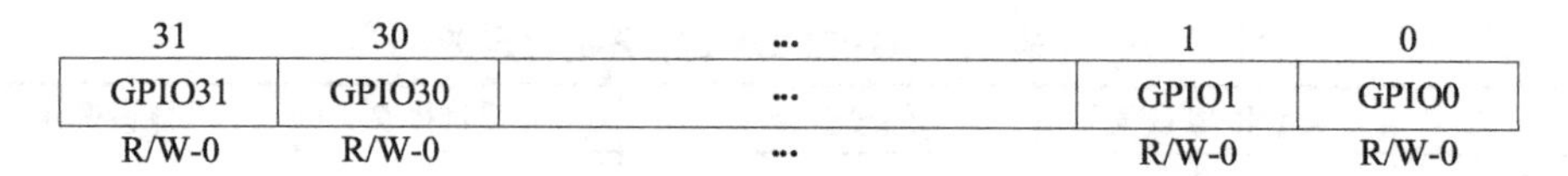


图 5.7　GPADIR 寄存器

2）GPBDIR 寄存器

GPBDIR 寄存器与 GPADIR 寄存器类似，如图 5.8 所示。该寄存器的 D31～D0 位分别对应 GPIO63～GPIO32 引脚。

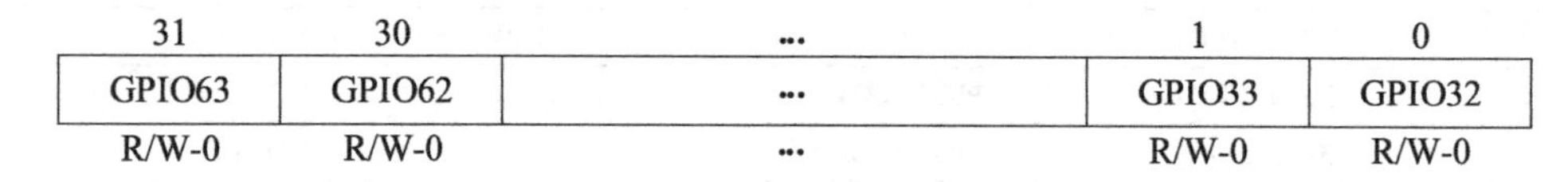


图 5.8　GPBDIR 寄存器

3）GPCDIR 寄存器

GPCDIR 寄存器与 GPADIR 寄存器类似，如图 5.9 所示。该寄存器的 D31～D24 位保留、D23～D0 位分别对应 GPIO87～GPIO64 引脚。

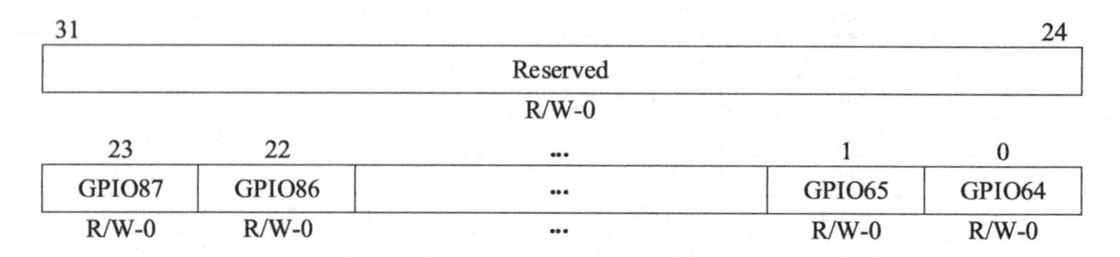


图 5.9　GPCDIR 寄存器

## 五、GPIO 上拉控制寄存器

GPIO 模块有 3 个上拉控制寄存器（GP*x*PUD），即 GPAPUD、GPBPUD 和 GPCPUD，分别对应 GPIO 的端口 A、端口 B 和端口 C。GP*x*PUD 寄存器用来配置是否使能内部上拉电阻。系统复位时，所有的 GPIO 引脚使能上拉电阻，当 GP*x*PUD 寄存器的某位置 1 时，相应引脚的上拉电阻不使能。

1）GPAPUD 寄存器

GPAPUD 寄存器如图 5.10 所示。该寄存器的 D31～D12 位对应 GPIO31～GPIO12 引脚，这 20 个位默认为 0，即使能内部上拉电阻；而该寄存器的 D11～D0 位对应 GPIO11～GPIO0 引脚，这 12 个位默认为 1，即内部上拉电阻不使能。

| 31 | 30 | … | 17 | 16 |
|---|---|---|---|---|
| GPIO31 | GPIO30 | … | GPIO13 | GPIO12 |
| R/W-0 | R/W-0 | … | R/W-0 | R/W-0 |
| 11 | 10 | … | 1 | 0 |
| GPIO11 | GPIO10 | … | GPIO1 | GPIO0 |
| R/W-1 | R/W-1 | … | R/W-1 | R/W-1 |

图 5.10　GPAPUD 寄存器

2）GPBPUD 寄存器

GPBPUD 寄存器与 GPAPUD 寄存器类似，如图 5.11 所示。

| 31 | 30 | … | 1 | 0 |
|---|---|---|---|---|
| GPIO63 | GPIO62 | … | GPIO33 | GPIO32 |
| R/W-0 | R/W-0 | … | R/W-0 | R/W-0 |

图 5.11　GPBPUD 寄存器

3）GPCPUD 寄存器

GPCPUD 寄存器与 GPAPUD 寄存器类似，如图 5.12 所示。

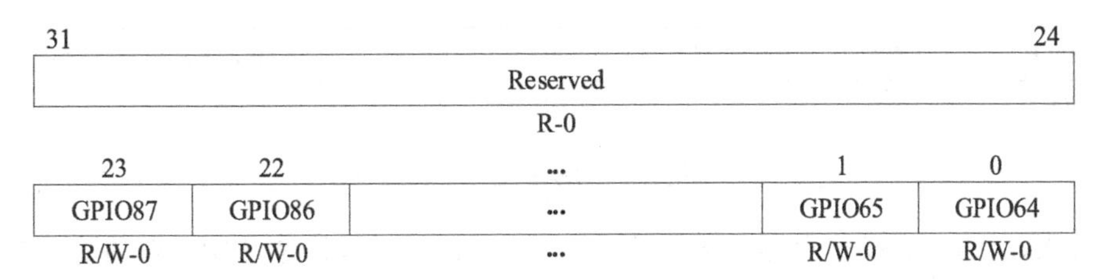


图 5.12　GPCPUD 寄存器

## 5.3.2　GPIO 数据类寄存器

GPIO 数据类寄存器汇总如表 5.5 所示，其主要包括数据寄存器 GP*x*DAT、置位寄存器 GP*x*SET、清零寄存器 GP*x*CLEAR 和翻转寄存器 GP*x*TOGGLE。

**表 5.5　GPIO 数据类寄存器汇总**

| 寄存器名称 | 地址 | 长度/字 | 说　明 |
|---|---|---|---|
| GPADAT | 0x6FC0 | 2 | GPIOA 数据寄存器（GPIO0～GPIO31） |
| GPASET | 0x6FC2 | 2 | GPIOA 置位寄存器（GPIO0～GPIO31） |
| GPACLEAR | 0x6FC4 | 2 | GPIOA 清零寄存器（GPIO0～GPIO31） |
| GPATOGGLE | 0x6FC6 | 2 | GPIOA 翻转寄存器（GPIO0～GPIO31） |
| GPBDAT | 0x6FC8 | 2 | GPIOB 数据寄存器（GPIO32～GPIO63） |
| GPBSET | 0x6FCA | 2 | GPIOB 置位寄存器（GPIO32～GPIO63） |
| GPBCLEAR | 0x6FCC | 2 | GPIOB 清零寄存器（GPIO32～GPIO63） |
| GPBTOGGLE | 0x6FCE | 2 | GPIOB 翻转寄存器（GPIO32～GPIO63） |

续表

| 寄存器名称 | 地址 | 长度/字 | 说　明 |
|---|---|---|---|
| GPCDAT | 0x6FD0 | 2 | GPIOC 数据寄存器（GPIO64～GPIO87） |
| GPCSET | 0x6FD2 | 2 | GPIOC 置位寄存器（GPIO64～GPIO87） |
| GPCCLEAR | 0x6FD4 | 2 | GPIOC 清零寄存器（GPIO64～GPIO87） |
| GPCTOGGLE | 0x6FD6 | 2 | GPIOC 翻转寄存器（GPIO64～GPIO87） |

## 一、GPIO 数据寄存器

GPIO 模块有 3 个 32 位的数据寄存器（GP$x$DAT），即 GPADAT、GPBDAT 和 GPCDAT，分别对应 GPIO 的端口 A、端口 B 和端口 C。当端口引脚配置为 GPIO 模式时，无论其作输入引脚还是输出引脚，GP$x$DAT 寄存器各位的数据总是与相应引脚当前的电平状态对应（1 对应高电平，0 对应低电平）。

GPADAT 寄存器如图 5.13 所示。该寄存器的 D31～D0 位分别对应 GPIO31～GPIO0 引脚。

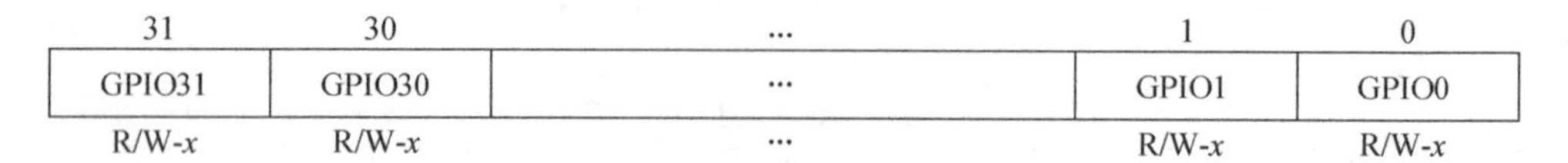


图 5.13　GPADAT 寄存器

GPBDAT、GPCDAT 寄存器的各位信息与 GPADAT 类似，只是 GPBDAT 寄存器的 D31～D0 位分别对应 GPIO63～GPIO32 引脚；GPCDAT 寄存器的 D23～D0 位分别对应 GPIO87～GPIO64 引脚，D31～D24 位保留。

## 二、GPIO 置位寄存器

GPIO 模块有 3 个 32 位的置位寄存器 GP$x$SET，即 GPASET、GPBSET 和 GPCSET，分别对应 GPIO 的端口 A、端口 B 和端口 C。当该寄存器相应位写“0”时，没有影响，读时返回“0”。当该寄存器相应位写“1”时，如果引脚配置为 GPIO 模式，那么直接驱动相应引脚为高电平；如果引脚配置为外设 I/O 模式，那么不会驱动相应引脚。

GPASET 寄存器如图 5.14 所示。该寄存器的 D31～D0 位分别对应 GPIO31～GPIO0 引脚。

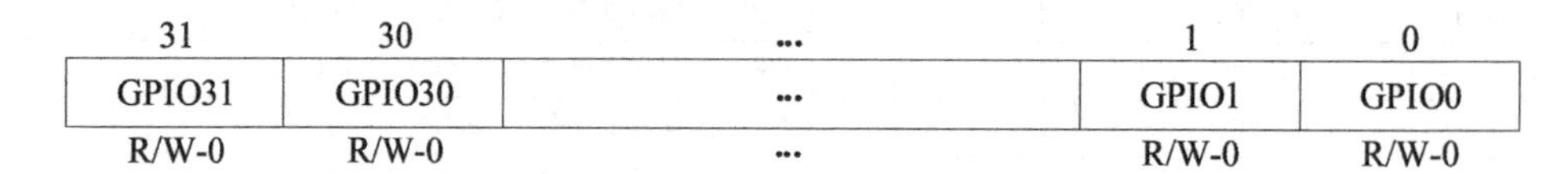


图 5.14　GPASET 寄存器

GPBSET、GPCSET 寄存器的各位信息与 GPASET 类似，只是 GPBSET 寄存器的 D31～D0 位分别对应 GPIO63～GPIO32 引脚；GPCSET 寄存器的 D23～D0 位分别对应 GPIO87～GPIO64 引脚，D31～D24 位保留。

### 三、GPIO 清零寄存器

GPIO 模块有 3 个 32 位的清零寄存器 GP*x*CLEAR，即 GPACLEAR、GPBCLEAR 和 GPCCLEAR，分别对应 GPIO 的端口 A、端口 B 和端口 C。当该寄存器相应位写“0”时，没有影响，读时始终返回“0”。当该寄存器相应位写“1”时，强制相应引脚输出锁存为低，如果引脚配置为 GPIO 模式，那么直接驱动相应引脚为低电平；如果引脚配置为外设 I/O 模式，那么锁存为低，但不会驱动相应引脚。

GP*x*CLEAR 寄存器的各位信息与 GP*x*SET 寄存器类似。GPACLEAR 寄存器的 D31～D0 位分别对应 GPIO31～GPIO0 引脚；GPBCLEAR 寄存器的 D31～D0 位分别对应 GPIO63～GPIO32 引脚；GPCCLEAR 寄存器的 D23～D0 位分别对应 GPIO87～GPIO64 引脚，D31～D24 位保留。

### 四、GPIO 翻转寄存器

GPIO 模块有 3 个 32 位的翻转寄存器 GP*x*TOGGLE，即 GPATOGGLE、GPBTOGGLE 和 GPCTOGGLE，分别对应 GPIO 的端口 A、端口 B 和端口 C。当该寄存器相应位写“0”时，没有影响，读时始终返回“0”。当该寄存器相应位写“1”时，强制相应输出锁存发生翻转，如果引脚配置为 GPIO 模式，那么直接驱动相应引脚电平翻转；如果引脚配置为外设 I/O 模式，那么锁存翻转，但不会驱动相应引脚。

GP*x*TOGGLE 寄存器的各位信息与 GP*x*SET 寄存器类似。GPATOGGLE 寄存器的 D31～D0 位分别对应 GPIO31～GPIO0 引脚；GPBTOGGLE 寄存器的 D31～D0 位分别对应 GPIO63～GPIO32 引脚；GPCTOGGLE 寄存器的 D23～D0 位分别对应 GPIO87～GPIO64 引脚，D31～D24 位保留。

## 5.3.3　GPIO 中断源与低功耗模式唤醒源选择寄存器

GPIO 中断源与低功耗模式唤醒源选择寄存器汇总如表 5.6 所示。GPIO 中断源与低功耗模式唤醒源选择寄存器主要包括 7 个外部中断源选择寄存器 GPIOXINT*n*SEL（$n$=1,2,…,7）、1 个不可屏蔽中断源选择寄存器 GPIONMISEL 和 1 个低功耗模式唤醒源选择寄存器 GPIOLPMSEL。

表 5.6　GPIO 中断源与低功耗模式唤醒源选择寄存器汇总

| 名　称 | 地　址 | 空间地址 | 描　述 |
|---|---|---|---|
| GPIOXINT1SEL | 0x6FE0 | 1 | 外部中断源选择寄存器 1 |
| GPIOXINT2SEL | 0x6FE1 | 1 | 外部中断源选择寄存器 2 |
| GPIONMISEL | 0x6FE2 | 1 | 不可屏蔽中断源选择寄存器 |
| GPIOXINT3SEL | 0x6FE3 | 1 | 外部中断源选择寄存器 3 |
| GPIOXINT4SEL | 0x6FE4 | 1 | 外部中断源选择寄存器 4 |
| GPIOXINT5SEL | 0x6FE5 | 1 | 外部中断源选择寄存器 5 |
| GPIOXINT6SEL | 0x6FE6 | 1 | 外部中断源选择寄存器 6 |
| GPIOXINT7SEL | 0x6FE7 | 1 | 外部中断源选择寄存器 7 |
| GPIOLPMSEL | 0x6FE8 | 1 | 低功耗模式唤醒源选择寄存器 |

## 一、GPIO 外部中断源选择寄存器

GPIO 外部中断源选择寄存器（GPIOXINT*n*SEL）如图 5.15 所示。

图 5.15　GPIOXINT*n*SEL 寄存器

如图 5.15 所示，GPIOXINT*n*SEL 寄存器的 D4～D0 位用来选择对应的 GPIO 引脚，D15～D5 位保留。其中，GPIOXINT1SEL 和 GPIOXINT2SEL 寄存器用来选择端口 A 的 GPIO 信号（GPIO0～GPIO31）作为 XINT1 或 XINT2 的中断源；GPIOXINT3SEL～GPIOXINT7SEL 寄存器用来选择端口 B 的 GPIO 信号（GPIO32～GPIO63）作为 XINT3～XINT7 的中断源。

## 二、GPIO 不可屏蔽中断源选择寄存器

GPIO 不可屏蔽中断源选择寄存器（GPIONMISEL）的各位信息与 GPIOXINT*n*SEL 寄存器类似。该寄存器的 D4～D0 位用来从端口 A 的 GPIO 信号（GPIO0～GPIO31）中选择任意一个引脚作为 NMI 的中断源，D15～D5 位保留。

## 三、GPIO 低功耗模式唤醒源选择寄存器

GPIO 低功耗模式唤醒源选择寄存器（GPIOLPMSEL）如图 5.16 所示。

| 31 | 30 | … | 1 | 0 |
|---|---|---|---|---|
| GPIO31 | GPIO30 | … | GPIO1 | GPIO0 |
| R/W-0 | R/W-0 | … | R/W-0 | R/W-0 |

图 5.16　GPIOLPMSEL 寄存器

如图 5.16 所示，GPIOLPMSEL 寄存器的 D31～D0 位分别对应端口 A 的 GPIO31～GPIO0 引脚。其中，当某一位设定为“0”时，相应引脚的信号对 HALT 和 STANDBY 两种低功耗模式无影响；当某一位设定为“1”时，相应引脚的信号可以将 CPU 从 HALT 和 STANDBY 两种低功耗模式中唤醒。

## 5.4 GPIO 引脚配置步骤

当对 GPIO 模块进行开发应用时，可以参照以下步骤进行配置。

（1）选择引脚的功能。首先，要清楚每个 GPIO 引脚具有的功能，并通过配置相应 GP*x*MUX1/2 寄存器来选择该引脚工作在外设 I/O 模式还是数字 I/O 模式。在默认情况下，GPIO 引脚通常被配置成数字 I/O 模式。

（2）使能或禁止内部上拉电阻。通过设置 GP*x*PUD 寄存器的相应位来选择是否使能内部上拉电阻。

（3）确定数据传输方向。若引脚工作在数字 I/O 模式下，则需要通过设置 GP*x*DIR 寄存器的相应位来配置 GPIO 引脚的输入输出方向。

（4）选择输入限定模式和设置输出电平。若引脚工作在数字 I/O 模式下，且配置成输入状态，则可以通过设置 GP*x*QSEL1/2 寄存器的相应位来对输入信号进行限定。在默认情况下，所有的输入信号与系统时钟 SYSCLKOUT 同步；若引脚配置成输出状态，则可以通过设置 GP*x*DAT、GP*x*SET 及 GP*x*CLEAR 等数据寄存器的相应位来控制 GPIO 引脚的输出电平。

（5）为外部中断源选择输入引脚。通过配置 GPIOXINT*n*SEL 及 GPIONMISEL 寄存器，为 XINT1～XINT7 及 NMI 中断选择合适的输入引脚。

（6）选择低功耗模式的唤醒端口。通过配置 GPIOLPMSEL 寄存器，指定端口 A 的一个 GPIO 引脚，可以将 CPU 从 HALT 和 STANDBY 两种低功耗模式中唤醒。

### 思考题

1．简述 GPIO 输入限定功能的作用。TMS320F28335 芯片的 GPIO 引脚具备哪几种输入限定类型？每组 GPIO 端口包括哪些寄存器？

2．TMS320F28335 DSP 控制器的每个 GPIO 引脚最多可以复用几种功能？其复用控制由什么寄存器编程？如何将芯片上相关引脚配置为 GPIO 功能？

3．若某引脚配置为 GPIO，则其数据传输方向如何设置？当其作为输出时，改变引脚电平的方法有几种？常用哪种？由什么寄存器编程？当其作为输入时，使用什么寄存器存入输入的数字量？

4．简述 GPIO 引脚的配置步骤。

# 第 6 章 中断管理系统

中断是 CPU 与外设之间进行数据传送的一种控制方式，它的灵活应用不仅能够实现相对复杂的功能，而且合理的中断安排可以提高事件执行的效率。在 DSP 中，中断申请信号通常是由软件（INTR、TRAP 及对 IFR 操作的指令）或硬件（外部中断引脚及片内外设）产生的，它可以使 CPU 暂停正在执行的主程序，转而去执行一个中断服务子程序（ISR）。如果在同一时刻有多个中断触发，那么 CPU 要按照事先设置好的中断优先级来响应中断。

有时候，中断请求并非立即执行不可，因此需要对这些中断请求进行分类管理。这些中断请求通常被分为可屏蔽中断和不可屏蔽中断两大类。对于可屏蔽中断，可以根据目前处理任务的优先级来考虑是否响应中断请求；对于不可屏蔽中断，只要接到中断请求，就必须响应中断请求。下面详细介绍 TMS320F28335 芯片的中断管理系统。

## 6.1 TMS320F28335 芯片中断管理系统结构

TMS320F28335 芯片具有多种片上外设，每种外设与相关资源都有可能发布新的任务让内核来判断与处理，即 TMS320F28335 芯片的可能中断源有很多。这些中断源产生的中断请求信号传递给 CPU 的通路称为中断线，TMS320F28335 芯片内部只有 16 个中断线，包括 2 个不可屏蔽中断（硬件 NMI 中断和硬件复位中断 $\overline{\text{XRS}}$ ）和 14 个可屏蔽中断。在这 14 个可屏蔽中断中，CPU Timer1 与 CPU Timer2 产生的中断请求通过 INT13、INT14 中断线到达 CPU，这两个中断已经预留给了实时操作系统。因此，只剩下 12 个可屏蔽中断可供外部中断和处理器内部单元使用。

然而，TMS320F28335 芯片的外设中断源远远不止 12 个，共计 58 个。为有效管理外设产生的中断，TMS320F28335 芯片中断管理系统配置了高效的外设中断扩展（Peripheral Interrupt Expansion，PIE）管理模块。TMS320F28335 芯片的处理器与中断源连接示意图如图 6.1 所示。

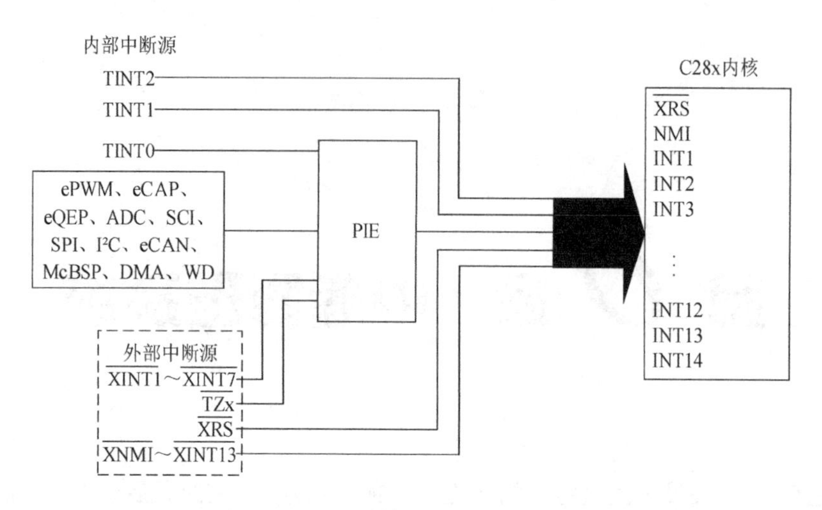


图 6.1　TMS320F28335 芯片的处理器与中断源连接示意图

## 6.1.1　中断管理机制

为实现对众多外设中断源的有效管理，TMS320F28335 芯片中断管理系统采用了外设级、PIE 级和 CPU 级的三级中断管理机制，如图 6.2 所示。

最内层为 CPU 级中断，CPU 只能响应从 CPU 中断线上传递过来的中断请求；中间层为 PIE 级中断，主要实现众多外设中断的复用管理；最外层的外设级中断若要成功产生中断响应，首先要经外设级中断允许，然后经 PIE 级允许，最后经 CPU 级允许，才能做出响应。

### 一、外设级中断

外设级中断指 TMS320F28335 芯片上各种片上外设产生的中断，主要包括外设中断、看门狗与低功耗模式唤醒共享的中断、外部中断（XINT1～XINT7）及 Timer0 中断，共计 56 个。

外设产生中断时，中断标志寄存器（IF）的相应位置 1，若此时中断使能寄存器（IE）中相应的使能位也被置位，则外设产生的中断将向 PIE 控制器发出中断申请；若外设级中断没有被使能，则中断标志寄存器的标志位将保持为 1，直到采用软件进行清除。值得注意的是，外设级中断的中断标志位一般通过软件手动清除。

### 二、PIE 级中断

PIE 模块最多可以支持 96 个外设级中断，每 8 个中断分成一组，复用一个 CPU 中断（INT1～INT12），然后以分组的形式向 CPU 申请中断。例如，第 1 组占用 INT1 中断，第 2 组占用 INT2 中断，…，第 12 组占用 INT12 中断。TMS320F28335 芯片外设中断分组如

表 6.1 所示。

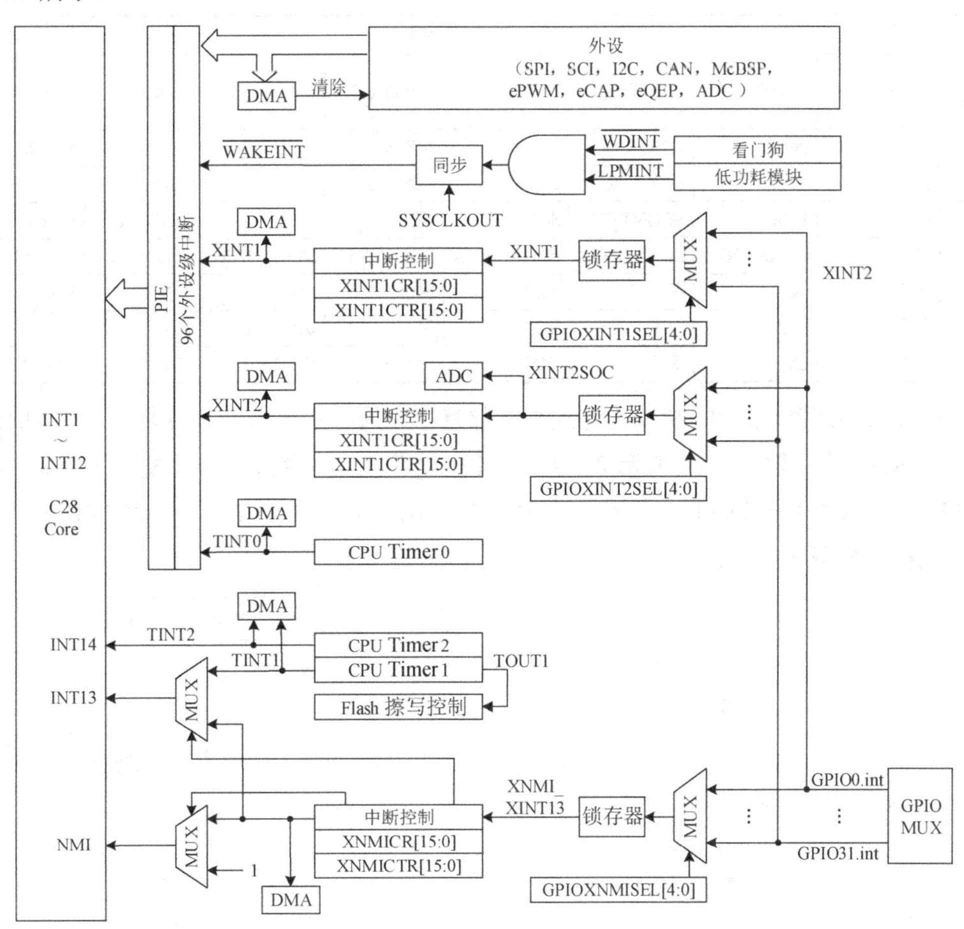


图 6.2　三级中断管理机制

**表 6.1　TMS320F28335 芯片外设中断分组**

| CPU 级中断 | PIE 级中断 | | | | | | | |
|---|---|---|---|---|---|---|---|---|
| | INT*x*.8 | INT*x*.7 | INT*x*.6 | INT*x*.5 | INT*x*.4 | INT*x*.3 | INT*x*.2 | INT*x*.1 |
| INT1 | WAKEINT | TINT0 | ADCINT | XINT2 | XINT1 | 保留 | SEQ2INT | SEQ1INT |
| INT2 | 保留 | 保留 | EPWM6_TZINT | EPWM5_TZINT | EPWM4_TZINT | EPWM3_TZINT | EPWM2_TZINT | EPWM1_TZINT |
| INT3 | 保留 | 保留 | EPWM6_INT | EPWM5_INT | EPWM4_INT | EPWM3_INT | EPWM2_INT | EPWM1_INT |
| INT4 | 保留 | 保留 | ECAP6_INT | ECAP5_INT | ECAP4_INT | ECAP3_INT | ECAP2_INT | ECAP1_INT |
| INT5 | 保留 | 保留 | 保留 | 保留 | 保留 | 保留 | EQEP2_INT | EQEP1_INT |

续表

| CPU 级中断 | PIE 级中断 | | | | | | | |
|---|---|---|---|---|---|---|---|---|
| | INTx.8 | INTx.7 | INTx.6 | INTx.5 | INTx.4 | INTx.3 | INTx.2 | INTx.1 |
| INT6 | 保留 | 保留 | MXINTA | MRINTA | MXINTB | MRINTB | SPITXINTA | SPIRXINTA |
| INT7 | 保留 | 保留 | DINTCH6 | DINTCH5 | DINTCH4 | DINTCH3 | DINTCH2 | DINTCH1 |
| INT8 | 保留 | 保留 | SCITXINTC | SCIRXINTC | 保留 | 保留 | I2CINT2A | I2CINT1A |
| INT9 | ECAN1INTB | ECAN0INTB | ECAN1INTA | ECAN0INTA | SCIRXINTB | SCIRXINTB | SCITXINTA | SCIRXINTA |
| INT10 | 保留 | 保留 | 保留 | 保留 | 保留 | 保留 | 保留 | 保留 |
| INT11 | 保留 | 保留 | 保留 | 保留 | 保留 | 保留 | 保留 | 保留 |
| INT12 | LUF | LVF | 保留 | XINT7 | XINT6 | XINT5 | XINT4 | XINT3 |

与外设级中断类似，PIE 模块内每组中断都有相应的中断标志位［PIEIFR(*x*,*y*)］和使能位［PIEIER(*x*,*y*)］。其中，“*x*”表示 PIE 组 1～12，“*y*”表示每组中的 8 个复用中断。此外，每组 PIE 中断（INT1～INT12）还有一个中断响应标志位（PIEACK）。典型的 PIE/CPU 中断响应流程图如图 6.3 所示。

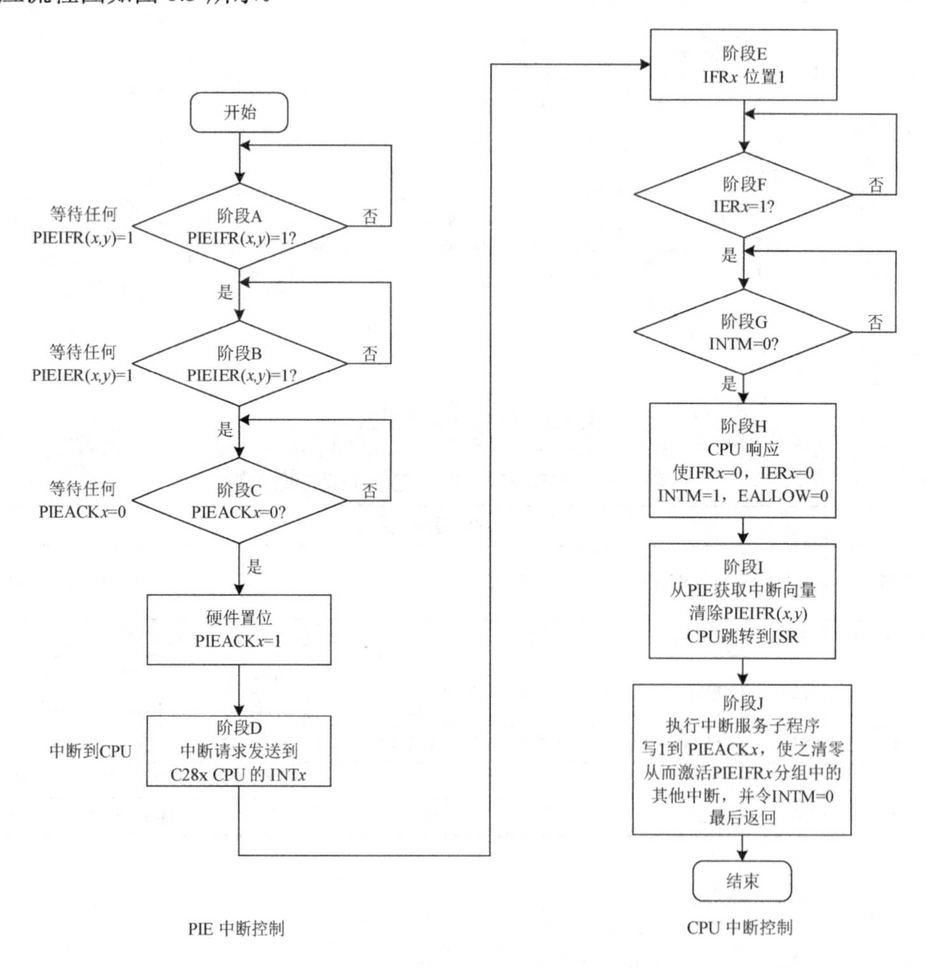


图 6.3　典型的 PIE/CPU 中断响应流程图

如图 6.3 所示，一旦 PIE 控制器有中断产生，相应的中断标志位［PIEIFR(x,y)］将置 1，若此时相应的中断使能位［PIEIER(x,y)］也被置 1，则 PIE 模块将检查相应的中断响应标志位（PIEACKx），以确定 CPU 是否准备响应中断。如果相应的 PIEACKx 被清零，那么 PIE 模块将向 CPU 申请中断；如果 PIEACKx 被置 1，那么 PIE 模块将等待，直到相应的 PIEACKx 被清零，才向 CPU 申请中断。

### 三、CPU 级中断

TMS320F28335 芯片的 CPU 级中断主要包括 1 个不可屏蔽中断 NMI 和 16 个可屏蔽中断，共计 17 个。其中，可屏蔽中断包括通用中断 INT1～INT14，以及两个为仿真而设计的中断（数据标志中断 DLOGINT 和实时操作系统中断 RTOSINT）。

一旦中断请求被发送到 CPU，CPU 级中断标志（IFR）的相应位将被置 1。当中断标志锁存到标志寄存器后，相应的中断服务程序不会立即执行。直到 CPU 中断使能寄存器（IER）或中断调试使能寄存器（DBGIER）和全局中断屏蔽位（INTM）被使能后，才能响应中断申请。

CPU 级使能可屏蔽中断具体采用 IER 寄存器还是 DBGIER 寄存器，这与中断处理方式有关。在标准处理模式下，不使用 DBGIER 寄存器，只有当 TMS320F28335 芯片使用实时调试且 CPU 被停止（Halt）时，才使用 DBGIER 寄存器，此时 INTM 不起作用。若 TMS320F28335 芯片使用实时调试而 CPU 仍然工作运行，则采用标准的中断处理模式。

## 6.1.2　CPU 中断向量

CPU 响应中断时，会将现在执行程序的指令地址压入堆栈，并跳转到中断服务程序的入口地址。这个入口地址就是中断向量。CPU 中断向量是 22 位的，每个 CPU 中断向量占用 2 个连续的 16 位存储器单元，低地址单元保存中断向量的低 16 位，高地址单元保存中断向量的高 6 位。当一个中断被确定后，其 22 位（高 10 位保留）中断向量会被取出并送往计算机。

TMS320F28335 芯片支持 32 个 CPU 中断向量（包括复位向量）。32 个 CPU 中断向量占据的 64 个连续的存储单元形成了 CPU 中断向量表。TMS320F28335 芯片的 CPU 中断向量及其优先级如表 6.2 所示。在实际应用中，由于 TMS320F28335 芯片使用 PIE 模块进行外设中断管理，因此在复位后，用户程序要完成初始化并使能 PIE 中断向量表。当中断申请发生后，系统会直接从 PIE 中断向量表中获取中断向量。

表 6.2 TMS320F28335 芯片的 CPU 中断向量及其优先级

| 向　量 | 绝对地址（十六进制） | | 硬件优先级 | 说　明 |
|---|---|---|---|---|
| | VMAP=0 | VMAP=1 | | |
| RESET | 000000h | 3FFFC0h | 1（最高） | 复位 |
| INT1 | 000002h | 3FFFC2h | 5 | 可屏蔽中断 1 |
| INT2 | 000004h | 3FFFC4h | 6 | 可屏蔽中断 |
| INT3 | 000006h | 3FFFC6h | 7 | 可屏蔽中断 |
| INT4 | 000008h | 3FFFC8h | 8 | 可屏蔽中断 |
| INT5 | 00000Ah | 3FFFCAh | 9 | 可屏蔽中断 |
| INT6 | 00000Ch | 3FFFCCh | 10 | 可屏蔽中断 |
| INT7 | 00000Eh | 3FFFCEh | 11 | 可屏蔽中断 |
| INT8 | 000010h | 3FFFD0h | 12 | 可屏蔽中断 |
| INT9 | 000012h | 3FFFD2h | 13 | 可屏蔽中断 |
| INT10 | 000014h | 3FFFD4h | 14 | 可屏蔽中断 |
| INT11 | 000016h | 3FFFD6h | 15 | 可屏蔽中断 |
| INT12 | 000018h | 3FFFD8h | 16 | 可屏蔽中断 |
| INT13 | 00001Ah | 3FFFDAh | 17 | 可屏蔽中断 |
| INT14 | 00001Ch | 3FFFDCh | 18 | 可屏蔽中断 |
| DLOGINT | 00001Eh | 3FFFDEh | 19（最低） | 可屏蔽数据日志中断 |
| RTOSINT | 000020h | 3FFFE0h | 4 | 可屏蔽实时操作系统中断 |
| Reserved | 000022h | 3FFFE2h | 2 | 保留 |
| NMI | 000024h | 3FFFE4h | 3 | 不可屏蔽中断 |
| ILLEGAL | 000026h | 3FFFE6h | — | 非法指令陷阱 |
| USER1 | 000028h | 3FFFE8h | — | 用户定义软件中断 |
| USER2 | 00002Ah | 3FFFEAh | — | 用户定义软件中断 |
| USER3 | 00002Ch | 3FFFECh | — | 用户自定义软件中断 |
| USER4 | 00002Eh | 3FFFEEh | — | 用户自定义软件中断 |
| USER5 | 000030h | 3FFFF0h | — | 用户自定义软件中断 |
| USER6 | 000033h | 3FFFF2h | — | 用户自定义软件中断 |
| USER7 | 000034h | 3FFFF4h | — | 用户自定义软件中断 |
| USER8 | 000036h | 3FFFF6h | — | 用户自定义软件中断 |
| USER9 | 000038h | 3FFFF8h | — | 用户自定义软件中断 |
| USER10 | 00003Ah | 3FFFFAh | — | 用户自定义软件中断 |
| USER11 | 00003Ch | 3FFFFCh | — | 用户自定义软件中断 |
| USER12 | 00003Eh | 3FFFFEh | — | 用户自定义软件中断 |

CPU 中断向量表可以映射到存储空间的 4 个不同区域，具体由以下几个模式控制位进行控制。

（1）VMAP：CPU 状态寄存器 ST1 的第 3 位，复位时默认为 1，可以通过改变 CPU 状态寄存器 ST1 的值或使用 SETC/CLRC VMAP 指令改变该位的值。

（2）M0M1MAP：CPU 状态寄存器 ST1 的第 11 位，复位时默认为 1，可以通过改变 CPU 状态寄存器 ST1 的值或使用 SETC/CLRC M0M1MAP 指令改变该位的值，正常操作该位置 1。

（3）ENPIE：PIE 控制寄存器 PIECTRL 的第 0 位，系统复位时默认为 0（PIE 被屏蔽），因此复位向量总是取自 BROM 向量表。复位后，可以通过写 PIECTRL 寄存器（地址：0x0000 0CE0）的值进行修改。

依据上述控制位的不同设置，CPU 中断向量表有几种不同的映射方式，如表 6.3 所示。

表 6.3　CPU 中断向量表映射方式

| 向量映射 | 向量获取 | 地址范围 | VMAP | M0M1MAP | ENPIE |
|---|---|---|---|---|---|
| M1 向量 | M1 SARAM | 0x000000～0x00003F | 0 | 0 | *x* |
| M0 向量 | M0 SARAM | 0x000000～0x00003F | 0 | 1 | *x* |
| BROM 向量 | Boot RAM | 0x3FFFC0～0x3FFFFF | 1 | *x* | 0 |
| PIE 向量 | PIE | 0x000D00～0x000DFF | 1 | *x* | 1 |

注：M0 和 M1 向量表保留用于 TI 公司的产品测试；在 TMS320F28335 器件中，M0 和 M1 可以作为 SARAM 使用。

### 6.1.3　CPU 中断相关寄存器

TMS320F28335 芯片中有 3 个 16 位寄存器用于控制 CPU 级中断，即 IER 寄存器、IFR 寄存器和 DBGIER 寄存器。IER、IFR 和 DBGIER 寄存器如图 6.4 所示。

| 15 | 14 | 13 | 12 | 11 | 10 | 9 | 8 |
|---|---|---|---|---|---|---|---|
| RTOSINT | DLOGINT | INT14 | INT13 | INT12 | INT11 | INT10 | INT9 |
| R/W-0 | R/W-0 | R/W-0 | R/W-0 | R/W-0 | R/W-0 | R/W-0 | R/W-0 |

| 7 | 6 | 5 | 4 | 3 | 2 | 1 | 0 |
|---|---|---|---|---|---|---|---|
| INT8 | INT7 | INT6 | INT5 | INT4 | INT3 | INT2 | INT1 |
| R/W-0 | R/W-0 | R/W-0 | R/W-0 | R/W-0 | R/W-0 | R/W-0 | R/W-0 |

图 6.4　IER、IFR 和 DBGIER 寄存器

IER 寄存器中包含 16 个可屏蔽 CPU 级中断（INT1～INT14，DLOGINT 和 RTOSINT）的使能位，对 IER 寄存器的读取可以识别各级中断是否禁止或使能，对 IER 寄存器的写入可以使能或禁止各级中断。系统复位时，IER 寄存器中所有位均清零，即禁止所有可屏蔽中断；IFR 寄存器中包含 16 个可屏蔽 CPU 级中断的标志位，当有可屏蔽中断请求送至 CPU 时，IFR 寄存器中相应标志位置 1，表示中断挂起或等待响应。若 CPU 允许该中断，即 IER 寄存器中相应位置 1，同时 ST1 寄存器中的全局中断屏蔽位 INTM 处于非禁止状态（INTM 为 0），则该中断申请会被 CPU 响应。响应完成后，相应的中断标志位被自动清除，但若 CPU 未对其响应，则该标志位将一直保持。若 DBGIER 寄存器用于实时仿真模式下，则可屏蔽中断的使能和禁止。

# 6.2 PIE 模块

## 6.2.1 PIE 模块结构

TMS320F28335 DSP 控制器内部集成了多种外设，每种外设都会产生一个或多个外设级中断。为了有效管理这些中断，TMS320F28335 芯片中断管理系统配置了高效的 PIE 模块，用于对外设级中断进行复用管理。PIE 模块的结构如图 6.5 所示。

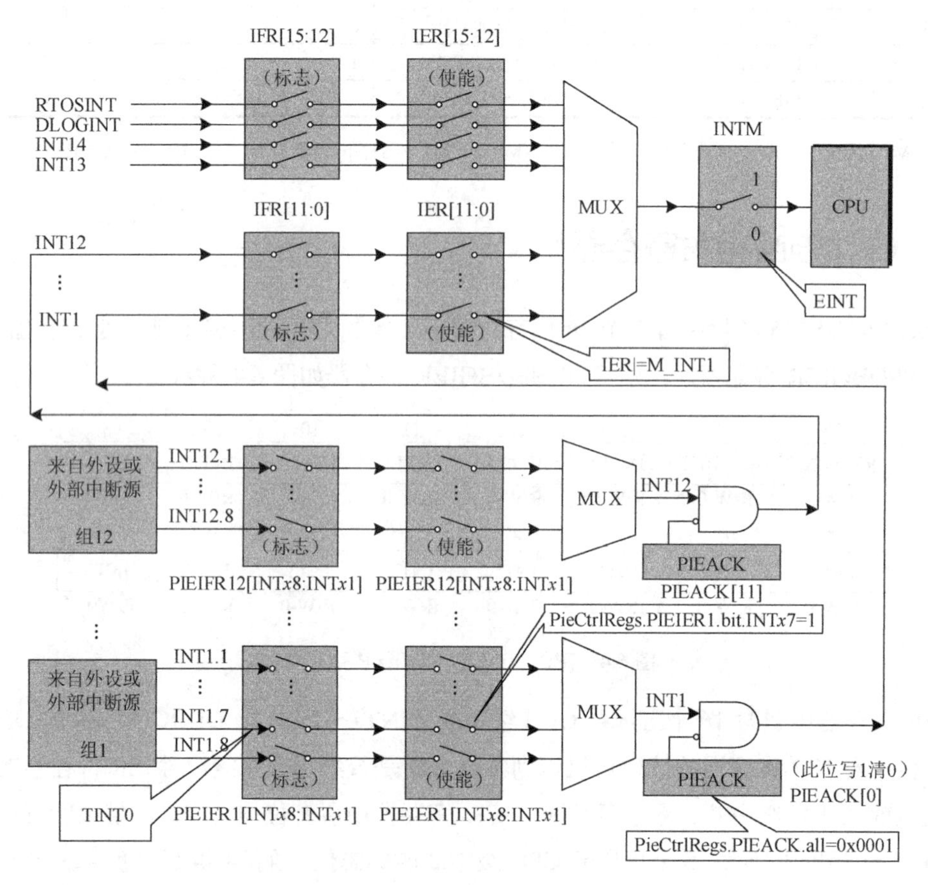


图 6.5　PIE 模块的结构

在图 6.5 中，PIE 模块将 8 个片内外设或外部中断源分成一组，并复用一个 CPU 中断线（INT1～INT12），然后以分组的形式向 CPU 申请中断。外设级中断向 CPU 发送中断请求的流程如下。

（1）PIE 模块分组中的任何外设或外部中断都可以产生中断请求。如果中断请求在该外设模块中被使能，那么这个中断请求将被送到 PIE 模块。

（2）PIE 模块识别出 PIE 组 *x* 内的 *y* 中断发出的中断请求，相应的中断标志位被锁存

[PIEIFR(x,y) = 1]。

（3）将中断请求从 PIE 发送到 CPU 需要具备以下条件：相应的中断使能位必须被置 1 [PIEIER(x,y) = 1]；PIE 模块相应中断组中的 PIEACKx 位必须被清除。

（4）若满足条件，则中断请求被送到 CPU，并且对应的应答位再次置 1（PIEACKx = 1）。PIEACKx 位的值将保持不变，直到该位被清零。此时，该组中的其他中断才可以向 CPU 发出中断请求。

（5）若 CPU 中断标志位被置 1（IFRx = 1），则表明有一个 CPU 级中断未执行。

（6）如果此时 CPU 中断被使能（IERx = 1 或 DBGIERx = 1），且全局中断屏蔽位被清除（INTM = 0），那么 CPU 将执行对应的中断服务程序。

（7）CPU 识别中断后，会自动保存相关中断及现场信息，并清除 CPU 中继标志位，全面中断屏蔽位被置 1，同时清除状态寄存器 ST1 的 EALLOW 位。

（8）CPU 从 PIE 中断向量表中调用相应的中断向量。

### 6.2.2 PIE 中断向量表映射

PIE 中断向量表存储于地址 0x000D00～0x000DFF 所在的数据存储区中。复位时，PIE 中断向量表的内容没有定义。从 INT1～INT12，CPU 中断优先级由高到低，而 PIE 模块控制着每组 8 个外设中断的优先级。PIE 中断向量表在存储器中的实际位置如表 6.4 所示。

表 6.4 PIE 中断向量表在存储器中的实际位置

| 名称 | 向量 ID | 地址 | 长度/字 | 说明 | CPU 中断优先级 | PIE 组优先级 |
|---|---|---|---|---|---|---|
| Reset | 0 | 0x00000D00 | 2 | 始终从引导 ROM 中 0x003FFFC0 处获取 | 1（最高） | — |
| INT1 | 1 | 0x00000D02 | 2 | 未使用，见 PIE 组 1 | 5 | — |
| INT2 | 2 | 0x00000D04 | 2 | 未使用，见 PIE 组 2 | 6 | — |
| INT3 | 3 | 0x00000D06 | 2 | 未使用，见 PIE 组 3 | 7 | — |
| INT4 | 4 | 0x00000D08 | 2 | 未使用，见 PIE 组 4 | 8 | — |
| INT5 | 5 | 0x00000D0A | 2 | 未使用，见 PIE 组 5 | 9 | — |
| INT6 | 6 | 0x00000D0C | 2 | 未使用，见 PIE 组 6 | 10 | — |
| INT7 | 7 | 0x00000D0E | 2 | 未使用，见 PIE 组 7 | 11 | — |
| INT8 | 8 | 0x00000D10 | 2 | 未使用，见 PIE 组 8 | 12 | — |
| INT9 | 9 | 0x00000D12 | 2 | 未使用，见 PIE 组 9 | 13 | — |
| INT10 | 10 | 0x00000D14 | 2 | 未使用，见 PIE 组 10 | 14 | — |
| INT11 | 11 | 0x00000D16 | 2 | 未使用，见 PIE 组 11 | 15 | — |
| INT12 | 12 | 0x00000D18 | 2 | 未使用，见 PIE 组 12 | 16 | — |
| INT13 | 13 | 0x00000D1A | 2 | XINT13 或 Timer1 中断 | 17 | — |

续表

| 名称 | 向量 ID | 地址 | 长度/字 | 说明 | CPU 中断优先级 | PIE 组优先级 |
|---|---|---|---|---|---|---|
| DATALOG | 15 | 0x00000D1E | 2 | CPU 数据记录中断 | 19（最低） | — |
| RTOS INT | 16 | 0x00000D20 | 2 | CPU 实时操作系统中断 | 4 | — |
| EMU INT | 17 | 0x00000D22 | 2 | CPU 仿真中断 | 2 | — |
| NMI | 18 | 0x00000D24 | 2 | 外部可屏蔽中断 | 3 | — |
| ILLE GAL | 19 | 0x00000D26 | 2 | 非法操作 | — | — |
| USER1 | 20 | 0x00000D28 | 2 | 用户定义的软件操作 | — | — |
| USER2 | 21 | 0x00000D2A | 2 | 用户定义的软件操作 | — | — |
| USER3 | 22 | 0x00000D2C | 2 | 用户定义的软件操作 | — | — |
| USER4 | 23 | 0x00000D2E | 2 | 用户定义的软件操作 | — | — |
| USER5 | 24 | 0x00000D30 | 2 | 用户定义的软件操作 | — | — |
| USER6 | 25 | 0x00000D32 | 2 | 用户定义的软件操作 | — | — |
| USER7 | 26 | 0x00000D34 | 2 | 用户定义的软件操作 | — | — |
| USER8 | 27 | 0x00000D36 | 2 | 用户定义的软件操作 | — | — |
| USER9 | 28 | 0x00000D38 | 2 | 用户定义的软件操作 | — | — |
| USER10 | 29 | 0x00000D3A | 2 | 用户定义的软件操作 | — | — |
| USER11 | 30 | 0x00000D3C | 2 | 用户定义的软件操作 | — | — |
| USER12 | 31 | 0x00000D3E | 2 | 用户定义的软件操作 | — | — |
| PIE 组 1 向量-复用 CPU 的 INT1 中断 | | | | | | |
| INT1.1 | 32 | 0x00000D40 | 2 | SEQ1NT（ADC） | 5 | 1（高） |
| INT1.2 | 33 | 0x00000D42 | 2 | SEQ2NT（ADC） | 5 | 2 |
| INT1.3 | 34 | 0x00000D44 | 2 | 保留 | 5 | 3 |
| INT1.4 | 35 | 0x00000D46 | 2 | XINT1 | 5 | 4 |
| INT1.5 | 36 | 0x00000D48 | 2 | XINT2 | 5 | 5 |
| INT1.6 | 37 | 0x00000D4A | 2 | ADCINT（ADC） | 5 | 6 |
| INT1.7 | 38 | 0x00000D4C | 2 | TINT0（CPU-Timer0） | 5 | 7 |
| INT1.8 | 39 | 0x00000D4E | 2 | WAKEINT（LPM/WD） | 5 | 8（低） |
| PIE 组 2 向量-复用 CPU 的 INT2 中断 | | | | | | |
| INT2.1 | 40 | 0x00000D50 | 2 | ePWM1_TZINT（ePWM1） | 6 | 1（高） |
| INT2.2 | 41 | 0x00000D52 | 2 | ePWM2_TZINT（ePWM2） | 6 | 2 |
| INT2.3 | 42 | 0x00000D54 | 2 | ePWM3_TZINT（ePWM3） | 6 | 3 |
| INT2.4 | 43 | 0x00000D56 | 2 | ePWM4_TZINT（ePWM4） | 6 | 4 |
| INT2.5 | 44 | 0x00000D58 | 2 | ePWM5_TZINT（ePWM5） | 6 | 5 |
| INT2.6 | 45 | 0x00000D5A | 2 | ePWM6_TZINT（ePWM6） | 6 | 6 |
| INT2.7 | 46 | 0x00000D5C | 2 | 保留 | 6 | 7 |
| INT2.8 | 47 | 0x00000D5E | 2 | 保留 | 6 | 8（低） |

续表

| 名称 | 向量 ID | 地址 | 长度/字 | 说明 | CPU 中断优先级 | PIE 组优先级 |
|---|---|---|---|---|---|---|
| PIE 组 3 向量-复用 CPU 的 INT3 中断 | | | | | | |
| INT3.1 | 48 | 0x00000D60 | 2 | ePWM1_TZINT（ePWM1） | 7 | 1（高） |
| INT3.2 | 49 | 0x00000D62 | 2 | ePWM2_TZINT（ePWM2） | 7 | 2 |
| INT3.3 | 50 | 0x00000D64 | 2 | ePWM3_TZINT（ePWM3） | 7 | 3 |
| INT3.4 | 51 | 0x00000D66 | 2 | ePWM4_TZINT（ePWM4） | 7 | 4 |
| INT3.5 | 52 | 0x00000D68 | 2 | ePWM5_TZINT（ePWM5） | 7 | 5 |
| INT3.6 | 53 | 0x00000D6A | 2 | ePWM6_TZINT（ePWM6） | 7 | 6 |
| INT3.7 | 53 | 0x00000D6C | 2 | 保留 | 7 | 7 |
| INT3.8 | 55 | 0x00000D6E | 2 | 保留 | 7 | 8（低） |
| PIE 组 4 向量-复用 CPU 的 INT4 中断 | | | | | | |
| INT4.1 | 56 | 0x00000D70 | 2 | eCAP1_INT（eCAP1） | 8 | 1（高） |
| INT4.2 | 57 | 0x00000D72 | 2 | eCAP2_INT（eCAP2） | 8 | 2 |
| INT4.3 | 58 | 0x00000D74 | 2 | eCAP3_INT（eCAP3） | 8 | 3 |
| INT4.4 | 59 | 0x00000D76 | 2 | eCAP4_INT（eCAP4） | 8 | 4 |
| INT4.5 | 60 | 0x00000D78 | 2 | eCAP5_INT（eCAP5） | 8 | 5 |
| INT4.6 | 61 | 0x00000D7A | 2 | eCAP6_INT（eCAP6） | 8 | 6 |
| INT4.7 | 62 | 0x00000D7C | 2 | 保留 | 8 | 7 |
| INT4.8 | 63 | 0x00000D7E | 2 | 保留 | 8 | 8（低） |
| PIE 组 5 向量-复用 CPU 的 INT5 中断 | | | | | | |
| INT5.1 | 64 | 0x00000D80 | 2 | eQEP1_INT（eQEP1） | 9 | 1（高） |
| INT5.2 | 65 | 0x00000D82 | 2 | eQEP2_INT（eQEP2） | 9 | 2 |
| INT5.3 | 66 | 0x00000D84 | 2 | 保留 | 9 | 3 |
| INT5.4 | 67 | 0x00000D86 | 2 | 保留 | 9 | 4 |
| INT5.5 | 68 | 0x00000D88 | 2 | 保留 | 9 | 5 |
| INT5.6 | 69 | 0x00000D8A | 2 | 保留 | 9 | 6 |
| INT5.7 | 70 | 0x00000D8C | 2 | 保留 | 9 | 7 |
| INT5.8 | 71 | 0x00000D8E | 2 | 保留 | 9 | 8（低） |
| PIE 组 6 向量-复用 CPU 的 INT6 中断 | | | | | | |
| INT6.1 | 72 | 0x00000D90 | 2 | SPIRXINTA（SPI-A） | 10 | 1（高） |
| INT6.2 | 73 | 0x00000D92 | 2 | SPITXINTA（SPI-A） | 10 | 2 |
| INT6.3 | 74 | 0x00000D94 | 2 | MRINTB（McBSP-B） | 10 | 3 |
| INT6.4 | 75 | 0x00000D96 | 2 | MXINTB（McBSP-B）（SPI-B） | 10 | 4 |
| INT6.5 | 76 | 0x00000D98 | 2 | MRINTA（McBSP-A） | 10 | 5 |
| INT6.6 | 77 | 0x00000D9A | 2 | MXINTA（McBSP-A） | 10 | 6 |
| INT6.7 | 78 | 0x00000D9C | 2 | 保留 | 10 | 7 |
| INT6.8 | 79 | 0x00000D9E | 2 | 保留 | 10 | 8（低） |
| PIE 组 7 向量-复用 CPU 的 INT7 中断 | | | | | | |
| INT7.1 | 80 | 0x00000DA0 | 2 | DINTCH1（DMA 通道 1） | 11 | 1（高） |
| INT7.2 | 81 | 0x00000DA2 | 2 | DINTCH2（DMA 通道 2） | 11 | 2 |
| INT7.3 | 82 | 0x00000DA4 | 2 | DINTCH3（DMA 通道 3） | 11 | 3 |

续表

| 名称 | 向量 ID | 地址 | 长度/字 | 说明 | CPU 中断优先级 | PIE 组优先级 |
|---|---|---|---|---|---|---|
| INT7.5 | 84 | 0x00000DA8 | 2 | DINTCH5（DMA 通道 5） | 11 | 5 |
| INT7.6 | 85 | 0x00000DAA | 2 | DINTCH6（DMA 通道 6） | 11 | 6 |
| INT7.7 | 86 | 0x00000DAC | 2 | 保留 | 11 | 7 |
| INT7.8 | 87 | 0x00000DAE | 2 | 保留 | 11 | 8（低） |
| PIE 组 8 向量-复用 CPU 的 INT8 中断 | | | | | | |
| INT8.1 | 88 | 0x00000DB0 | 2 | I2CINT1A（I2C-A） | 12 | 1（高） |
| INT8.2 | 89 | 0x00000DB2 | 2 | I2CINT2A（I2C-A） | 12 | 2 |
| INT8.3 | 90 | 0x00000DB4 | 2 | 保留 | 12 | 3 |
| INT8.4 | 91 | 0x00000DB6 | 2 | 保留 | 12 | 4 |
| INT8.5 | 92 | 0x00000DB8 | 2 | SCIRXINTC（SCI-C） | 12 | 5 |
| INT8.6 | 93 | 0x00000DBA | 2 | SCITXINTC（SCI-C） | 12 | 6 |
| INT8.7 | 94 | 0x00000DBC | 2 | 保留 | 12 | 7 |
| INT8.8 | 95 | 0x00000DBE | 2 | 保留 | 12 | 8（低） |
| PIE 组 9 向量-复用 CPU 的 INT9 中断 | | | | | | |
| INT9.1 | 96 | 0x00000DC0 | 2 | SCIRXINTA（SCI-A） | 13 | 1（高） |
| INT9.2 | 97 | 0x00000DC2 | 2 | SCITXINTA（SCI-A） | 13 | 2 |
| INT9.3 | 98 | 0x00000DC4 | 2 | SCIRXINTB（SCI-B） | 13 | 3 |
| INT9.4 | 99 | 0x00000DC6 | 2 | SCITXINTB（SCI-B） | 13 | 4 |
| INT9.5 | 100 | 0x00000DC8 | 2 | ECAN0INTA（eCAN-A） | 13 | 5 |
| INT9.6 | 101 | 0x00000DCA | 2 | ECAN1INTA（eCAN-A） | 13 | 6 |
| INT9.7 | 102 | 0x00000DCC | 2 | ECAN0INTB （eCAN-B） | 13 | 7 |
| INT9.8 | 103 | 0x00000DCE | 2 | ECAN1INTB（eCAN-B） | 13 | 8（低） |
| PIE 组 10 向量-复用 CPU 的 INT10 中断 | | | | | | |
| INT10.1 | 104 | 0x00000DD0 | 2 | 保留 | 14 | 1（高） |
| INT10.2 | 105 | 0x00000DD2 | 2 | 保留 | 14 | 2 |
| INT10.3 | 106 | 0x00000DD4 | 2 | 保留 | 14 | 3 |
| INT10.4 | 107 | 0x00000DD6 | 2 | 保留 | 14 | 4 |
| INT10.5 | 108 | 0x00000DD8 | 2 | 保留 | 14 | 5 |
| INT10.6 | 109 | 0x00000DDA | 2 | 保留 | 14 | 6 |
| INT10.7 | 110 | 0x00000DDC | 2 | 保留 | 14 | 7 |
| INT10.8 | 111 | 0x00000DDE | 2 | 保留 | 14 | 8（低） |
| PIE 组 11 向量-复用 CPU 的 INT11 中断 | | | | | | |
| INT11.1 | 112 | 0x00000DE0 | 2 | 保留 | 15 | 1（高） |
| INT11.2 | 113 | 0x00000DE2 | 2 | 保留 | 15 | 2 |
| INT11.3 | 114 | 0x00000DE4 | 2 | 保留 | 15 | 3 |
| INT11.4 | 115 | 0x00000DE6 | 2 | 保留 | 15 | 4 |
| INT11.5 | 116 | 0x00000DE8 | 2 | 保留 | 15 | 5 |
| INT11.6 | 117 | 0x00000DEA | 2 | 保留 | 15 | 6 |
| INT11.7 | 118 | 0x00000DEC | 2 | 保留 | 15 | 7 |
| INT11.8 | 119 | 0x00000DEE | 2 | 保留 | 15 | 8（低） |

续表

| 名称 | 向量 ID | 地址 | 长度/字 | 说明 | CPU 中断优先级 | PIE 组优先级 |
|---|---|---|---|---|---|---|
| PIE 组 12 向量-复用 CPU 的 INT12 中断 | | | | | | |
| INT12.1 | 120 | 0x00000DF0 | 2 | XINT3 | 16 | 1（高） |
| INT12.2 | 121 | 0x00000DF2 | 2 | XINT4 | 16 | 2 |
| INT12.3 | 122 | 0x00000DF4 | 2 | XINT5 | 16 | 3 |
| INT12.4 | 123 | 0x00000DF6 | 2 | XINT6 | 16 | 4 |
| INT12.5 | 124 | 0x00000DF8 | 2 | XINT7 | 16 | 5 |
| INT12.6 | 125 | 0x00000DFA | 2 | 保留 | 16 | 6 |
| INT12.7 | 126 | 0x00000DFC | 2 | LVF（FPU） | 16 | 7 |
| INT12.8 | 127 | 0x00000DFE | 2 | LUF（FPU） | 16 | 8（低） |

注：PIE 中断向量表各单元均受 EALLOW 位保护。

## 6.2.3　PIE 模块相关寄存器

PIE 模块共有 26 个配置和控制寄存器，主要包括 12 个 PIE 中断标志寄存器［PIEIFR$x$（$x$=1,2,…,12)］、12 个 PIE 中断使能寄存器［PIEIER$x$（$x$=1,2,…,12)］、1 个 PIE 控制寄存器（PIECTRL）及 1 个 PIE 中断应答寄存器（PIEACK），如表 6.5 所示。

表 6.5　PIE 模块配置和控制寄存器

| 寄存器名称 | 地 址 单 元 | 大小（×16bit） | 寄存器说明 |
|---|---|---|---|
| PIECTRL | 0x000000CE0 | 1 | PIE 控制寄存器 |
| PIEACK | 0x000000CE1 | 1 | PIE 中断应答寄存器 |
| PIEIER$x$<br>PIEIFR$x$<br>（$x$=1～12） | 0x00000CE2～0x00000CF9 | 1 | PIE 组 $x$ 使能寄存器<br>PIE 组 $x$ 中断标志寄存器 |

### 一、PIECTRL 寄存器

PIECTRL 寄存器如图 6.6 所示。

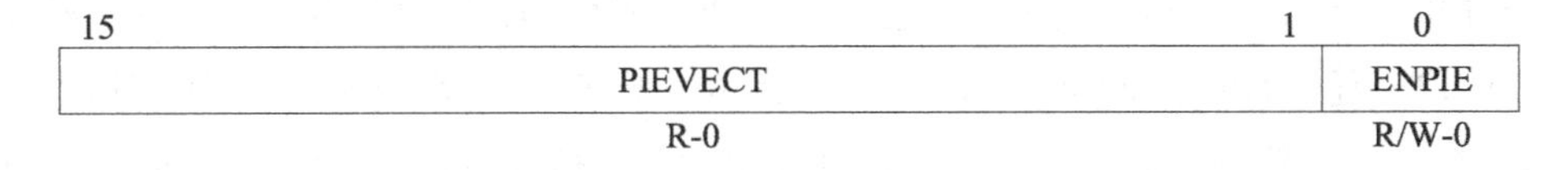


图 6.6　PIECTRL 寄存器

在图 6.6 中，PIECTRL 寄存器的高 15 位（PIEVECT）确定了 PIE 中断向量表中的中断向量地址（最低位无效，故忽略）。用户可以通过读取 PIEVECT 的值来判断具体是哪个中断发生了。该寄存器的最低位（ENPIE）为 PIE 中断向量表的使能位，当该位为 0 时，PIE 模块被禁止，中断向量从 Boot ROM 中读取；该位置 1 时，除复位之外的所有中断向量均取自 PIE 中断向量表。

## 二、PIEACK 寄存器

PIEACK 寄存器如图 6.7 所示。

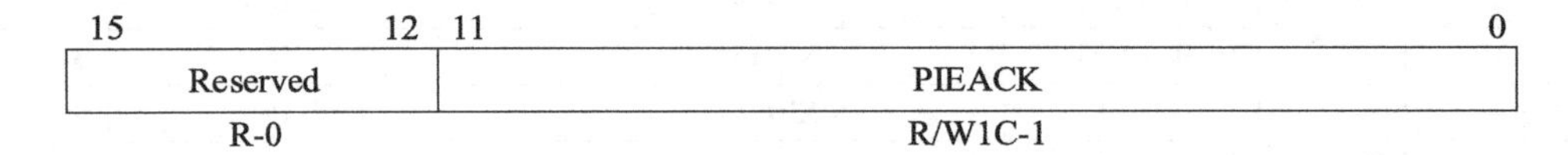


图 6.7 PIEACK 寄存器

如图 6.7 所示，PIEACK 寄存器的高 4 位保留，低 12 位（D11～D0）分别对应 12 组 CPU 中断（INT12～INT1）。当 CPU 响应某个外设中断时，该寄存器的对应位自动置 1，从而阻止本组其他中断请求向 CPU 传递。在中断服务程序中，可以通过对该位清零（写 1 清零），来开放本组后续的中断申请，即保证同组同一时间只有一个 PIE 中断向 CPU 传递。

## 三、PIEIFR*x* 寄存器

PIEIFR*x*（*x*=1,2,…,12）寄存器如图 6.8 所示。

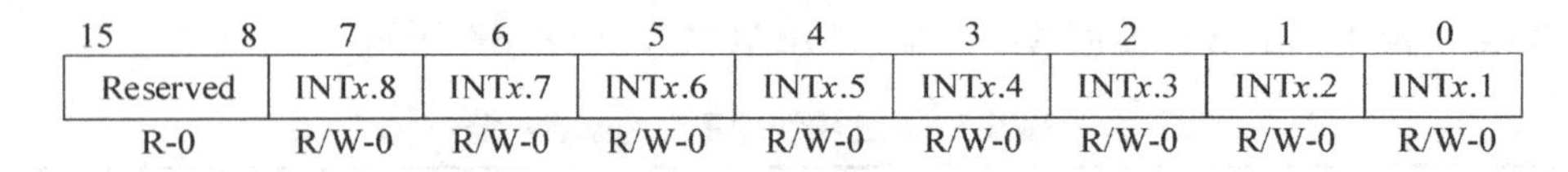


图 6.8 PIEIFR*x*（*x*=1,2,…,12）寄存器

如图 6.8 所示，PIEIFR*x*（*x*=1,2,…,12）寄存器的高 8 位保留，低 8 位（D7～D0）分别对应同组的 8 个外设中断。当某个外设产生中断请求时，相应标志寄存器的标志位被置 1，当该中断响应后或向这些寄存器写 0 时，对应的标志位被清零。通过读取该寄存器的值，可以确定哪个中断有效或被挂起。

## 四、PIEIER*x* 寄存器

PIEIER*x*（*x*=1,2,…,12）寄存器的各位信息与 PIEIFR*x*（1,2,…,12）寄存器类似。PIEIER*x*（*x*=1,2,…,12）寄存器的高 8 位（D15～D8）保留，低 8 位（D7～D0）分别对应同组的 8 个外设中断。当某位为 1 时，表示相应的外设中断请求被使能；当某位为 0 时，表示相应的外设中断请求被屏蔽。中断响应后，该位将被自动清零。

## 五、外部中断相关寄存器

TMS320F28335 芯片支持的外部中断包括 $\overline{\text{XINT1}}$～$\overline{\text{XINT7}}$ 中断和 $\overline{\text{XINT13}}$ 中断，每一个外部中断都可以被选择为正边沿或负边沿触发，也可以被使能或禁止。其中，$\overline{\text{XINT13}}$ 中断和不可屏蔽中断 $\overline{\text{XNMI}}$ 共用中断引脚，功能选择由 NMI 中断控制寄存器 XNMICR 实现，

当选择$\overline{\mathrm{XINT13}}$中断时，该中断使用 CPU 的$\overline{\mathrm{XINT13}}$中断线（属于可屏蔽中断）。另外，可屏蔽中断单元还包括一个 16 位增计数器，该计数器在检测到有效中断边沿时复位为 0，同时准确记录中断发生的时间。

1）外部中断控制寄存器（XINT*n*CR）

XINT*n*CR（*n*=1,2,···,7）寄存器如图 6.9 所示。

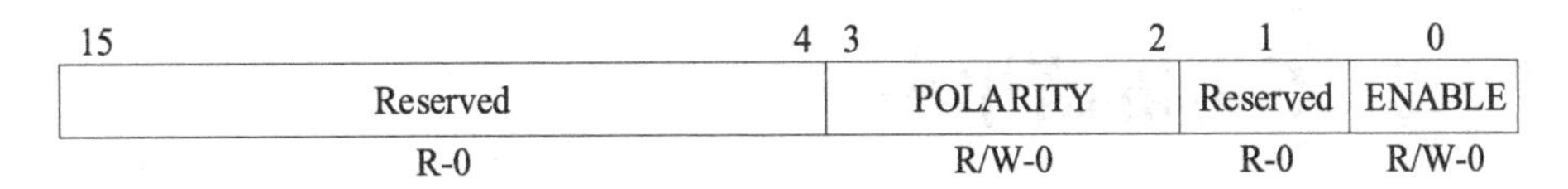


图 6.9　XINT*n*CR（*n*=1,2,···,7）寄存器

如图 6.9 所示，XINT*n*CR（*n*=1,2,···,7）寄存器的高 12 位（D15～D4）和 D1 位保留，D3 与 D2 位为触发极性控制位（“x0”表示下降沿触发，“01”表示上升沿触发，“11”表示上升或下降沿触发），最低位 D0 为外部中断使能或禁止位（“0”表示禁止，“1”表示使能）。

2）NMI 中断控制寄存器（XNMICR）

XNMICR 寄存器如图 6.10 所示。

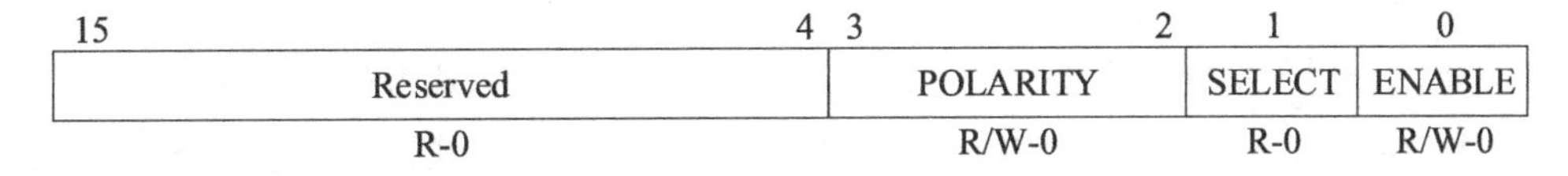


图 6.10　XNMICR 寄存器

如图 6.10 所示，XNMICR 寄存器与 XINT*n*CR（*n*=1,2,···,7）寄存器类似。XNMICR 寄存器的高 12 位（D15～D4）保留，D3 与 D2 位为触发极性控制位（“x0”表示下降沿触发，“01”表示上升沿触发，“11”表示上升或下降沿触发）；D1 位用来为 CPU 的$\overline{\mathrm{XINT13}}$中断选择信号源，当该位为 0 时，表示将内部 Timer1 作为$\overline{\mathrm{XINT13}}$中断信号源，当该位置 1 时，表示将外部 GPIO（XINT13 对应引脚）信号作为 XNMI 中断信号源；最低位 D0 为$\overline{\mathrm{XNMI}}$中断使能或禁止位（“0”表示禁止，“1”表示使能）。

3）外部中断计数器

$\overline{\mathrm{XINT1}}$、$\overline{\mathrm{XINT2}}$和$\overline{\mathrm{XNMI}}$引脚均具有 1 个 16 位的增计数器，当中断边沿到来时，其会自动清零，用于精确描述外部中断的时间特性。XINT1CTR、XINT2CTR 和 XNMICTR 寄存器如图 6.11 所示。

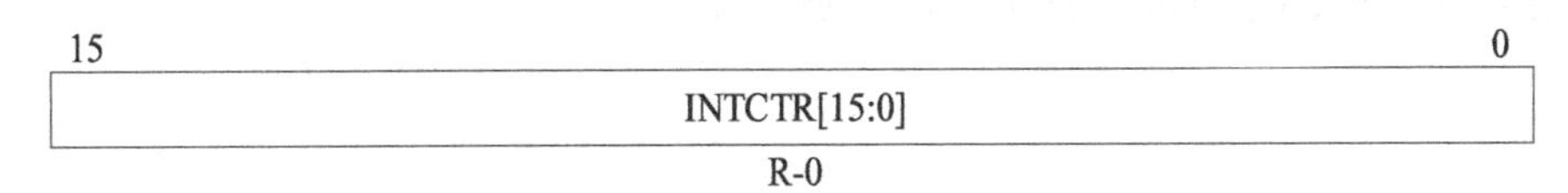


图 6.11　XINT1CTR、XINT2CTR 和 XNMICTR 寄存器

外部中断计数器的频率为系统时钟 SYSCLKOUT。当外部中断信号的有效边沿到来时，该计数器清零，然后继续增计数，直到下次有效边沿到来。外部中断计数器达到最大值后会溢出，然后重新开始计数。如果中断被禁止，那么计数器停止工作。另外，外部中断计数器只能通过中断信号的有效边沿或系统复位来清零。

## 6.3 不可屏蔽中断

不可屏蔽中断指不能通过软件进行使能或屏蔽的中断。当 CPU 检测到这类中断请求时，会立即响应，并执行相应的中断服务程序。

TMS320F28335 芯片的不可屏蔽中断包括软件中断（INTR 和 TRAP 指令）、硬件 NMI 中断、非法指令中断和硬件复位中断 $\overline{\mathrm{XRS}}$。

### 6.3.1 软件中断

1）INTR 指令

INTR 指令用于执行某个特定的中断服务程序。该指令可以避开硬件中断机制而直接对 INT1～INT14、DLOGINT、RTOSINT 及 NMI 中断进行激发。例如，在运行 INTR INT1 指令时，程序将直接执行 INT1 中断服务程序。

2）TRAP 指令

TRAP 指令通过使用中断向量号来调用相应的中断服务子程序。该指令可以操作 32 个 CPU 级中断（0～31）中的任何一个。例如，在运行“TRAP #1”指令时，程序将直接执行 INT1 中断服务程序。

需要注意的是，运行“TRAP #0”指令并不能激发完整的复位中断，只是强制执行与 RESET 中断向量对应的中断服务程序。

### 6.3.2 硬件 NMI 中断

由于 $\overline{\mathrm{XNMI}}$ 中断与 $\overline{\mathrm{XINT13}}$ 共用引脚，因此要使用 $\overline{\mathrm{XNMI}}$ 中断功能，需要将 NMI 中断控制寄存器 XNMICR 的 D0 位置 1，使能硬件 NMI 中断。

### 6.3.3 非法指令中断

当 TMS320F28335 芯片的 CPU 执行无效的指令时，会触发非法指令中断。

### 6.3.4 硬件复位中断

在 TMS320F28335 芯片中，硬件复位中断 $\overline{XRS}$ 是优先级最高的中断。当发生硬件复位时，CPU 会到 0x3FFFC0 地址取复位向量，进而执行复位引导程序。

## 思考题

1．什么是中断向量表？什么是中断向量号？简述中断向量地址与中断服务程序入口地址的区别。

2．TMS320F28335 芯片的中断管理分为哪几层？各层的作用分别是什么？

3．CPU 级共可以管理多少中断？其中可屏蔽中断有哪些？如何允许或禁止某中断？

4．为什么 DSP 控制器要使用 PIE 进行中断扩展？PIE 模块管理的中断源可以分为几组？每组最多管理几个中断源？如何在 PIE 级允许某具体中断源？PIE 中断的优先级是如何规定的？

5．以 Timer0 中断为例，说明三级中断的响应过程，并特别指出每级中断需要手动设置的环节。

6．经 PIE 模块管理的外设中断的中断响应流程大概包括哪几个步骤？请以外部中断 XINT0 为例，简述从中断信号产生到退出中断服务程序的整个过程，并简要说明在此过程中需要对哪些寄存器的哪些位进行编程。

7．编程时，如何使某中断向量指向编写的中断服务程序？

# 第 7 章 控制类外设及其应用

DSP 控制器在执行运动及电机控制时，其核心组件为事件管理器（Event Manager）。在 F281x 系列 DSP 控制器中，包含两个结构和功能完全相同的事件管理器（EVA 和 EVB），用来为控制系统提供时间基准，以及对电机进行测试和控制。由于 DSP 控制器的应用范围正逐渐扩大到高性能电子产品的触发与控制等各相关领域，因此这类事件管理器需要一套全新架构。

针对新的应用需求，TI 公司开发了一套称为增强型事件管理器（eEVM）的架构，并将其分解为增强型脉宽调制（ePWM）、增强型脉冲捕获（eCAP）和增强型正交编码（eQEP）3 个模块。

## 7.1 ePWM 模块

在控制系统中，通常需要将数字控制策略转化为模拟信号来实现对外部器件的控制。目前，大部分功率器件为开关型器件，故转换过程最常用的方法是采用脉宽调制（Pulse Width Modulation，PWM）技术，即通过对一系列脉冲的宽度进行调制，来等效地获得需要的驱动波形。

ePWM 模块作为 TMS320F28335 DSP 控制器的重要外设，其配置简单灵活，且占用极少的 CPU 资源和中断就可以输出多路复杂的脉宽调制信号，还可以将 PWM 输出作为数/模转换使用。因此，ePWM 模块广泛用于数字式电机控制、开关电源控制及其他电力电子变换设备。

### 7.1.1 ePWM 模块概述

TMS320F28335 DSP 控制器具有 6 个独立的 ePWM 通道（ePWM1～ePWM6），能有效

地调制出 12 路 PWM 波（EPWM*x*A～EPWM*x*B，*x*=1,2,…,6），而且每个通道可以独立使用，也可以根据控制需求，通过时钟同步机制使多个通道同步工作。此外，为了追求更高的脉宽控制精度，每个 ePWM 通道的 EPWM*x*A 还加入了高分辨率脉宽调制器（HRPWM），可以输出 6 路高精度 PWM 波。

单个 ePWM 通道结构主要包括时间基准（TB）子模块、计数比较（CC）子模块、动作限定（AQ）子模块、死区控制（DB）子模块、PWM 斩波（PC）子模块、错误控制（TZ）子模块及事件触发（ET）子模块，如图 7.1 所示。在实际使用时，一般只需要配置 TB、CC、AQ、DB 和 ET 5 个子模块。

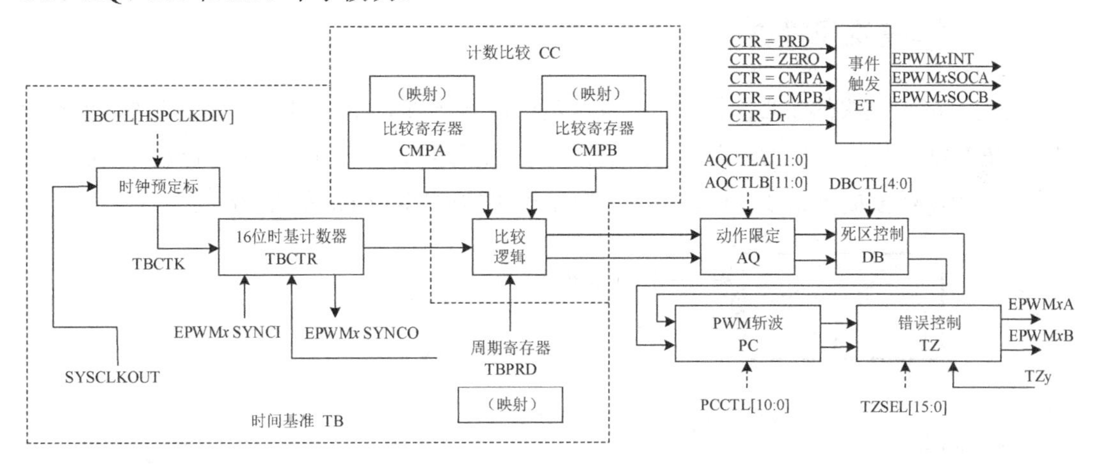


图 7.1　单个 ePWM 通道结构

如图 7.1 所示，系统时钟 SYSCLKOUT 经预定标处理后，作为 16 位时基计数器（TBCTR）的计数时钟 TBCLK；时基同步输入信号 EPWM*x*SYNCI 和同步输出信号 EPWM*x*SYNCO 用于将 ePWM 模块的各通道联系起来，进行同步化处理；错误区域信号 TZy 用于在外部被控单元产生错误时，为 ePWM 模块发出错误警告；EPWM*x*A 和 EPWM*x*B 是通过 I/O 引脚输出的两路 PWM 信号；ADC 启动信号 EPWM*x*SOCA 和 EPWM*x*SOCB 可以分别作为 ADC 模块在双排序模式下 SEQ1 和 SEQ2 的触发源。

每个计数周期，TBCTR 根据设定计数模式对计数时钟 TBCLK 进行计数，且不停地与周期寄存器（TBPRD）中的值进行比较，并产生周期匹配事件（CTR=PRD）或下溢事件（CTR=ZERO）。同时，TBCTR 的计数值还要与计数比较子模块的两个比较寄存器（CMPA 和 CMPB）进行比较，从而产生两种比较匹配事件（CTR=CMPA 和 CTR=CMPB）。

动作限定子模块用于决定当以上 4 种匹配事件（CTR=PRD、CTR=ZERO、CTR=CMPA 和 CTR=CMPB）发生时，相应两路输出信号 EPWM*x*A 和 EPWM*x*B 的初始工作状态（置高、拉低、翻转和无动作），并输出两路原始的 PWM 信号给死区控制子模块。死区控制子模块根据这两路信号，生成两路具有可编程死区和极性关系的 PWM 波。

PWM 斩波子模块和错误控制子模块是两个可供用户自主选择的模块。PWM 斩波子模块用于产生高频 PWM 载波信号，错误控制子模块用于规定当外部出错时，PWM 输出的响应（强制为高、低、高阻或无响应），以满足系统要求。

事件触发子模块用于规定在上述 4 种匹配事件中，哪些可以产生中断请求信号（EPWMxINT）或作为 ADC 触发信号（EPWMxSOCA 和 EPWMxSOCB），以及多少个事件（1～3）中断或触发一次 ADC。

## 7.1.2 ePWM 子模块功能及其控制

### 一、时间基准子模块

时间基准子模块的核心部件为 16 位时基计数器（TBCTR）和一个双缓冲的周期寄存器（TBPRD），其基本功能是根据设定的计数模式对计数时钟 TBCLK 进行计数，从而实现定时及为 PWM 波提供载波周期。时间基准子模块的内部结构如图 7.2 所示。

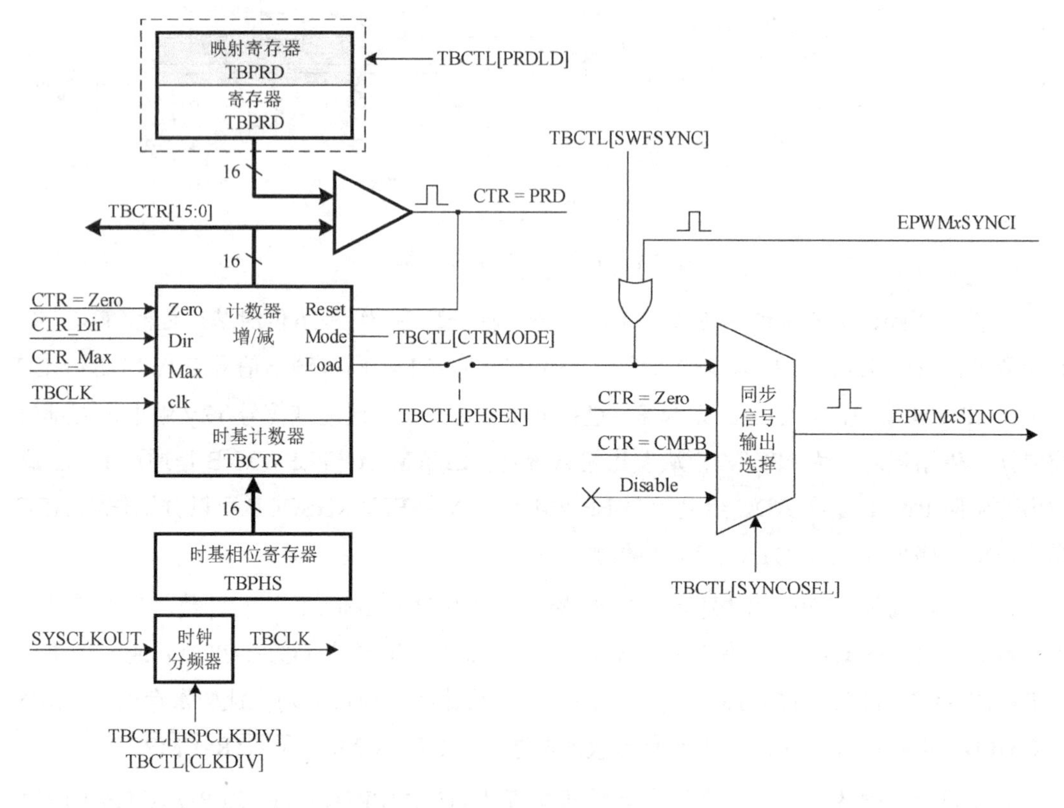


图 7.2　时间基准子模块的内部结构

#### 1. 时基计数器计数模式

时基计数器（TBCTR）的计数模式包括停止、递增、递减和递增/递减 4 种计数模式。其中，在停止模式下，时基计数器保持当前值不变，为复位时的默认状态。时基计数器的

3 种计数模式如图 7.3 所示。

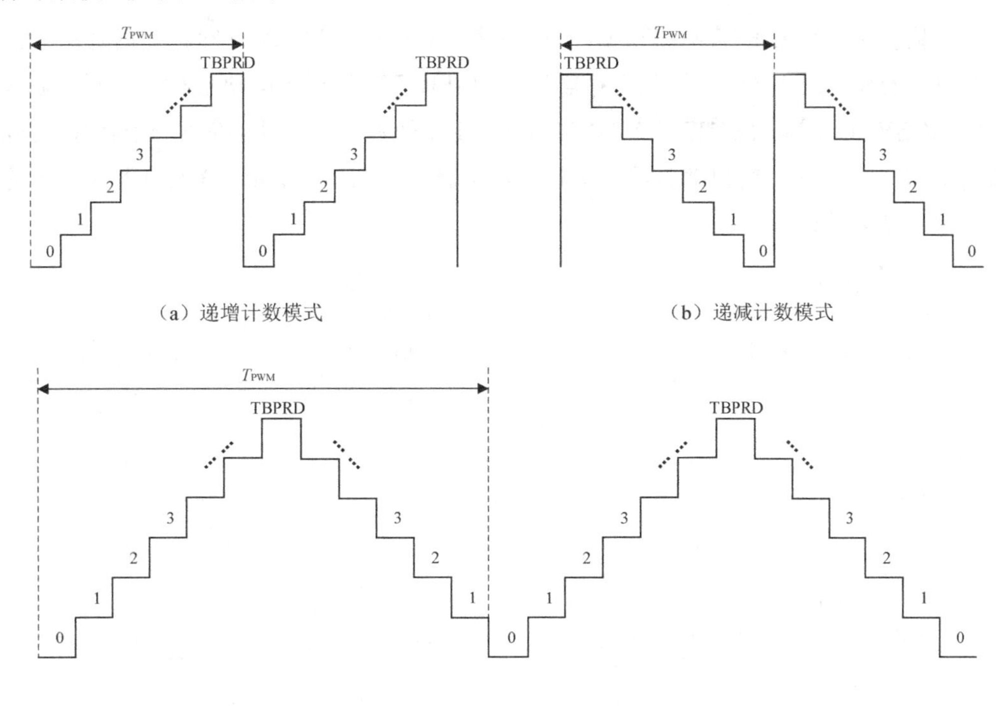


（a）递增计数模式　　（b）递减计数模式

（c）递增/递减计数模式

图 7.3　时基计数器的 3 种计数模式

在递增计数模式下，时基计数器（TBCTR）根据定标后的计数时钟 TBCLK 从 0 开始增计数，当计数值等于周期匹配计数值 TBPRD（CTR=PRD）时，复位为 0（此时发生下溢事件 CTR=ZERO），然后重新开始下一周期循环，如图 7.3（a）所示。在递减计数模式下，时基计数器（TBCTR）根据定标后的计数时钟 TBCLK，从 TBPRD 寄存器的值开始递减计数，减至 0 后重新装载 TBPRD 寄存器的值，然后开始下一周期循环，如图 7.3（b）所示。在递增/递减计数模式下，时基计数器（TBCTR）根据定标后的计数时钟 TBCLK，从 0 递增至 TBPRD 寄存器的值，然后开始递减计数，减至 0 后再重新开始下一周期循环，如图 7.3（c）所示。

如图 7.3 所示，递增计数模式和递减计数模式是非对称的，每个计数周期包含(TBPRD+1)个 TBCLK 脉冲信号，故在使用上述两种模式产生的 PWM 波时，对应的载波周期为 $T_{\mathrm{PWM}}=(\mathrm{TBPRD}+1)\times T_{\mathrm{TBCLK}}$。递增/递减计数模式是对称的，一个计数周期包含$(2\times\mathrm{TBPRD})$个 TBCLK 脉冲信号，故在该计数模式下，对应的载波周期为 $T_{\mathrm{PWM}}=2\times\mathrm{TBPRD}\times T_{\mathrm{TBCLK}}$。其中，计数时钟 TBCLK 由系统时钟 SYSCLKOUT 经分频得到，其周期为 $T_{\mathrm{TBCLK}}=(\mathrm{HSPCLKDIV}\times\mathrm{CLKDIV})\times T_{\mathrm{SYSCLKOUT}}$，HSPCLKDIV 和 CLKDIV 均为时基控制寄存器 TBCTL 中的控制位域值。

### 2. 时基计数器的同步原理

时基同步输入信号 EPWM*x*SYNCI 和同步输出信号 EPWM*x*SYNCO 用于各通道间的同步化处理。若允许同步（时基控制寄存器 TBCTL[PHSEN]位置 1），则在检测到同步输入信号 EPWM*x*SYNCI 或向 TBCTL[SWFSYNC]位写 1 软件强制同步时，在下一个有效时钟沿，时基计数器（TBCTR）将自动装载时基相位寄存器（TBPHS）的值。3 种计数模式下的同步关系如图 7.4 所示。

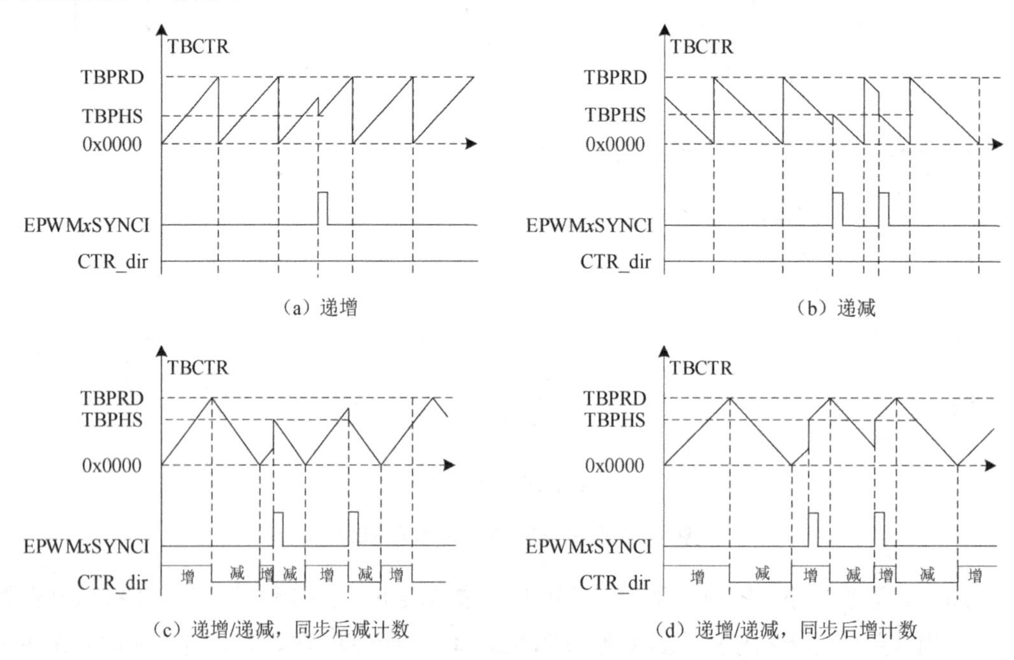


图 7.4 3 种计数模式下的同步关系

如图 7.4（a）和图 7.4（b）所示，对于递增和递减计数模式，当同步信号到来后，TBCTR 自动装载 TBPHS 寄存器的值，并按照原计数规律继续计数，同时不改变计数方向。对于递增/递减计数模式，需要考虑 TBCTL[PHSDIR]位的值，当该位为 1 时，同步后进行增计数；当该位为 0 时，同步后进行减计数，如图 7.4（c）和图 7.4（d）所示。

此外，各 ePWM 通道还可以选择将同步输入信号 EPWM*x*SYNCI、下溢事件（CTR=ZERO）或比较匹配信号（CTR=CMPB）作为 EPWM*x*SYNCO 的同步输出源，并送至其他 ePWM 通道。

### 3. 时间基准子模块相关寄存器

时间基准子模块相关寄存器包括时基计数器（TBCTR）、时基周期寄存器（TBPRD）、时基相位寄存器（TBPHS）、时基控制寄存器（TBCTL）和时基状态寄存器（TBSTS）。其中，TBCTR、TBPRD 和 TBPHS 寄存器均为 16 位，如图 7.5 所示。需要指出的是，TBPRD 寄存器具有动作寄存器（Active Register）和映射寄存器（Shadow Register）并存结构，二者具有相同的地址。前者直接控制硬件动作，后者则用于为动作寄存器提供缓冲，防止由软件异步修改寄存器造成冲突或错误。

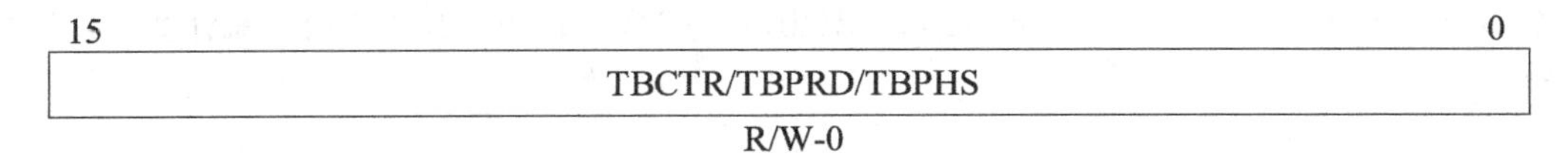


图 7.5　TBCTR/TBPRD/TBPHS 寄存器

TBCTL 寄存器及位定义分别如图 7.6 和表 7.1 所示。

| 15～14 | 13 | 12～10 | 9～7 |
| --- | --- | --- | --- |
| FREE_ SOFT | PHSDIR | CLKDIV | HSPCLKDIV |
| R/W-0 | R/W-0 | R/W-0 | R/W-0,0,1 |

| 6 | 5～4 | 3 | 2 | 1～0 |
| --- | --- | --- | --- | --- |
| SWFSYNC | SYNCOSEL | PRDLD | PHSEN | CTRMODE |
| R/W-0 | R/W-0 | R/W-0 | R/W-0 | R/W-1,1 |

图 7.6　TBCTL 寄存器

**表 7.1　TBCTL 寄存器的位定义**

| 位　号 | 名　称 | 说　明 |
| --- | --- | --- |
| 15～14 | FREE_SOFT | 仿真模式位，用于规定仿真挂起时时基定时器的动作。00 表示下一次递增或递减后停止；01 表示完成整个周期后停止；1x 表示自由运行 |
| 13 | PHSDIR | 相位方向位，规定同步后的计数方向（仅连续递增/递减模式有效）。0 表示减计数；1 表示增计数 |
| 12～10 | CLKDIV | 时间基准时钟预分频位。000 表示不分频（复位后默认值）；其他值 $x$-$2x$ 分频。与 HSPCLKDIV 共同决定计数时钟 TBCLK 的频率。$f_{TBCLK}=f_{SYSCLKOUT}/(\text{HSPCLKDIV}\times\text{CLKDIV})$ |
| 9～7 | HSPCLKDIV | 高速时间基准时钟预分频位。000 表示不分频；001 表示 2 分频（复位后默认值）；其他值 $x$-$2x$ 分频 |
| 6 | SWFSYNC | 软件强制产生同步脉冲位。0 表示无影响；1 表示产生 1 次软件同步脉冲 |
| 5～4 | SYNCOSEL | 同步输出选择位，为 EPWM*x*SYNCO 选择输入。00 表示选择 EPWM*x*SYNCI；01 表示 CTR=ZERO；10 表示选择 CTR=CMPB；11 表示禁止 EPWM*x*SYNCO 信号 |
| 3 | PRDLD | 动作寄存器从映射寄存器装载位。0 表示映射模式，当 TBCTR=0 时，TBPRD 寄存器从其映射寄存器加载（对 TBPRD 寄存器的读写访问其映射寄存器）；1 表示直接模式，直接加载 TBPRD 寄存器的动作寄存器（对 TBPRD 寄存器的读写直接访问其动作寄存器） |
| 2 | PHSEN | 同步允许位，用于规定是否允许 TBCTR 寄存器从 TBPHS 寄存器加载。0 表示不加载；1 表示加载 |
| 1～0 | CTRMODE | 计数模式位。00 表示连续增；01 表示连续减；10 表示连续增/减；11 表示停止/保持（复位默认值） |

TBSTS 寄存器如图 7.7 所示。

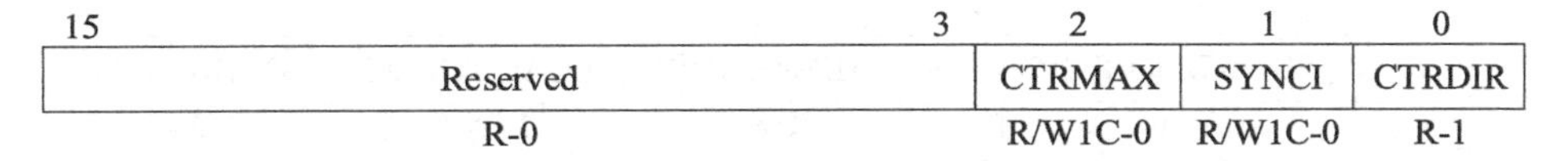


图 7.7　TBSTS 寄存器

TBSTS 寄存器的 D15～D3 位保留，D2 位（CTRMAX）反映 TBCTR 是否达到最大值（0 表示未达到，1 表示达到）；D1 位（SYNCI）为同步事件状态位（0 表示无同步事件发生，1 表示有同步事件发生）；D0 位（CTRDIR）为 TBCTR 方向位（0 表示减计数，1 表示增计数）。

## 二、计数比较子模块

计数比较子模块的核心部件为两个双缓冲的比较寄存器 CMPA 和 CMPB，主要用于产生两种比较匹配事件（CTR=CMPA 和 CTR=CMPB）。其中，每个比较匹配事件发生的时间直接关系到输出 PWM 波的有效脉冲宽度，即计数比较子模块可以确定 PWM 波的占空比。计数比较子模块的内部结构如图 7.8 所示。

当 TBCTR 在递增或递减计数模式下工作时，每个周期每种比较匹配事件最多发生一次；当 TBCTR 在递增/递减计数模式下工作时，每个周期每种比较匹配事件最多发生两次。

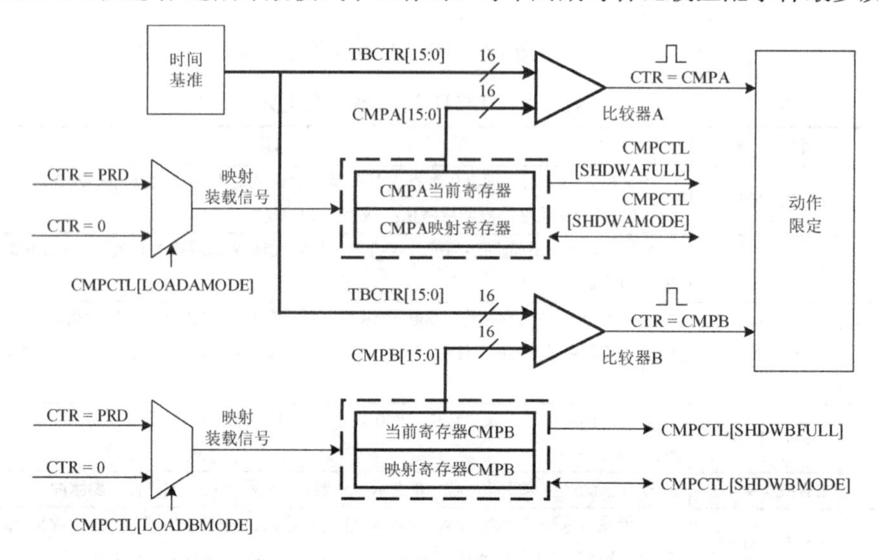


图 7.8 计数比较子模块的内部结构

如图 7.8 所示，计数比较子模块的相关寄存器包括两个 16 位比较寄存器（CMPA 和 CMPB）及一个控制寄存器（CMPCTL）。其中，CMPA 和 CMPB 均带缓存，具有动作寄存器和映射寄存器。CMPCTL 寄存器如图 7.9 所示。

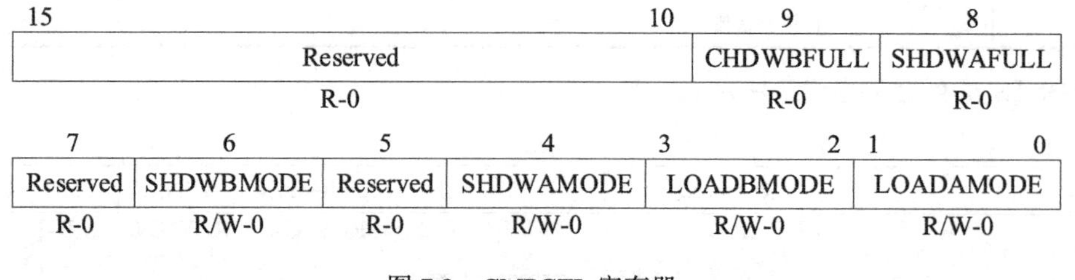


图 7.9 CMPCTL 寄存器

CMPCTL 寄存器的位定义如表 7.2 所示。

表 7.2　CMPCTL 寄存器的位定义

| 位　号 | 名　称 | 说　明 |
| --- | --- | --- |
| 15～10 | Reserved | 保留 |
| 9 | SHDWBFULL | CMPB 映射寄存器满标志位。0 表示未满；1 表示满 |
| 8 | SHDWAFULL | CMPA 映射寄存器满标志位。0 表示未满；1 表示满 |
| 7 | Reserved | 保留 |
| 6 | SHDWBMODE | CMPB 操作模式位。0 表示映射模式（写操作访问映射寄存器）；1 表示直接模式（写操作访问动作寄存器） |
| 5 | Reserved | 保留 |
| 4 | SHDWAMODE | CMPA 操作模式位。配置与 SHDWBMODE 寄存器相同 |
| 3～2 | LOADBMODE | CMPB 从映射寄存器加载时刻位（映射模式下有效）。00 表示当 CTR=0 时，无加载；01 表示当 CTR=PRD 时，加载；10 表示当 TCR=0 或 CTR=PRD 时，加载；11 表示冻结（无加载可能） |
| 1～0 | LOADAMODE | CMPA 从映射寄存器加载时刻位。配置与 LOADBMODE 寄存器相同 |

## 三、动作限定子模块

### 1. 动作限定子模块的内部结构和功能

动作限定子模块输入输出信号和主要寄存器如图 7.10 所示。

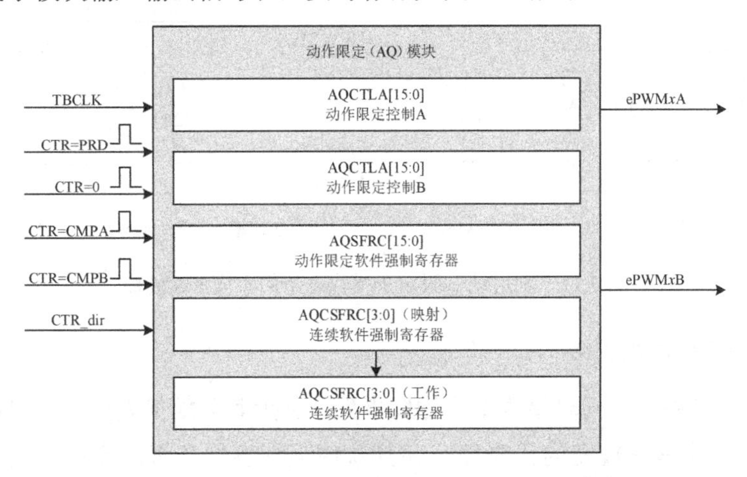


图 7.10　动作限定子模块输入输出信号和主要寄存器

动作限定子模块的主要功能是接收时间基准子模块和计数比较子模块产生的 4 种匹配事件（CTR=PRD、CTR=ZERO、CTR=CMPA 和 CTR=CMPB），并决定在特定事件发生时刻产生何种动作（置高、拉低、翻转或无动作），也可以通过软件进行强制控制，从而输出所需 PWM 波。

其中，对 EPWM*x*A 和 EPWM*x*B 的动作设定是完全独立的，任何一个事件都可以对 EPWM*x*A 或 EPWM*x*B 产生任何动作，具体动作由两个限定控制寄存器（AQCTLA 和 AQCTLB）编程决定。不同事件对应的动作及其描述如表 7.3 所示。

表 7.3　不同事件对应的动作及其描述

| 软件强制 | TBCTR 计数值 | | | | 动作描述 |
|---|---|---|---|---|---|
| | ZERO | CMPA | CMPB | PRD | |
| SW X | Z X | CA X | CB X | P X | 无动作 |
| SW↓ | Z↓ | CA↓ | CB↓ | P↓ | 拉低 |
| SW↑ | Z↑ | CA↑ | CB↑ | P↑ | 置高 |
| SW T | Z T | CA T | CB T | P T | 翻转 |

因此，通过调整动作限定子模块的动作限定关系，可以确定两路 PWM 输出信号 EPWM*x*A 和 EPWM*x*B 的初始状态。图 7.11 是利用动作限定子模块产生的不同 PWM 波。

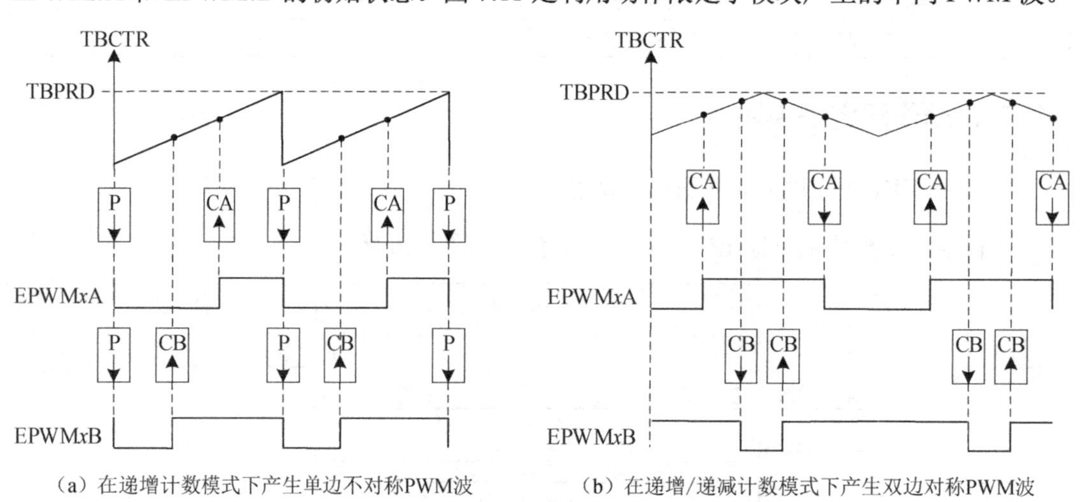


（a）在递增计数模式下产生单边不对称PWM波　　（b）在递增/递减计数模式下产生双边对称PWM波

图 7.11　利用动作限定子模块产生的不同 PWM 波

### 2. 动作限定事件优先级

动作限定子模块可以同时接收多个触发事件，并为其分配优先级。一般情况下，在时间上后到来的事件具有较高的优先级，并且软件强制事件具有最高的优先级。表 7.4 给出了递增/递减计数模式下事件的优先级，其中，“1”代表最高优先级，“6”代表最低优先级。

表7.4　递增/递减计数模式下事件的优先级

| 优先级 | 如果 TBCTR 递增<br>TBCTR=0 递增到 TBCTR=TBPRD | 如果 TBCTR 递减<br>TBCTR= TBPRD 递减到 TBCTR=1 |
|---|---|---|
| 1（高） | 软件强制事件 | 软件强制事件 |
| 2 | 递增计数（CBU），计数器的值等于 CMPB | 递减计数（CBD），计数器的值等于 CMPB |
| 3 | 递增计数（CAU），计数器的值等于 CMPA | 递减计数（CAD），计数器的值等于 CMPB |
| 4 | 计数器的值等于零 | 计数器的值等于周期值（TBPRD） |
| 5 | 递减计数（CBD），计数器的值等于 CMPB | 递增计数（CBU），计数器的值等于 CMPB |
| 6（低） | 递减计数（CAD），计数器的值等于 CMPA | 递增计数（CAU），计数器的值等于 CMPA |

表7.5和表7.6分别给出了递增和递减计数模式下事件的优先级。

表7.5　递增计数模式下事件的优先级

| 优　先　级 | 事　　件 |
|---|---|
| 1（高） | 软件强制事件 |
| 2 | 计数器的值等于 TBPRD |
| 3 | 计数器的值等于 CMPB（CBU） |
| 4 | 计数器的值等于 CMPA（CAU） |
| 5（低） | 计数器的值等于零 |

表7.6　递减计数模式下事件的优先级

| 优　先　级 | 事　　件 |
|---|---|
| 1（高） | 软件强制事件 |
| 2 | 计数器的值等于零 |
| 3 | 计数器的值等于 CMPB（CBD） |
| 4 | 计数器的值等于 CMPA（CAD） |
| 5（低） | 计数器的值等于 TBPRD |

### 3. 动作限定子模块相关寄存器

动作限定子模块相关寄存器包括两个动作限定控制寄存器（AQCTLA 和 AQCTLB）、软件强制寄存器（AQSFRC）和软件连续强制寄存器（AQCSFRC）。

AQCTLA/AQCTLB 寄存器如图7.12所示。

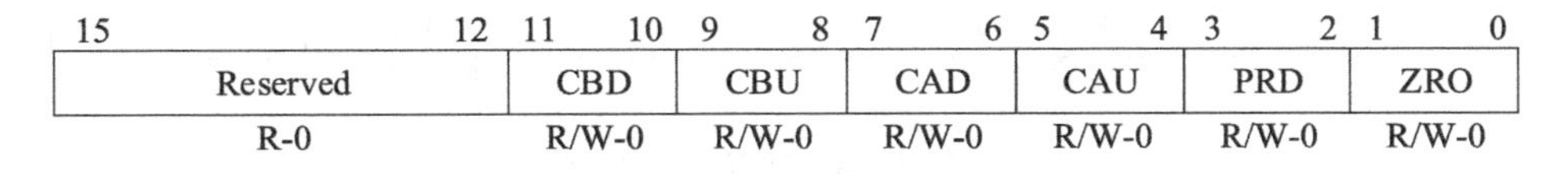


图7.12　AQCTLA/AQCTLB 寄存器

AQCTLA/AQCTLB 寄存器的位定义如表7.7所示。

表 7.7　AQCTLA/AQCTLB 寄存器的位定义

| 位　号 | 名　称 | 说　明 |
|---|---|---|
| 15～12 | Reserved | 保留 |
| 11～10 | CBD | 在递减计数过程中，CTR=CMPB 控制位。00 表示无动作；01 表示拉低；10 表示置高；11 表示翻转 |
| 9～8 | CBU | 在递增计数过程中，CTR=CMPB 控制位。配置与 CBD 位相同 |
| 7～6 | CAD | 在递减计数过程中，CTR=CMPA 控制位。配置与 CBD 位相同 |
| 5～4 | CAU | 在递增计数过程中，CTR=CMPA 控制位。配置与 CBD 位相同 |
| 3～2 | PRD | 在周期匹配事件发生时，CTR=PRD 控制位。配置与 CBD 位相同 |
| 1～0 | ZRO | 在下溢事件发生时，CTR=ZERO 控制位。配置与 CBD 位相同 |

AQSFRC 寄存器如图 7.13 所示。

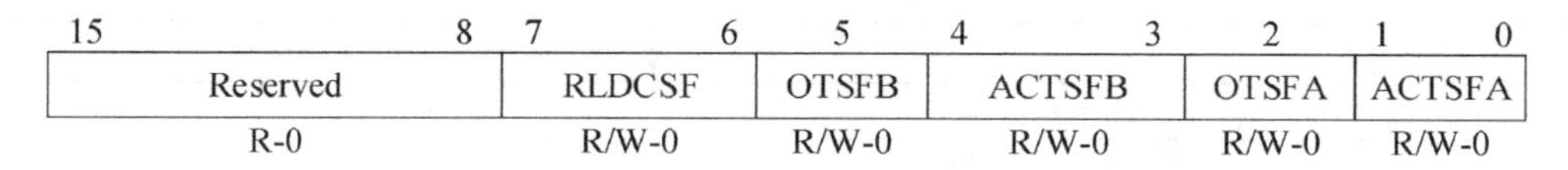


图 7.13　AQSFRC 寄存器

AQSFRC 寄存器的位定义如表 7.8 所示。

表 7.8　AQSFRC 寄存器的位定义

| 位　号 | 名　称 | 说　明 |
|---|---|---|
| 15～8 | Reserved | 保留 |
| 7～6 | RLDCSF | 动作寄存器 AQSFRC 从映射寄存器加载方式位。00 表示 CTR=0 时加载；01 表示 CTR=PRD 时加载；10 表示 CTR=0 或 CTR=PRD 时加载；11 表示直接加载（不使用映射寄存器） |
| 5 | OTSFB | 对 EPWMxB 进行一次软件强制事件位。0 表示无动作；1 表示触发一次软件强制事件 |
| 4～3 | ACTSFB | 当一次软件强制事件发生时，EPWMxB 输出状态位。00 表示无动作；01 表示拉低；10 表示置高；11 表示翻转 |
| 2 | OTSFA | 对 EPWMxB 进行一次软件强制事件位。配置与 OTSFB 位相同 |
| 1～0 | ACTSFA | 当一次软件强制事件发生时，EPWMxA 输出状态位。配置与 ACTSFB 位相同 |

AQCSFRC 寄存器如图 7.14 所示。

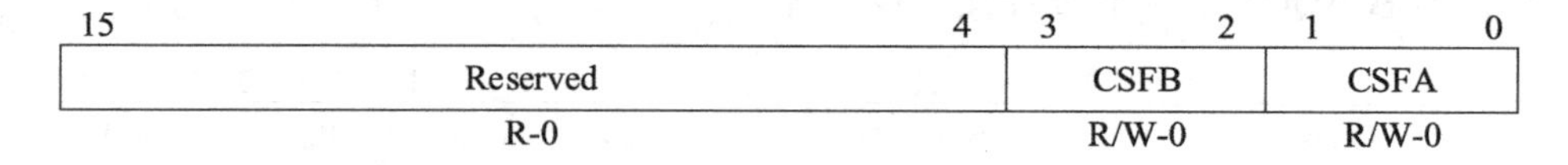


图 7.14　AQCSFRC 寄存器

AQCSFRC 寄存器的位定义如表 7.9 所示。

表 7.9　AQCSFRC 寄存器的位定义

| 位　　号 | 名　　称 | 说　　明 |
|---|---|---|
| 15～4 | Reserved | 保留 |
| 3～2 | CSFB | 对 EPWMxB 输出进行连续软件强制事件位。00 表示无动作；01 表示连续拉低；10 表示连续置高；11 表示禁用软件强制 |
| 1～0 | CSFA | 对 EPWMxA 输出进行连续软件强制事件位。00 表示无动作；01 表示连续拉低；10 表示连续置高；11 表示禁用软件强制 |

## 四、死区控制子模块

### 1. 死区控制子模块应用意义

随着电力电子技术的不断发展，功率开关器件如 IGBT、MOSFET 等广泛用于 PWM 变换电路中。每个功率开关器件在开通和关断时，为了避免同一桥臂中的两个功率开关器件直通而造成电源短路，需要通过在功率开关器件动作期间插入死区时间来实现时间延迟。

图 7.15 为典型三相桥式逆变电路。其中，开关管($V_1$,$V_4$)、($V_3$,$V_6$)和($V_2$,$V_5$)一般都是由调制电路产生的两两互补的 PWM 信号驱动的。由于功率开关器件开通和关断均需要一定时间，而且关断时间普遍大于开通时间，因此一旦同一桥臂的上管 $V_1$ 尚未关断，而下管 $V_4$ 已触发导通，就会造成电源短路。在对于同一桥臂上的两个开关管，有必要在开关管切换导通瞬间插入一段死区时间，以确保一个开关管可靠截止之后，另一个开关管再开始开通。

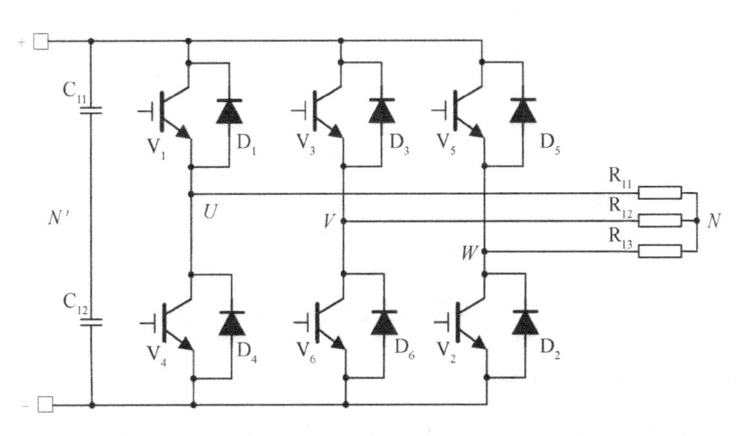


图 7.15　典型三相桥式逆变电路

### 2. 死区控制子模块工作原理

死区控制子模块的内部结构如图 7.16 所示。死区控制子模块的核心部件为两个 10 位计数器 DBRED 和 DBFED，主要用于对动作限定子模块的输出信号 EPWMxA 和 EPWMxB 进行配置，确定其是否需要将上升沿或下降沿延时、延时时间及输出是否需要进行反向。死区控制寄存器 DBCTL[IN_MODE]位域决定两路 PWM 信号是否经上升沿或下降沿延时；

决定经延时处理后的 PWM 信号是否取反后再输出；决定最终两路 PWM 信号是否经延时输出。在典型死区配置方案下的波形输出如图 7.17 所示。

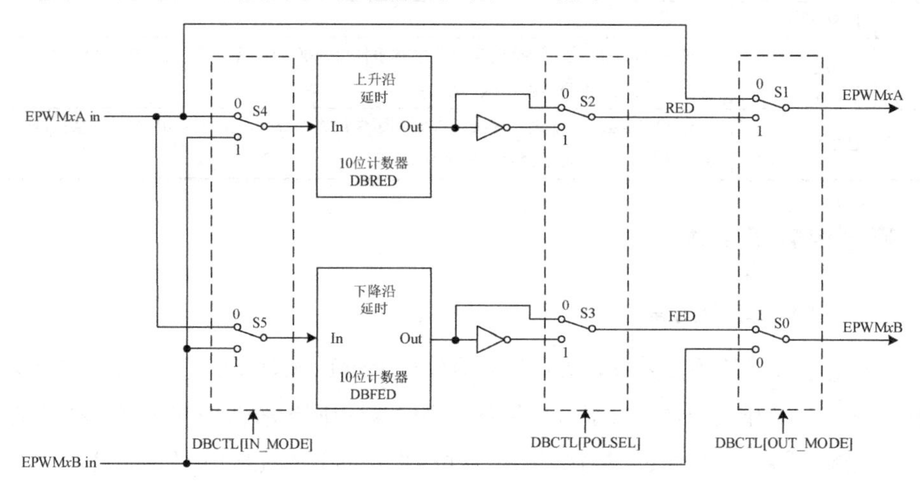


图 7.16　死区控制子模块的内部结构

另外，上升沿和下降沿的延时时间分别由寄存器 DBRED 和 DBFED 控制。边沿延时时间的计算公式分别为 $\text{RED} = \text{DBRED} \times T_{\text{TBCLK}}$，$\text{FED} = \text{DBFED} \times T_{\text{TBCLK}}$。其中，$T_{\text{TBCLK}}$ 为死区控制子模块的时钟周期。

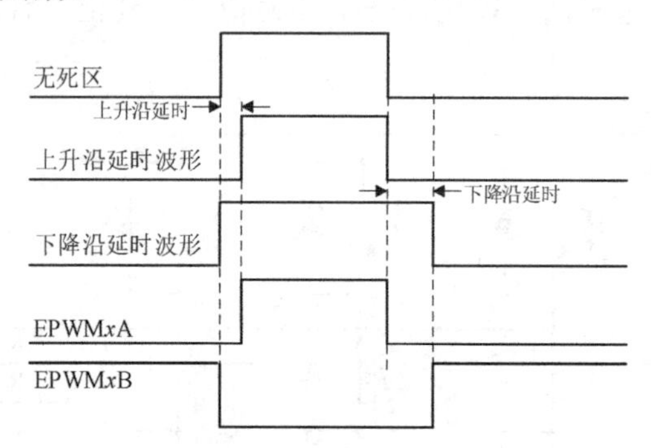


图 7.17　在典型死区配置方案下的波形输出

### 3. 死区控制子模块相关寄存器

死区控制子模块相关寄存器包括死区控制寄存器（DBCTL）、上升沿延时寄存器（DBRED）和下降沿延时寄存器（DBFED）。

DBCTL 寄存器如图 7.18 所示。

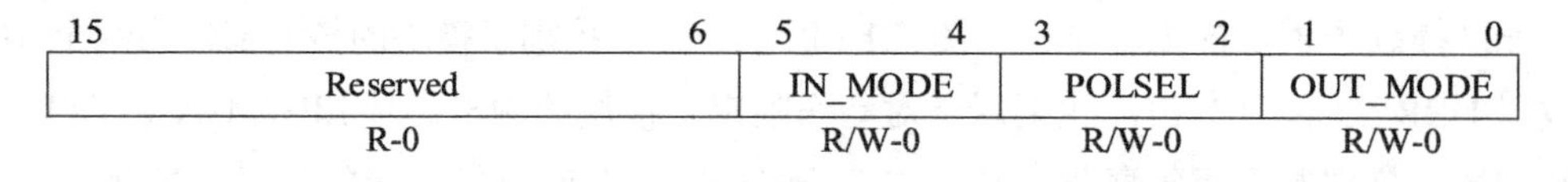

| 15～6 | 5～4 | 3～2 | 1～0 |
| --- | --- | --- | --- |
| Reserved | IN_MODE | POLSEL | OUT_MODE |
| R-0 | R/W-0 | R/W-0 | R/W-0 |

图 7.18　DBCTL 寄存器

其中，当 IN_MODE 位域为“00”时，选择 EPWMxA 作为上升沿及下降沿延时信号源；当 IN_MODE 位域为“01”时，选择 EPWMxB 作为上升沿延时信号源，选择 EPWMxA 作为下降沿延时信号源；当 IN_MODE 位域为“10”时，选择 EPWMxA 作为上升沿延时信号源，选择 EPWMxB 作为下降沿延时信号源；当 IN_MODE 位域为“11”时，选择 EPWMxB 作为上升沿及下降沿延时信号源。

当 POLSEL 位域为“00”时，为高有效模式，EPWMxA 和 EPWMxB 输出均不反向；当 POLSEL 位域为“01”时，为低有效互补模式，仅 EPWMxA 输出反向；当 POLSEL 位域为“10”时，为高有效互补模式，仅 EPWMxB 输出反向；当 POLSEL 位域为“11”时，为低有效模式，EPWMxA 和 EPWMxB 输出均反向。

当 OUT_MODE 位域为“00”时，为死区旁路模式，死区控制子模块不起作用；当 OUT_MODE 位域为“01”时，禁止上升沿延时，动作限定子模块的输出信号 EPWMxA 直接送至 PWM 斩波子模块；当 OUT_MODE 位域为“10”时，禁止下降沿延时，动作限定子模块的输出信号 EPWMxB 直接送至 PWM 斩波子模块；当 OUT_MODE 位域为“11”时，死区完全使能。

## 五、PWM 斩波子模块

PWM 斩波子模块是可选模块，它允许使用高频载波信号对动作限定子模块或死区控制子模块产生的 PWM 信号进行再调制，从而应对某些特殊的工况。例如，基于脉冲变压器驱动的功率开关及 LED 调色温的场合等。PWM 斩波子模块的主要功能包括：可编程载波频率；可编程第一个斩波脉冲的脉冲宽度；可编程第二个或其他脉冲的占空比。PWM 斩波子模块的内部结构如图 7.19 所示。

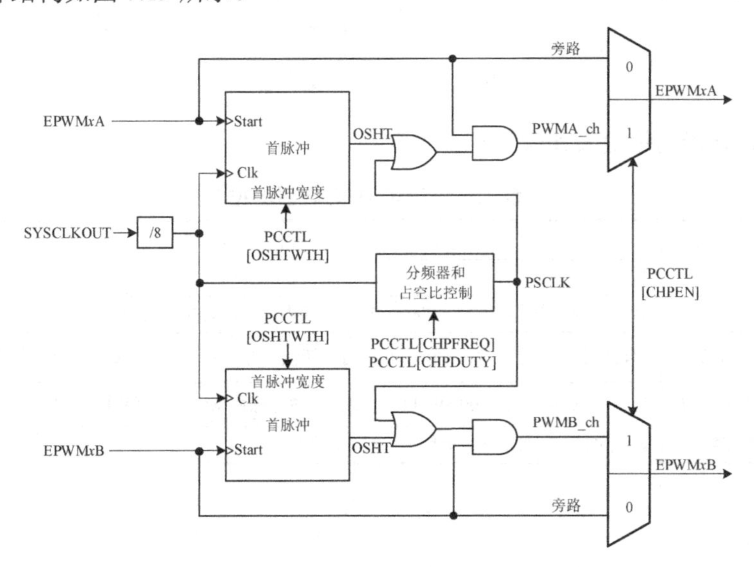


图 7.19　PWM 斩波子模块内部结构

其中，PWM 斩波子模块输出“再调制 PWM 波”的频率和占空比，以及斩波首脉冲宽度等均可以由 PWM 斩波子模块的控制寄存器（PCCTL）编程决定。此外，PWM 斩波子模块的斩波原理如图 7.20 所示。

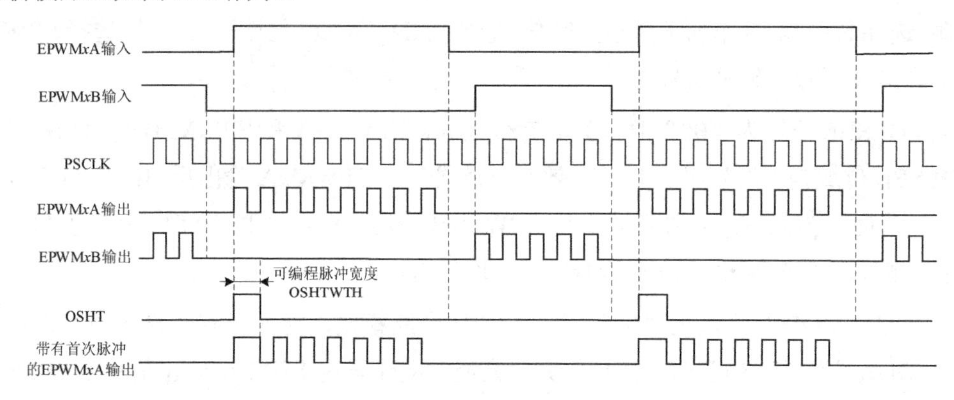


图 7.20　PWM 斩波子模块的斩波原理

死区控制子模块输出的两路带死区延时的 PWM 信号 EPWM*x*A 和 EPWM*x*B，同高频斩波（载波）PSCLK 信号（系统时钟 SYSCLKOUT 信号 8 分频）相与后，得到 EPWM*x*A 和 EPWM*x*B 的斩波信号。为了保证功率开关管的可靠导通，常在此基础上加入首次脉冲调制，将以上输出的 PWM 斩波信号与 OSHT 首脉冲信号相或，之后可以得到带有首脉冲的再调制 PWM 信号。

PWM 斩波子模块的寄存器只有一个，即斩波控制寄存器（PCCTL）。PCCTL 寄存器如图 7.21 所示。

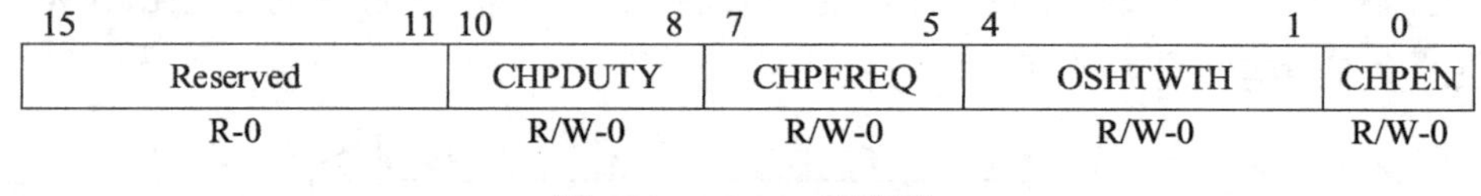


图 7.21　PCCTL 寄存器

PCCTL 寄存器的位定义如表 7.10 所示。

**表 7.10　PCCTL 寄存器的位定义**

| 位　号 | 名　称 | 说　明 |
|---|---|---|
| 15～11 | Reserved | 保留 |
| 10～8 | CHPDUTY | 斩波时钟占空比控制位。000～111，对应占空比=CHPDUTY/8 |
| 7～5 | CHPFREQ | 斩波时钟频率控制位。000～111，对应斩波时钟频率= $f_{\mathrm{SYSCLKOUT}}/\left[8\times(\mathrm{CHPFREQ}+1)\right]$ |
| 4～1 | OSHTWTH | 首脉冲宽度控制位。0000～1111，对应斩波首脉冲宽度= $8\times(\mathrm{OSHTWTH}+1)\times T_{\mathrm{SYSCLKOUT}}$ |
| 0 | CHPEN | 斩波使能控制位。0 表示禁止；1 表示使能 |

## 六、错误控制子模块

TMS320F28335 芯片的每个 ePWM 模块均与 GPIO 多路复用引脚中的 $\overline{\text{TZy}}$（$y$=1,2,…,6）故障控制信号相连，这些信号引脚用来响应外部错误或外部触发条件。当故障发生时，可以通过编程控制 ePWM 模块的错误控制子模块强制输出的两路 PWM 信号 EPWM$x$A 和 EPWM$x$B 为高电平、低电平、高阻态或无响应，以满足系统需求。错误控制子模块的内部结构如图 7.22 所示。

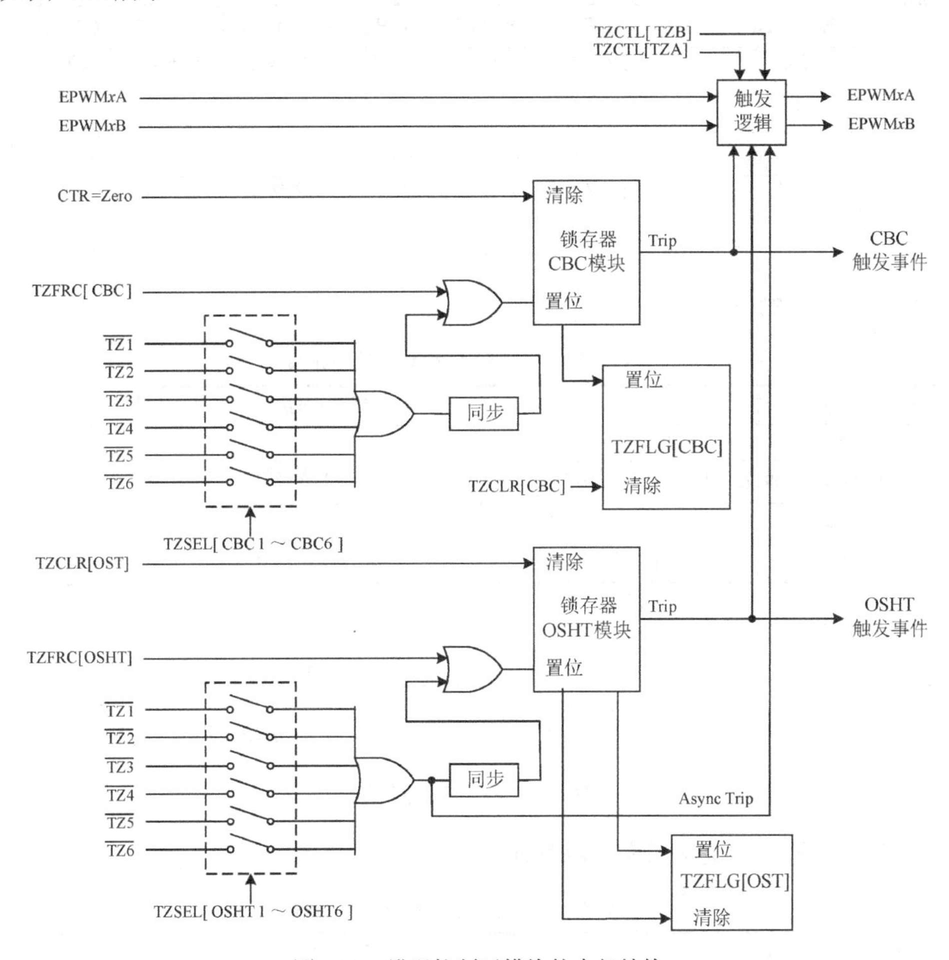


图 7.22　错误控制子模块的内部结构

每个 $\overline{\text{TZy}}$（$y$=1,2,…,6）错误事件均可以触发 ePWM 模块的单次（OSHT）或周期性（CBC）错误事件。具体配置成何种方式由错误选择寄存器（TZSEL）决定。当触发事件发生时，EPWM$x$A 和 EPWM$x$B 的输出立即由错误控制寄存器（TZCTL）设定的状态决定。如果是单次错误触发事件，那么单次触发事件标志位 TZFLG[OST]将被置位，若允许中断，则会产生 EPWM$x$_TZINT 中断，但需要注意的是，单次触发事件，标志位 TZFLG[OST]只能手动清除；如果是周期性错误触发事件，那么周期性触发事件标志位 TZFLG[CBC]将被置位，若允许中断，则会产生相应的 EPWMx_TZINT 中断，但周期性触发事件标志位 TZFLG[CBC]可以自动清零。

错误控制子模块相关寄存器包括错误选择寄存器(TZSEL)、错误控制寄存器(TZCTL)、错误中断使能寄存器（TZEINT）、错误强制寄存器（TZFRC）、错误标志寄存器（TZFLG）和错误清除寄存器（TZCLR）。TZSEL 寄存器如图 7.23 所示。

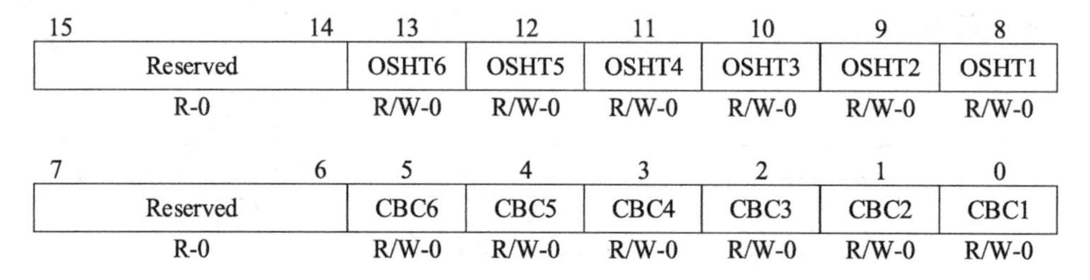


图 7.23　TZSEL 寄存器

TZSEL 寄存器的位定义如表 7.11 所示。

**表 7.11　TZSEL 寄存器的位定义**

| 位　号 | 名　称 | 说　明 |
|---|---|---|
| 15～14 | Reserved | 保留 |
| 13～8 | OSTH6～OSTH1 | $\overline{TZy}$（y=1,2,…,6）单次错误事件控制位。0 表示禁止；1 表示使能 |
| 7～6 | Reserved | 保留 |
| 5～0 | CBC6～CBC1 | $\overline{TZy}$（y=1,2,…,6）周期性错误事件控制位。0 表示禁止；1 表示使能 |

TZCTL 寄存器如图 7.24 所示。

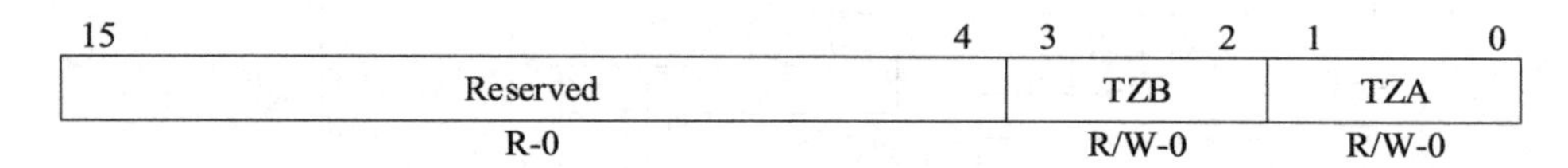


图 7.24　TZCTL 寄存器

TZCTL 寄存器的位定义如表 7.12 所示。

**表 7.12　TZCTL 寄存器的位定义**

| 位　号 | 名　称 | 说　明 |
|---|---|---|
| 15～4 | Reserved | 保留 |
| 3～2 | TZB | 当错误事件发生时，EPWMxB 状态控制位。00 表示高阻态；01 表示置高；10 表示拉低；11 表示无动作 |
| 1～0 | TZA | 当错误事件发生时，EPWMxA 状态控制位。配置与 TZB 位相同 |

TZEINT/ TZFRC 寄存器如图 7.25 所示。

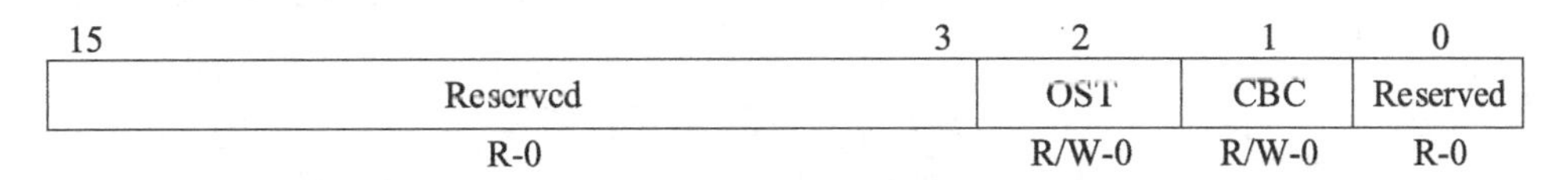


图 7.25　TZEINT/TZFRC 寄存器

在 TZEINT 寄存器中，OST 和 CBC 位分别用于使能单次错误中断和周期性错误中断（0 表示使能；1 表示禁止）。在 TZFRC 寄存器中，OST 和 CBC 位分别用于软件强制产生单次错误中断和周期性错误中断（0 表示无影响；1 表示强制产生相应中断）。

TZFLG/TZCLR 寄存器如图 7.26 所示。

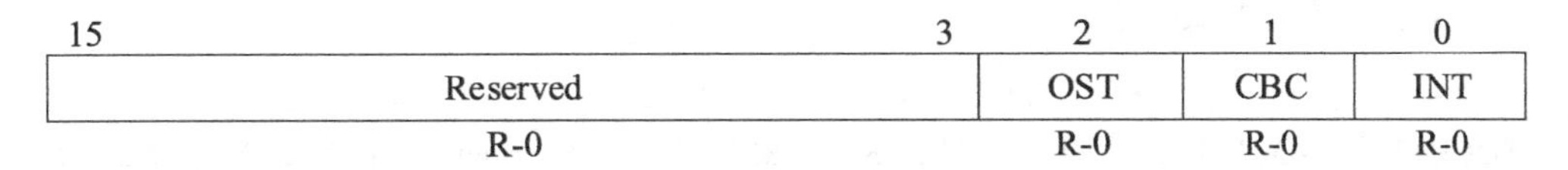


图 7.26　TZFLG/TZCLR 寄存器

在 TZFLG 寄存器中，OST、CBC 和 INT 位分别为单次错误事件、周期性错误事件和 EPWM*x*_INT 中断事件的标志位（0 表示无相应事件；1 表示发生相应事件）。TZCLR 与 TZFLG 寄存器的各位信息一致，当相应位置 1 时，可以清除各标志位。

## 七、事件触发子模块

事件触发子模块用于规定在 4 种匹配事件（CTR=PRD、CTR=ZERO、CTR=CMPA 和 CTR=CMPB）中，哪些可以向 PIE 申请中断（EPWM*x*INT）或作为片内 ADC 启动触发信号（EPWM*x*SOCA 和 EPWM*x*SOCB），以及多少个事件（1～3）中断或触发 ADC 一次。事件触发子模块结构框图如图 7.27 所示。

每个 ePWM 模块均有一个中断请求线 EPWM*x*INT*n* 连接到 PIE，两个 ADC 启动触发信号 EPWM*x*SOCA 和 EPWM*x*SOCB 与 ADC 模块相连。值得注意的是，所有 ePWM 模块的 ADC 启动触发信号是在一起做或运算后连接到 ADC 单元的，因此当两个以上的 ADC 转换请求同时发生时，只有一路能被识别。

其中，触发事件的选择由事件触发选择寄存器（ETSEL）控制；多少次事件中断或触发一次由事件触发预定标寄存器（ETPS）控制；在中断或 ADC 触发事件发生后，事件触发标志寄存器（ETFLG）的相应标志位，并可以由事件触发清除寄存器（ETCLR）进行清除。另外，还可以通过设置事件触发强制寄存器（ETFRC）来强制产生中断或 ADC 触发事件。

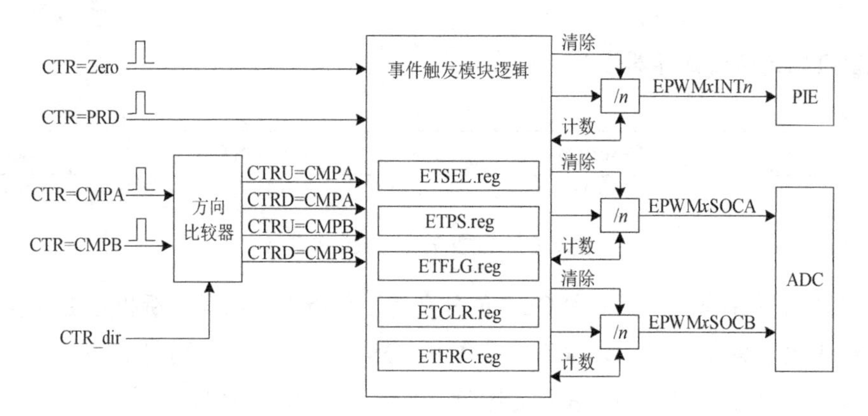


图 7.27　事件触发子模块结构框图

ETSEL 寄存器如图 7.28 所示。

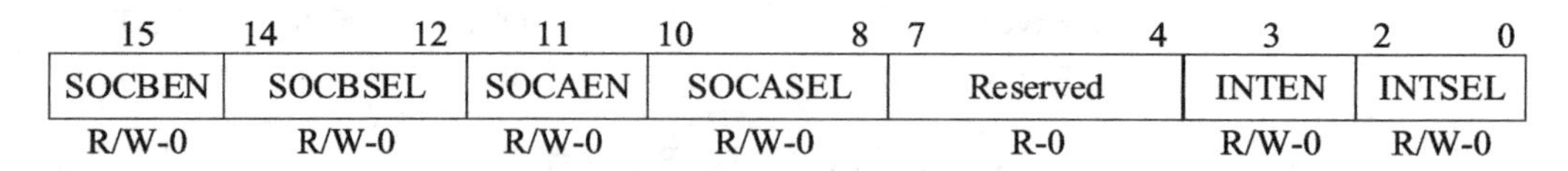

| 15 | 14～12 | 11 | 10～8 | 7～4 | 3 | 2～0 |
|---|---|---|---|---|---|---|
| SOCBEN | SOCBSEL | SOCAEN | SOCASEL | Reserved | INTEN | INTSEL |
| R/W-0 | R/W-0 | R/W-0 | R/W-0 | R-0 | R/W-0 | R/W-0 |

图 7.28　ETSEL 寄存器

ETSEL 寄存器的位定义如表 7.13 所示。

**表 7.13　ETSEL 寄存器的位定义**

| 位　号 | 名　称 | 说　明 |
|---|---|---|
| 15 | SOCBEN | ADC 触发信号 EPWMxSOCB 控制位。0 表示禁止；1 表示使能 |
| 14～12 | SOCBSEL | EPWMxSOCB 触发事件位。000 和 011 保留。001 表示 CTR=ZERO；010 表示 CTR=PRD；100 表示 CTR=CMPA，且沿计数方向递增；101 表示 CTR=CMPA，且沿计数方向递减；110 表示 CTR=CMPB，且沿计数方向递增；111 表示 CTR=CMPB，且沿计数方向递减 |
| 11 | SOCAEN | ADC 触发信号 EPWMxSOCA 控制位。配置与 SOCBEN 位相同 |
| 10～8 | SOCASEL | EPWMxSOCA 触发事件位。配置同 SOCASEL 位 |
| 7～4 | Reserved | 保留 |
| 3 | INTEN | EPWMxINT 中断信号使能位。0 表示禁止；1 表示使能 |
| 2～0 | INTSEL | EPWMxINT 中断触发事件位，配置与 SOCBSEL 位相同 |

ETPS 寄存器如图 7.29 所示。

| 15～14 | 13～12 | 11～10 | 9～8 | 7～4 | 3～2 | 1～0 |
|---|---|---|---|---|---|---|
| SOCBCNT | SOCBPRD | SOCACNT | SOCAPRD | Reserved | INTCNT | INTPRD |
| R-0 | R/W-0 | R-0 | R/W-0 | R-0 | R-0 | R/W-0 |

图 7.29　ETPS 寄存器

ETPS 寄存器的位定义如表 7.14 所示。

表 7.14 ETPS 寄存器的位定义

| 位 号 | 名 称 | 说 明 |
| --- | --- | --- |
| 15～14 | SOCBCNT | EPWMxSOCB 触发事件计数位。00～11 分别对应 0～3 次 |
| 13～12 | SOCBPRD | EPWMxSOCB 触发事件周期位。00 表示禁用事件计数器；01、10、11 分别对应与 1～3 次事件启动 EPWMxSOCB 信号 |
| 11～10 | SOCACNT | EPWMxSOCA 触发事件计数位。配置与 SOCBCNT 位相同 |
| 9～8 | SOCAPRD | EPWMxSOCA 触发事件周期位。配置与 SOCBPRD 位相同 |
| 7～4 | Reserved | 保留 |
| 3～2 | INTCNT | EPWMxINT 中断信号计数位。配置与 SOCBCNT 位相同 |
| 1～0 | INTPRD | EPWMxINT 中断信号周期位。配置与 SOCBPRD 位相同 |

ETFLG/ETCLR/ETFRC 寄存器如图 7.30 所示。

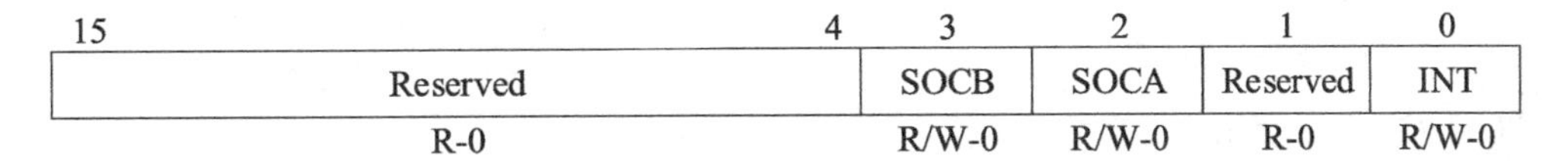


图 7.30 ETFLG/ETCLR/ETFRC 寄存器

ETFLG/ETCLR/ETFRC 寄存器的位定义如表 7.15 所示。

表 7.15 ETFLG/ETCLR/ETFRC 寄存器的位定义

| 位 号 | 名 称 | 说 明 |
| --- | --- | --- |
| 15～4 | Reserved | 保留 |
| 3 | SOCB | EPWMxSOCB 触发事件标志位/清除位/软件强制位。0 表示未发生/无动作/无动作；1 表示发生/清除/强制触发 |
| 2 | SOCA | EPWMxSOCA 触发事件标志位/清除位/软件强制位。0 表示未发生/无动作/无动作；1 表示发生/清除/强制触发 |
| 1 | Reserved | 保留 |
| 0 | INT | EPWMxINT 中断标志位/清除位/软件强制位。0 表示未发生/无动作/无动作；1 表示发生/清除/强制触发 |

## 7.1.3 ePWM 模块应用实例

### 1. 功能介绍

使用 ePWM1 模块产生两路固定占空比的 PWM 脉冲信号（ePWM1A 和 ePWM1B），其工作于递增/递减计数模式下，输出为高电平有效并带死区控制。在具体设计中，设定输出 PWM 脉冲频率为 10kHz，占空比为 40%，死区时间为 4μs。

### 2. 具体实现

（1）系统初始化。

```
void InitSysCtrl(void)
```

```
    {
      Uint16 i;
      EALLOW;                         // 禁止看门狗定时器
      SysCtrlRegs.WDCR= 0x0068;       // 初始化 PLL 模块
      SysCtrlRegs.PLLCR = 0xA;        // 外部晶振为 30M 时，SYSCLKOUT=30×10/2=150MHz
      for(i= 0; i< 5000; i++){ }      // 延时，使 PLL 模块能够完成初始化操作
      // 设置高速外设时钟 HSPCLK 和低速外设时钟 LSPCLK
      SysCtrlRegs.HISPCP.all = 0x0001;            // HSPCLK=150/2=75MHz
      SysCtrlRegs.LOSPCP.all = 0x0002;            // LSPCLK=150/4=37.5MHz
      // 对工程中使用到的外设进行时钟使能
      SysCtrlRegs.PCLKCR1.bit.EPWM1ENCLK = 1;  // 使能 ePWM1 通道时钟
      SysCtrlRegs.PCLKCR0.bit.TBCLKSYNC = 1;   // 使能 TBCLK 时钟
      EDIS;
    }
```

（2）GPIO 初始化。

```
void InitEPwm1Gpio( )
    {
      EALLOW;
      GpioCtrlRegs.GPAPUD.bit.GPIO0 = 0;          // 使能 GPIO0(EPWM1A)上拉
      GpioCtrlRegs.GPAPUD.bit.GPIO1 = 0;          // 使能 GPIO1(EPWM1B) 上拉
      GpioCtrlRegs.GPAMUX1.bit.GPIO0 = 1;         // 配置 GPIO0 为 EPWM1A
      GpioCtrlRegs.GPAMUX1.bit.GPIO1 = 1;         // 配置 GPIO1 为 EPWM1B
      EDIS;
    }
```

（3）ePWM 模块初始化。

```
void InitEPwm1 ( )
    {
      EPwm1Regs.TBPRD =1875;                      // 设置 PWM 周期=3750×TBCLK 周期
      EPwm1Regs.TBPHS.half.TBPHS = 0x0000;        // 清零相位寄存器
      EPwm1Regs.TBCTR = 0x0000;                   // 清除计数器
                                                  // 设置 TBCLK
      EPwm1Regs.TBCTL.bit.CTRMODE = TB_COUNT_UPDOWN;     // 递增/递减计数模式
      EPwm1Regs.TBCTL.bit.PHSEN = TB_DISABLE;            // 禁止相位装载
      EPwm1Regs.TBCTL.bit.HSPCLKDIV = 0x1;           // 2 分频
      EPwm1Regs.TBCTL.bit.CLKDIV = 0x1;              // 2 分频 TBCLK=4×SYSCLKOUT
                                                     // 设置装载模式
      EPwm1Regs.CMPCTL.bit.SHDWAMODE = CC_SHADOW;
      EPwm1Regs.CMPCTL.bit.SHDWBMODE = CC_SHADOW;
      EPwm1Regs.CMPCTL.bit.LOADAMODE = CC_CTR_ZERO;      // CTR=0 装载
      EPwm1Regs.CMPCTL.bit.LOADBMODE = CC_CTR_ZERO;      // CTR=0 装载
                                                         // 设置比较值和动作
```

```
    EPwm1Regs.CMPA.half.CMPA = 1125;          // 设置比较值，确定占空比
    EPwm1Regs.AQCTLA.bit.CAU = AQ_SET;        // EPWM1A 在 CAU 时置高
    EPwm1Regs.AQCTLA.bit.CAD = AQ_CLEAR;      // EPWM1A 在 CAD 时拉低
    EPwm1Regs.AQCTLB.bit.CAU = AQ_CLEAR;      // EPWM1B 在 CAU 时拉低
    EPwm1Regs.AQCTLB.bit.CAD = AQ_SET;        // EPWM1B 在 CAD 时置高
                                              // 高电平有效 PWM 波，设置死区时间
    EPwm1Regs.DBCTL.bit.OUT_MODE = DB_FULL_ENABLE;    // 完全允许死区
    EPwm1Regs.DBCTL.bit.POLSEL = DB_ACTV_HIC;         // 输出高电平有效
    EPwm1Regs.DBCTL.bit.IN_MODE = DBA_ALL; // EPWM1A 同时进行 DBRED 和 DBFED 输入
    EPwm1Regs.DBRED = 150;                    // 上升沿延时 150×TTBCLK=4μs
    EPwm1Regs.DBFED = 150;                    // 下降沿延时
  }
```

（4）主函数。

```
void main(void)
  {
     InitSysCtrl( );                          // 初始化系统控制
     InitEPwm1Gpio( );                        // 初始化 GPIO
     DINT;                                    // 禁止可屏蔽中断
     IER=0x0000;                              // 禁止所有 CPU 中断
     IFR=0x0000;                              // 清除所有 CPU 中断标志位
     InitPieCtrl( );                          // 初始化 PIE 控制寄存器
     InitPieVectTable( );                     // 初始化 PIE 中断向量表
     EALLOW;
     SysCtrlRegs.PCLKCR0.bit.TBCLKSYNC = 0; // 使能 TBCLK 时钟
     EDIS;
     EPwm1TimerIntCount = 0;                  // 初始化 ePWM1 计数器
     while(1){ }
  }
```

## 7.1.4　高精度脉宽调制模块

ePWM 模块相当于一个有效脉冲宽度正比于原始信号的数/模转换器（DAC），其有效脉冲宽度是以系统时钟周期为步长进行调整的。由于系统时钟频率一定，因此随着 PWM 开关频率的提高，PWM 的精度必然会下降。其中，PWM 的精度可以表示为

$$\text{PWM精度（\%）}=(f_{\text{PWM}}/f_{\text{SYSCLKOUT}})\times 100\% \tag{7-1}$$

$$\text{PWM精度（位）}=\log_2(T_{\text{PWM}}/T_{\text{SYSCLKOUT}}) \tag{7-2}$$

因此，当要求 PWM 的精度小于 9～10 位时，需要使用高精度脉宽调制（HRPWM）模块来提高脉宽控制精度。TMS320F28335 芯片的每个 ePWM 通道的 EPWM*x*A 均加入了

HRPWM 模块，其使用微边沿位置调整（MEP）技术对原始时钟进行细分，从而实现更精确的时间间隔控制，同时可以应用于单相或多相降压、升压和反激变换器、相移式全桥变换器等高频 PWM 波输出系统。

### 1. HRPWM 的基本原理

HRPWM 模块精度扩展的基本原理如图 7.31 所示。

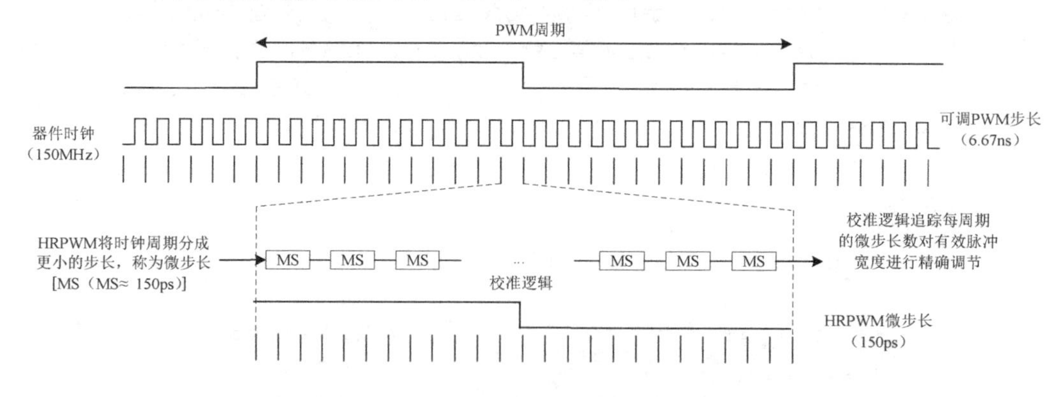


图 7.31　HRPWM 模块精度扩展的基本原理

通过将原始时钟周期分成更小的步长单位，称为微步长（MS）来实现。例如，将原始时钟细分为周期为 150ps 的微步长 MS，然后校准逻辑以微步长为单位对每个 PWM 周期内的有效脉宽进行精确控制，从而提高输出 PWM 波的精度。

其中，HRPWM 模块的边沿位置调整（MEP）是基于两个 8 位的扩展寄存器 TBPHSHR 和 CMPAHR 实现的。TBPHSHR 与时间基准子模块的相位寄存器（TBPHS）共同构成 24 位的相位寄存器；CMPAHR 与计数比较子模块的计数比较寄存器 CMPA 共同构成 24 位的比较寄存器。HRPWM 扩展寄存器和存储空间配置如图 7.32 所示。

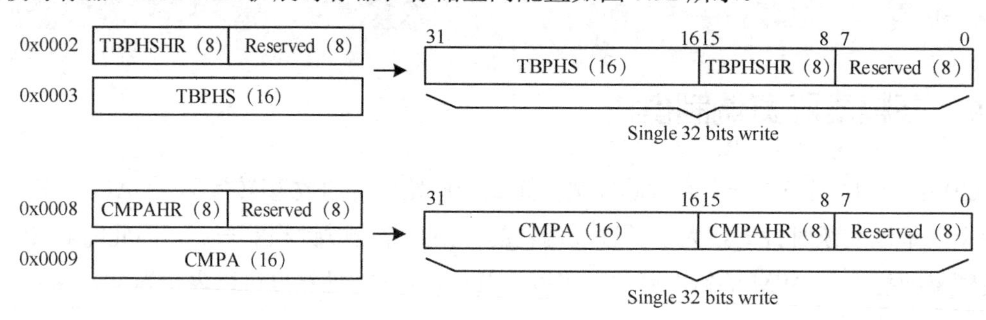


图 7.32　HRPWM 扩展寄存器和存储空间配置

### 2. 相关寄存器

HRPWM 模块的寄存器除时基相位高精度寄存器（TBPHSHR）、计数比较器 A 高精度寄存器（CMPAHR）之外，还有一个配置寄存器（HRCNFG）。HRCNFG 寄存器如图 7.33

所示。

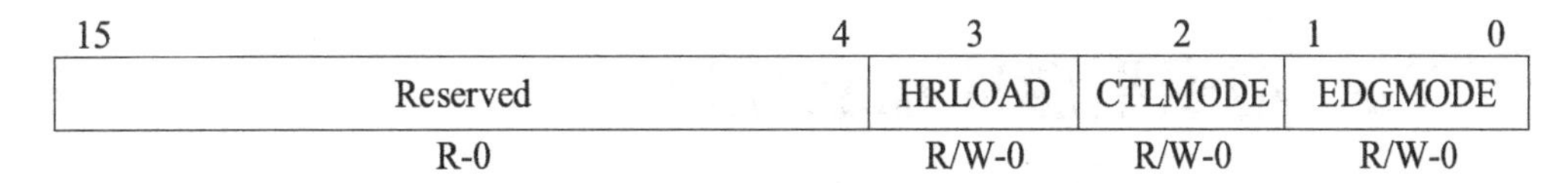


图 7.33 HRCNFG 寄存器

HRCNFG 寄存器的位定义如表 7.16 所示。

表 7.16 HRCNFG 寄存器的位定义

| 位 号 | 名 称 | 说 明 |
|---|---|---|
| 15～4 | Reserved | 保留 |
| 3 | HRLOAD | CMPAHR 的动作寄存器从映射寄存器加载时刻选择位。0 表示当 CTR=ZERO 时加载；1 表示当 CTR=PRD 时加载 |
| 2 | CTLMODE | 控制 MEP 的寄存器选择位。0 表示 CMPAHR 控制边沿位置；1 表示 TBPHSHR 控制边沿位置 |
| 1～0 | EDGMODE | MEP 逻辑控制的边沿选择位。00 表示禁用 HRPWM；01 表示上升沿控制；10 表示下降沿控制；11 表示双沿控制 |

### 3. 具体配置

通过设置标准和微步长寄存器，可以实现边沿位置的精确时间控制。下面简要介绍在实际应用中，如何根据需求计算写入 CMPA 和 CMPAHR 寄存器的值。

假设系统时钟（SYSCLKOUT）的频率为 150MHz，其能够调整的微步长为 150ps，若需要产生频率为 1.5MHz、占空比为 40.5%的 PWM 波，并保证 CMPAHR 寄存器的值在 1～255 范围内，所需的默认值为 1.5（0x0180，Q8 格式）0180h，则计算步骤如下。

1）计算 CMPA 寄存器的值

每个 PWM 周期包含的系统时钟周期数为 $N = T_{\mathrm{PWM}} / T_{\mathrm{SYSCLKOUT}} = 100$，则有效脉冲中包含的系统时钟周期数为 $D = N \times 40.5\% = 40.5$，因此，CMPA 寄存器的值=$\mathrm{int}(D) = 40$。其中，int()为取整函数。

2）计算 CMPAHR 寄存器的值

实现每个系统时钟周期所需的步数为

$$\mathrm{MEP\_SF} = \frac{T_{\mathrm{SYSCLKOUT}}}{\mathrm{MS}} = \frac{1/\left(150\times10^{6}\right)}{150\times10^{-12}} \approx 44 \tag{7-3}$$

则 CMPAHR 寄存器的值为

$$\begin{aligned}\mathrm{CHPAHR} &= \left[\mathrm{frac}(D)\times \mathrm{MEP\_SF}\right] << 8 + 0180\mathrm{h} \\ &= \left[\mathrm{frac}(40.5)\times 44\right] << 8 + 0180\mathrm{h} = 1780\mathrm{h}\end{aligned} \tag{7-4}$$

式中，frac()为取小数函数。

# 7.2 增强型脉冲捕获模块

脉冲量是数字控制系统中最常见的一类输入量。TI 公司的 TMS320F28335 芯片专门设置了增强型脉冲捕获模块（eCAP）来对脉冲信号进行相关控制。

## 7.2.1 eCAP 模块概述

TMS320F28335 芯片中 eCAP 模块的连接方式如图 7.34 所示。TMS320F28335 芯片的 eCAP 模块有 6 个独立的 eCAP 通道（eCAP1～eCAP6），每个通道均具有两种工作模式：捕获模式和 APWM 模式。

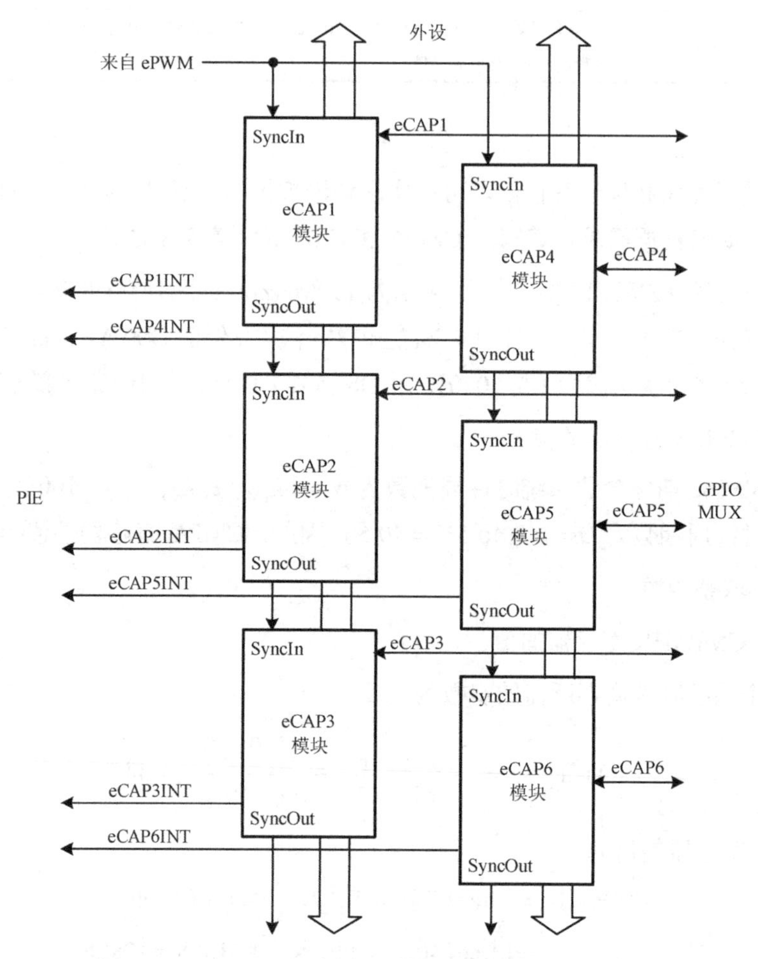


图 7.34　TMS320F28335 芯片中 eCAP 模块的连接方式

在捕获模式下，eCAP 通道可以检测到外部 eCAP 引脚上发生的电平跳变，并记录跳变的时刻。该功能广泛应用于电机转速测量、位置传感器脉冲间的时间间隔测量、脉冲信号周期及占空比测量等。由于 eCAP 模块对跳变的捕获不需要 CPU 的干预，因此其可以检测到两次间隔时间极短的跳变，也可以进行高精度的低速估计。在 APWM 模式下，每个 eCAP 通道均可以构成一个单通道 PWM 脉冲信号发生器。

## 7.2.2 捕获模式

捕获模式下的单个 eCAP 通道结构如图 7.35 所示。

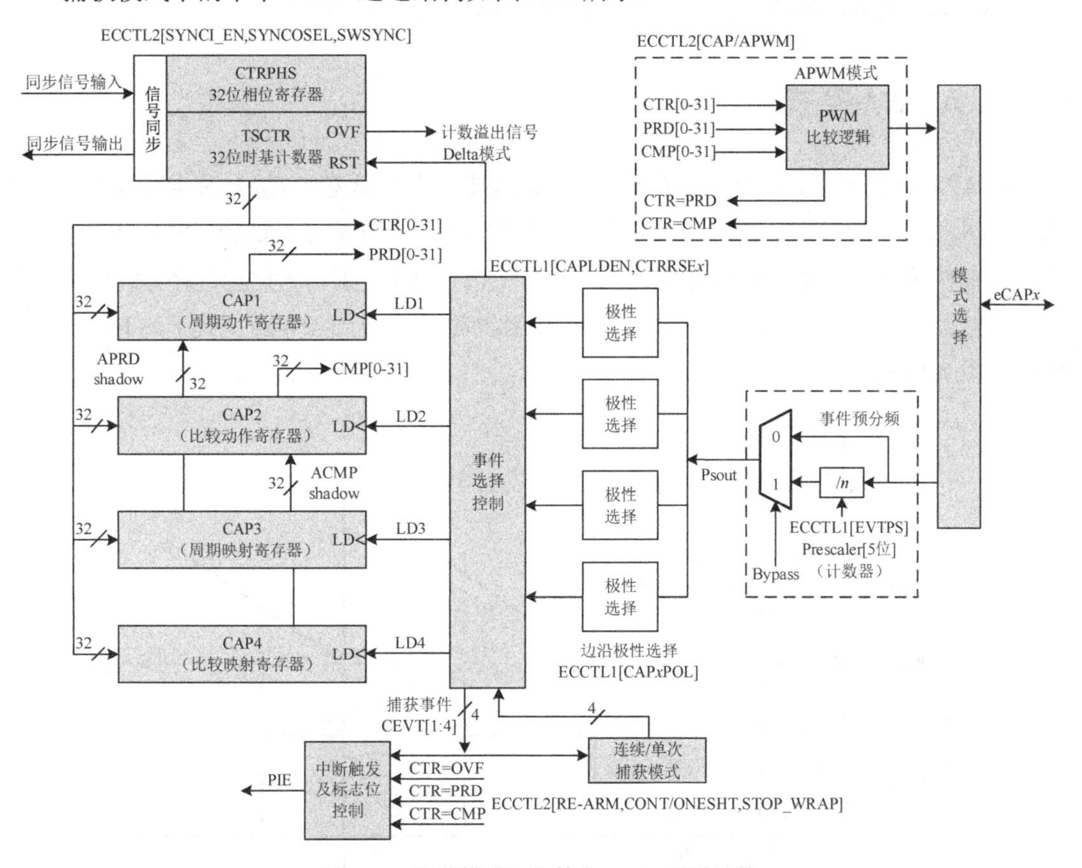


图 7.35　捕获模式下的单个 eCAP 通道结构

每个 eCAP 通道均可以连续检测外部 eCAPx（x=1,2,⋯,6）引脚上发生的 4 次预设跳变，并将跳变时刻 TSCTR 的值分别锁存在 CAP1～CAP4 中。其中，4 次预设跳变的极性（上升沿或下降沿）分别由控制寄存器 ECCTL1[CAPxPOL]（x 表示连续 4 个跳变事件 CEVT1～CEVT4）位域独立控制；TSCTR 以系统时钟 SYSCLKOUT 为基准递增计数，从而为跳变捕获事件提供基准时钟；CTRPHS 寄存器可以实现 eCAP 通道间计数器的同步（硬件或软件方式）。同时，若待检测信号跳变频率过高，则可以用事件预分频单元对其进行分频，从而提升高速脉冲的检测精度。

捕获模式可以分为连续捕获和单次捕获两种方式。在连续捕获时，模 4 计数器以捕获事件 CEVT1～CEVT4 为时钟，按照 0→1→2→3→0 的状态循环计数，其状态经译码后分别作为 CAP1～CAP4 的锁存控制信号 LD1～LD4，从而控制 CAP1～CAP4 在捕获事件发生时，分别锁存 TSCTR 的值，以实现跳变事件的连续循环捕获；在单次捕获时，模 4 计数器计数值与 2 位的停止寄存器（控制寄存器 ECCTL2[STOP_WRAP]位域）的设定值进行比较，如果相等，那么停止模 4 计数器计数，并冻结 CAP1～CAP4 的值（禁止继续锁存）。然后，模 4 计数器的状态和 CAP1～CAP4 记录的时基值一直保持，除非通过软件向控制寄存器 ECCTL2 的 RE_RAM 位写 1，再次进行单次强制。

## 7.2.3 APWM 模式

在 APWM 模式下，每个 eCAP 通道均可以构成一个单通道 PWM 脉冲信号发生器。在该模式下，32 位的时基计数器（TSCTR）工作在递增计数模式下，CAP1 和 CAP3 分别作为周期寄存器的动作寄存器和映射寄存器；CAP2 和 CAP4 分别作为比较寄存器的动作寄存器和映射寄存器；外部 eCAP*x* 引脚作为 PWM 脉冲输出引脚。APWM 模式下的 PWM 脉冲波形如图 7.36 所示。

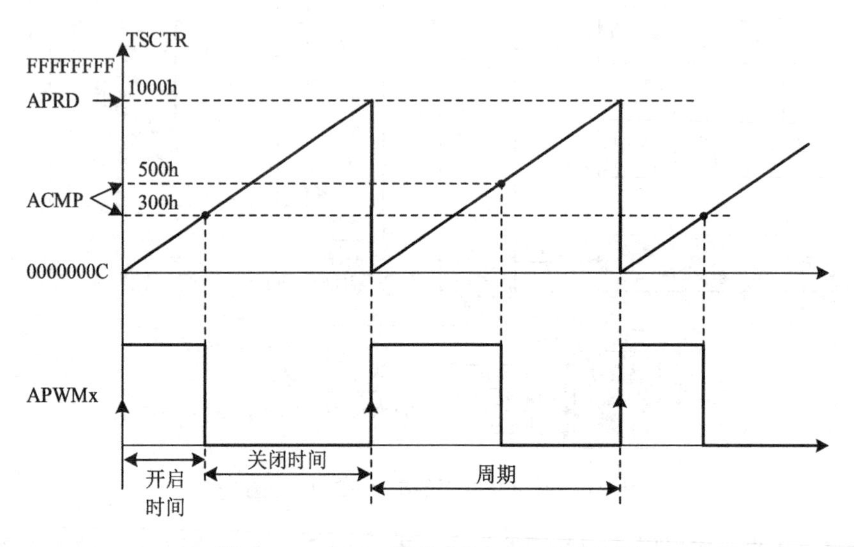


图 7.36　APWM 模式下的 PWM 脉冲波形

此时，APWM 运行在高有效模式下（APWMPOL=0）。当 TSCTR =CAP1，即发生周期匹配（CTR=PRD）时，外部 eCAP*x* 引脚输出高有效电平；当 TSCTR =CAP2，即发生比较匹配（CTR=CMP）时，外部 eCAP*x* 引脚跳变成无效电平。因此，通过调整周期寄存器 CAP1 和比较寄存器 CAP2 的值，可以改变输出 PWM 脉冲波的周期及占空比。

若各 eCAP 通道之间需要相位偏差，则可以事先在各通道的相位寄存器（CTRPHS）中装入所需的相位偏差值，然后通过硬件（外部同步事件 SYNCI）或软件（控制寄存器 ECCTL2 的 SWSYNC 位）方式实现各通道 TSCTR 的同步。此外，各 eCAP 通道也可以选择同步输入信号或周期匹配事件（CTR=PRD）作为同步输出信号，以控制其他 eCAP 通道的同步。

## 7.2.4 eCAP 中断控制

每个 eCAP 通道在捕获模式下的 4 种捕获事件 CEVT1～CEVT4、计数器溢出事件 CTR_OVF，以及 APWM 模式下的周期匹配事件（CTR=PRD）、比较匹配事件（CTR=CMP），均可以向 PIE 模块发出中断请求。

各中断事件的使能由中断使能寄存器（ECEINT）控制。任何一个中断事件发生，均会置位中断标志寄存器（ECFLG）中的相应标志位，且 ECFLG 寄存器中还包含一个全局中断标志位 INT。只有当某中断事件使能、相应标志位置 1 且全局标志位 INT 为 0 时，才能向 PIE 申请 ECAP*x*INT 中断。另外，也可以通过向中断强制寄存器（ECFRC）中的相应位写 1，来软件强制某中断事件的发生。

## 7.2.5 eCAP 模块的寄存器

eCAP 模块的寄存器包括 TSCTR 寄存器、CTRPHS 寄存器、CAP1 寄存器、CAP2 寄存器、CAP3 寄存器、CAP4 寄存器、ECCTL1 和 ECCTL2 寄存器、ECEINT 寄存器、ECFLG 寄存器、ECCLR 寄存器及 ECFRC 寄存器。

6 个数据类寄存器（TSCTR、CTRPHS、CAP1～CAP4）均为 32 位。TSCTR 用于捕获时间基准；CTRPHS 寄存器用于控制多个 eCAP 通道之间的同步，在外部同步事件 SYNCI 或软件强制同步 S/W 时，CTRPHS 寄存器的值装载到 TSCTR 中；CAP1～CAP4 寄存器在捕获事件时装载 TSCTR 的值，在 APWM 模式下，其分别作为周期动作寄存器、比较动作寄存器、周期映射寄存器和比较映射寄存器。

ECCTL1 寄存器如图 7.37 所示。

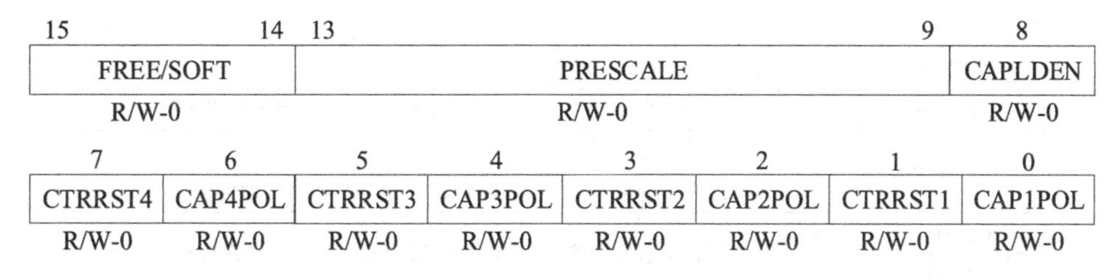


图 7.37　ECCTL1 寄存器

ECCTL1 寄存器的位定义如表 7.17 所示。

表 7.17 ECCTL1 寄存器的位定义

| 位 号 | 名 称 | 说 明 |
|---|---|---|
| 15～14 | FREE/SOFT | 仿真控制位。00 表示仿真挂起；01 表示 TSCTR 继续计数，至 0 停止；1x 表示自主运行 |
| 13～9 | PRESCALE | 事件预分频控制位。0000 表示不分频；0001～1111（$k$），分频系数为 $2\times k$ |
| 8 | CAPLDEN | 当捕获事件发生时，CAP1～CAP4 装载控制位。0 表示禁止；1 表示使能 |
| 7 | CTRRST4 | 当捕获事件 CEVT4 发生时，计数器复位控制位。0 表示无动作；1 表示复位计数器 |
| 6 | CAP4POL | 捕获事件 CEVT4 输入极性选择位。0 表示上升沿触发；1 表示下降沿触发 |
| 5 | CTRRST3 | 当 CEVT3 发生时，计数器复位控制位。配置与 CTRRST4 位相同 |
| 4 | CAP3POL | CEVT3 输入极性选择位。配置与 CAP4POL 位相同 |
| 3 | CTRRST2 | 当 CEVT2 发生时，计数器复位控制位。配置与 CTRRST4 位相同 |
| 2 | CAP2POL | CEVT2 输入极性选择位。配置与 CAP4POL 位相同 |
| 1 | CTRRST1 | 当 CEVT1 发生时，计数器复位控制位。配置与 CTRRST4 位相同 |
| 0 | CAP1POL | CEVT1 输入极性选择位。配置与 CAP4POL 位相同 |

ECCTL2 寄存器如图 7.38 所示。

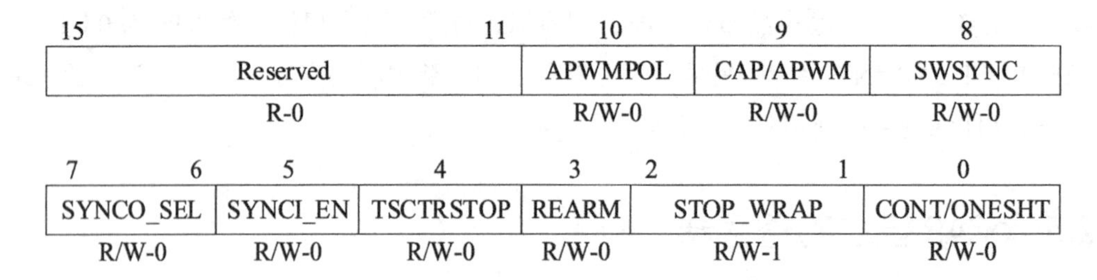


图 7.38 ECCTL2 寄存器

ECCTL2 寄存器的位定义如表 7.18 所示。

表 7.18 ECCTL2 寄存器的位定义

| 位 号 | 名 称 | 说 明 |
|---|---|---|
| 15～11 | Reserved | 保留 |
| 10 | APWMPOL | APWM 输出极性选择位。0 表示高电平有效；1 表示低电平有效 |
| 9 | CAP/APWM | 捕获/APWM 模式选择位。0 表示捕获模式；1 表示 APWM 模式 |
| 8 | SWSYNC | 软件强制计数同步控制位。0 表示无影响；1 表示强制产生一次同步事件 |
| 7～6 | SYNCO_SEL | 同步输出源选择位。00 表示同步输入 SYNC_IN；01 表示选择同期匹配事件 CTR=PRD；1x 表示禁止同步信号输出 |
| 5 | SYNCI_IN | TSCTR 同步使能位。0 表示无影响；1 表示当外部同步信号输入或软件强制事件发生时，产生一次软件同步脉冲 |
| 4 | TSCTRSTOP | TSCTR 控制位。0 表示计数停止；1 表示运行 |
| 3 | REARM | 单次捕获模式重启控制位。0 表示无影响；1 表示重启单次捕获 |
| 2-1 | STOP_WRAP | 单次捕获模式停止控制位。<br>00～11 表示分别对应捕获事件 CEVT1～CEVT4 发生时停止 |
| 0 | CONT/<br>ONESHT | 连续/单次捕获模式控制位。0 表示连续模式；1 表示单次模式 |

ECEINT/ECFRC 寄存器如图 7.39 所示。

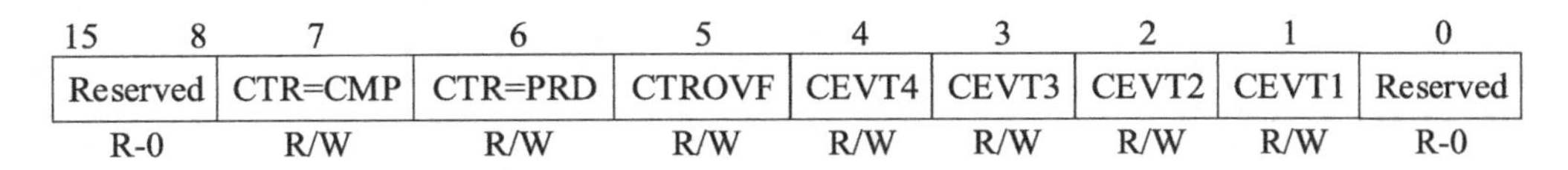

| 15　8 | 7 | 6 | 5 | 4 | 3 | 2 | 1 | 0 |
|---|---|---|---|---|---|---|---|---|
| Reserved | CTR=CMP | CTR=PRD | CTROVF | CEVT4 | CEVT3 | CEVT2 | CEVT1 | Reserved |
| R-0 | R/W | R/W | R/W | R/W | R/W | R/W | R/W | R-0 |

图 7.39　ECEINT/ECFRC 寄存器

如图 7.39 所示，ECEINT 寄存器的 D15～D8 位和 D0 位保留；D7～D1 位分别为计数匹配事件（CTR=CMP）、周期匹配事件（CTR=PRD）、计数器溢出标志位（CTROVF）及捕获事件（CEVT4～CEVT1）的中断使能位。将某位置 1，可以使能相应中断。在 ECFRC 寄存器中，将某位置 1，可以软件强制该中断事件的发生。

ECFLG/ECCLR 寄存器如图 7.40 所示。

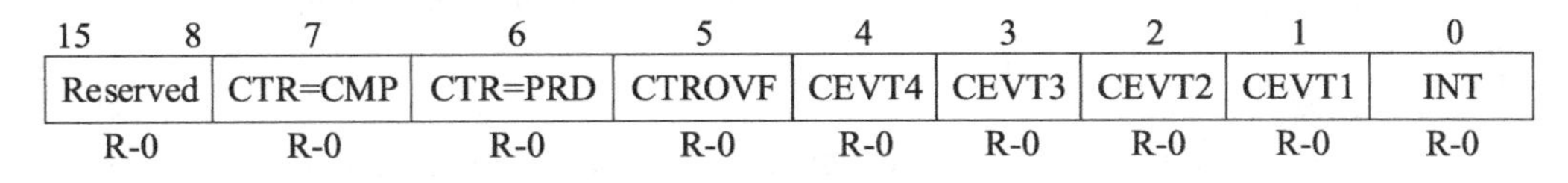

| 15　8 | 7 | 6 | 5 | 4 | 3 | 2 | 1 | 0 |
|---|---|---|---|---|---|---|---|---|
| Reserved | CTR=CMP | CTR=PRD | CTROVF | CEVT4 | CEVT3 | CEVT2 | CEVT1 | INT |
| R-0 | R-0 | R-0 | R-0 | R-0 | R-0 | R-0 | R-0 | R-0 |

图 7.40　ECFLG/ECCLR 寄存器

如图 7.40 所示，ECFLG 寄存器的 D15～D8 位保留；D7～D1 位定义与 ECEINT 寄存器类似，D0 位为全局中断状态标志位。当某一中断事件发生时，对应中断标志位置 1。在 ECCLR 寄存器中，当相应位置 1 时，可以清除对应标志位。

## 7.2.6　eCAP 模块应用实例

### 1. 功能介绍

使用 eCAP1 通道捕获 ePWM3A 输出 PWM 波上升沿与下降沿之间的时间间隔。在具体设计中，ePWM3A 配置为递增计数模式，周期匹配时输出翻转。eCAP1 通道配置为单次绝对时基捕获方式，每次启动捕获 4 个事件：CEVT1 和 CEVT3 捕获下降沿、CEVT2 和 CEVT4 捕获上升沿，捕获 4 个事件后启动中断。

### 2. 具体实现

（1）系统初始化函数与 ePWM 模块类似，此处不再赘述。

（2）GPIO 初始化。

```
void InitEPwm3Gpio( )
   {
    EALLOW;
    GpioCtrlRegs.GPAPUD.bit.GPIO4 = 0;          // 使能 GPIO4(EPWM3A)上拉
    GpioCtrlRegs.GPAPUD.bit.GPIO5 = 0;          // 使能 GPIO5(EPWM3B) 上拉
    GpioCtrlRegs.GPAMUX1.bit.GPIO4 = 1;         // 配置 GPIO4 为 EPWM3A
```

```
    GpioCtrlRegs.GPAMUX1.bit.GPIO5 = 1;       // 配置 GPIO5 为 EPWM3B
    EDIS;
  }
void InitECap1Gpio( )
  {
    EALLOW;
    GpioCtrlRegs.GPAPUD.bit.GPIO24 = 0;       // 使能 GPIO24(CAP1)上拉
    GpioCtrlRegs.GPAQSEL2.bit.GPIO24 = 0;     // 配置 GPIO24(CAP1)与系统时钟同步
    GpioCtrlRegs.GPAMUX2.bit.GPIO24 = 1;      // 配置 GPIO24 为 CAP1
    EDIS;
  }
```

（3）ePWM 模块及 eCAP 模块初始化。

```
void InitEPwmTimer( )                          // ePWM 定时器初始化
  {
    EALLOW;
    SysCtrlRegs.PCLKCR0.bit.TBCLKSYNC = 0;    // Disable TBCLK within the ePWM
    EDIS;
    EPwm3Regs.TBCTL.bit.CTRMODE = TB_COUNT_UP;    // 递增计数模式
    EPwm3Regs.TBPRD = PWM3_TIMER_MIN;             // 周期初始化为最小值
    EPwm3Regs.TBPHS.all = 0x00000000;             // 相位为 0
    EPwm3Regs.AQCTLA.bit.PRD = AQ_TOGGLE;         // 周期匹配时翻转
    EPwm3Regs.TBCTL.bit.HSPCLKDIV = 0x0;
    EPwm3Regs.TBCTL.bit.CLKDIV = 0x0;         // TBCLK=SYSCLKOUT
    EPwm3TimerDirection = EPWM_TIMER_UP;      // 计数方向初始化为增
    EALLOW;
    SysCtrlRegs.PCLKCR0.bit.TBCLKSYNC = 1;    // Enable TBCLK within the ePWM
    EDIS;
  }
void InitECapture( )                          // eCAP 模块初始化
  {
    ECap1Regs.ECEINT.all = 0x0000;            // 禁止捕获中断
    ECap1Regs.ECCLR.all = 0xFFFF;             // 清除所有 CAP 中断标志位
    ECap1Regs.ECCTL1.bit.CAPLDEN = 0;         // 禁止 CAP1～CAP4 装载
    ECap1Regs.ECCTL2.bit.TSCTRSTOP = 0;       // 确保定时器停止
    ECap1Regs.ECCTL2.bit.CONT_ONESHT = 1;     // 单次捕获
    ECap1Regs.ECCTL2.bit.STOP_WRAP = 3;       // 捕获 4 事件后停止
    ECap1Regs.ECCTL1.bit.CAP1POL = 1;         // 下降沿
    ECap1Regs.ECCTL1.bit.CAP2POL = 0;         // 上升沿
    ECap1Regs.ECCTL1.bit.CAP3POL = 1;         // 下降沿
    ECap1Regs.ECCTL1.bit.CAP4POL = 0;         // 上升沿
    ECap1Regs.ECCTL1.bit.CTRRST1 = 1;         // 差分时基
    ECap1Regs.ECCTL1.bit.CTRRST2 = 1;         // 差分时基
```

```
    ECap1Regs.ECCTL1.bit.CTRRST3 = 1;           // 差分时基
    ECap1Regs.ECCTL1.bit.CTRRST4 = 1;           // 差分时基
    ECap1Regs.ECCTL2.bit.SYNCI_EN = 1;          // 允许同步
    ECap1Regs.ECCTL2.bit.SYNCO_SEL = 0;         // 同步输入直接作同步输出源
    ECap1Regs.ECCTL1.bit.CAPLDEN = 1;           // 允许 CAP1～CAP4 装载
    ECap1Regs.ECCTL2.bit.TSCTRSTOP = 1;         // 启动计数器
    ECap1Regs.ECCTL2.bit.REARM = 1;             // 强制单次控制
    ECap1Regs.ECEINT.bit.CEVT4 = 1;             // 允许 CEVT4 触发中断
  }
```

（4）主函数。

```
#define PWM3_TIMER_MIN     10
#define PWM3_TIMER_MAX   8000                   // 为定时器配置起始/终止周期值
interrupt void ecap1_isr(void);                 // 声明 eCAP1 中断服务函数
void InitEPwm3Gpio(void);                       // GPIO 初始化
void InitECap1Gpio(void);
void InitECapture(void);                        // 声明 eCAP 模块初始化函数
void InitEPwmTimer(void);                       // 声明 ePWM 定时器初始化函数
void Fail(void);                                // 声明错误处理函数
                                                // 全局变量声明
Uint32  ECap1IntCount;                          // eCAP1 中断次数计数
Uint32  ECap1PassCount;
Uint32  EPwm3TimerDirection;                    // 计数器计数方向
                                                // 追踪定时器计数方向
#define EPWM_TIMER_UP   1
#define EPWM_TIMER_DOWN 0
void main(void)
  {
      InitSysCtrl( );                           // 初始化系统控制
      InitEPwm3Gpio( );
      InitECap1Gpio( );                         // 初始化 GPIO
                                                // 清除所有中断，初始化 PIE 向量表
      DINT;                                     // 禁止可屏蔽中断
      IER=0x0000;                               // 禁止所有 CPU 中断
      IFR=0x0000;                               // 清除所有 CPU 中断标志位
      InitPieCtrl( );                           // 初始化 PIE 控制寄存器
      InitPieVectTable( );                      // 初始化 PIE 中断向量表
      EALLOW;
      PieVectTable.ECAP1_INT = &ecap1_isr;      // 重新映射本例中使用的中断向量
      EDIS;
                                                // 初始化器件外设
      InitEPwmTimer( );                         // 初始化 ePWM 定时器
      InitECapture( );                          // 初始化捕获单元
```

```
                                          // 允许中断
    ECap1IntCount = 0;                    // 初始化计数器
    ECap1PassCount = 0;
    IER |= M_INT4;                        // 允许 CPU 的 INT4
    PieCtrlRegs.PIEIER4.bit.INTx1 = 1;  // 允许 PIE 级中断 INT4.1，即 eCAP1_INT
    EINT;                                 // 清除 INTM
    ERTM;                                 // 允许全局实时中断
    while(1){ asm(" NOP "); }             // 空闲循环，等待中断
  }
interrupt void ecap1_isr(void)        // 定义 eCAP1 中断服务函数
  {                                   // 与系统时钟 SYSCLKOUT 同步，存在±1 周期偏差
    if(ECap1Regs.CAP2    >    EPwm3Regs.TBPRD*2+1    ||    ECap1Regs.CAP2    <
EPwm3Regs.TBPRD*2-1 || ECap1Regs.CAP3 > EPwm3Regs.TBPRD*2+1 || ECap1Regs.CAP3 <
EPwm3Regs.TBPRD*2-1 || ECap1Regs.CAP4 > EPwm3Regs.TBPRD*2+1 || ECap1Regs.CAP4 <
EPwm3Regs.TBPRD*2-1)
     { Fail( ); }                                // 调用错误处理函数
    ECap1IntCount++;                             // eCAP1 中断次数计数器加 1
    if(EPwm3TimerDirection == EPWM_TIMER_UP)    // 若 ePWM3 定时器计数方向为增
     {
       if(EPwm3Regs.TBPRD < PWM3_TIMER_MAX)     // 若时间基准周期寄存器未达最大值
        {
          EPwm3Regs.TBPRD++;                     // 时间基准周期寄存器值加 1
        }
        else                                     // 若时间基准周期寄存器达到最大值
          {                                      // 将计数方向改为减计数
             EPwm3TimerDirection = EPWM_TIMER_DOWN;
             EPwm3Regs.TBPRD--;                  // 时间基准周期寄存器值减 1
          }
        }
        else                                     // 若 ePWM3 定时器计数方向为减
        {
           if(EPwm3Regs.TBPRD > PWM3_TIMER_MIN) // 若时间基准周期寄存器未达到最小值
             { EPwm3Regs.TBPRD--; }              // 时间基准周期寄存器值减 1
           else                                  // 若时间基准周期寄存器达到最小值
             {                                   // 将计数方向改为增计数
             EPwm3TimerDirection = EPWM_TIMER_UP;
             EPwm3Regs.TBPRD++;             // 时间基准周期寄存器值加 1
             }
        }
   ECap1PassCount++;
   ECap1Regs.ECCLR.bit.CEVT4 = 1;           // 清除 CEVT4 中断标志位
   ECap1Regs.ECCLR.bit.INT = 1;             // 清除全局中断标志位
   ECap1Regs.ECCTL2.bit.REARM = 1;          // 重新强制单次捕获
```

```
    PieCtrlRegs.PIEACK.all = PIEACK_GROUP4;    // 清除 PIE 中断组应答位
  }
void Fail( )                                   // 错误处理函数定义
  { asm("ESTOP0"); }
```

# 7.3　增强型正交编码模块

TMS320F28335 芯片有两个独立的增强型正交编码（eQEP）模块，其可以为直线或旋转编码器提供直接接口，从而在高性能电机控制或位置控制系统中获取高精度的位置、方向和转速等信息。

## 7.3.1　正交编码器概述

### 一、常用编码器结构

光电编码器通过光电转换将输出轴上的机械几何位移量转换成脉冲或数字量，其可以高精度测量被测物的转角或直线位移量，是一种广泛应用的传感器。根据产生脉冲方式的不同，光电编码器可以分为增量式、绝对式及复合式三大类。增量式编码器的码盘结构和输出波形如图 7.41 所示。

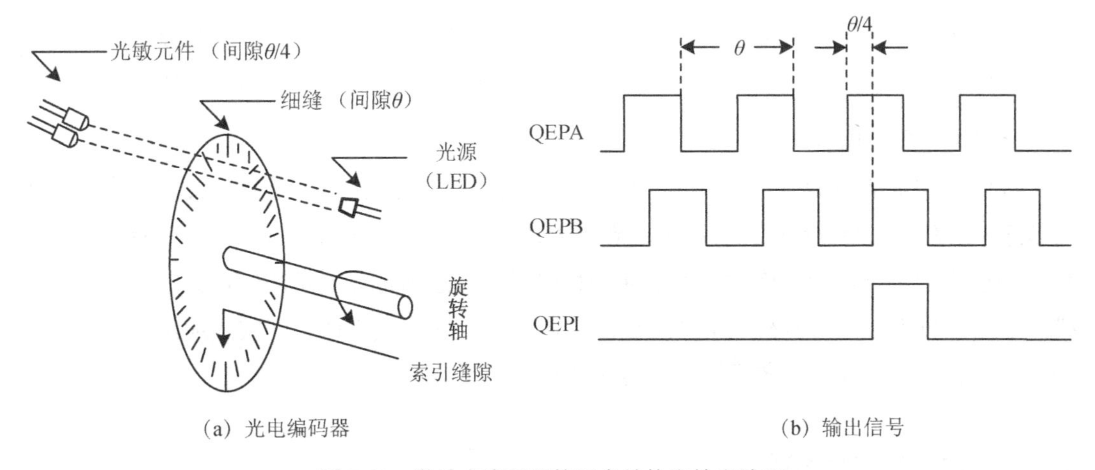


(a) 光电编码器　　(b) 输出信号

图 7.41　增量式编码器的码盘结构和输出波形

码盘的周围均匀地分布着许多凹槽，凹槽的个数决定了编码器的精度。码盘与电机同轴旋转，在旋转过程中，码盘上的凹槽针对光源和光敏传感器产生规则的通断变化，从而产生相应的脉冲信号。由于两个光敏传感器的安装位置等于码盘上凹槽间隙的 1/4，因此对应的两路输出脉冲信号 QEPA 和 QEPB 之间的相位相差 90°，故称为正交脉冲信号。同时，码盘上有一个索引脉冲槽，其每旋转一周可以输出一个索引脉冲 QEPI，用于判定码盘的绝对位置。

由于码盘与电机同轴旋转，因此输出脉冲信号 QEPA 和 QEPB 的频率与电机或其他旋转机构的转速成正比。例如，一个 2000 线的光电编码器直接安装在一台转速为 5000 r/min 的电动机上，产生的脉冲信号频率为 166.6kHz。因此，通过测量输出脉冲信号 QEPA 或 QEPB 的频率，可以得到电机的转速。此外，当电机转动方向发生变化时，QEPA 和 QEPB 的相位关系不同。一般认为电机正转时，QEPA 超前 QEPB 的相位 90°；电机反转时，QEPB 超前 QEPA 的相位 90°，故可以通过判断 QEPA 和 QEPB 的相位关系来获得电机的转向信息（正转或反转）。

### 二、转速测量方法

在电机控制系统中，常见的转速测量方法包括 M 法和 T 法两种，具体如下。

M 法：

$$v(k) \approx \frac{x(k)-x(k-1)}{T} = \frac{\Delta x}{T} \tag{7-5}$$

T 法：

$$v(k) \approx \frac{X}{t(k)-t(k-1)} = \frac{X}{\Delta t} \tag{7-6}$$

在式（7-5）和式（7-6）中，$v(k)$为 $k$ 时刻电机的转速；$x(k)$、$x(k-1)$分别为 $k$、$k$-1 时刻的位置；$T$ 为固定的单位时间；$X$ 为固定的位移量；$\Delta x$ 为单位时间内位置的变化；$\Delta t$ 为固定位移量所用的时间。

传统的 M 法测速是在固定的单位时间内读取位置变化量，进而计算出此时间段内的平均转速。该方法的测速精度与传感器的精度及时间间隔 $T$ 有关，且在低速模式下精度不高。T 法测速则通过统计两个连续正交脉冲的相隔时间，进而计算电机的转速。该方法在低速模式下测量较为准确，但在电机高速运行时测量误差较大。因此，在实际应用中，常将两种方法结合使用，以获取准确的电机转速信息。

## 7.3.2 eQEP 模块结构

TMS320F28335 芯片有两个独立的 eQEP 模块，单个 eQEP 模块结构框图及其外部接口如图 7.42 所示。

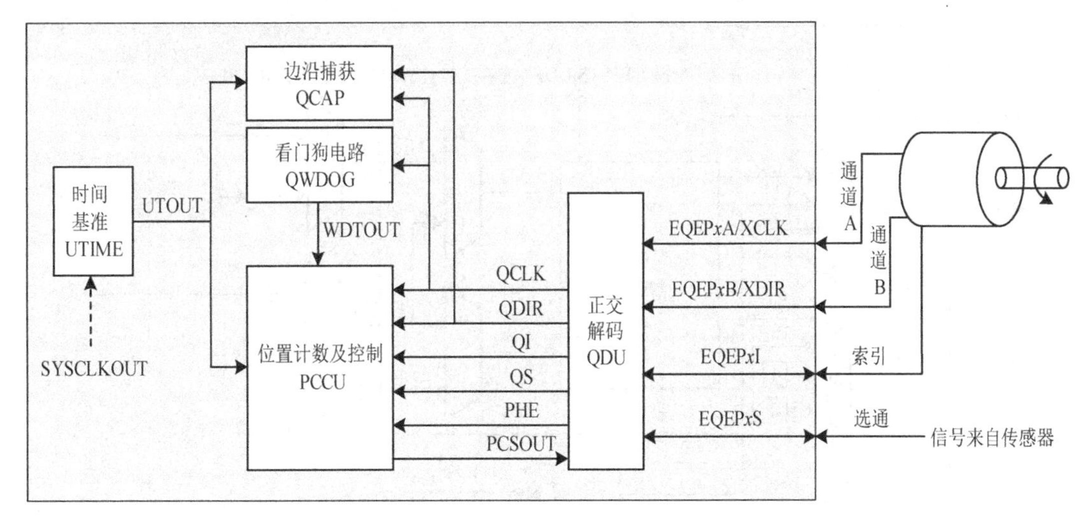


图 7.42　单个 eQEP 模块结构框图及其外部接口

如图 7.42 所示，eQEP 模块包括 4 个外部输入引脚和 5 个子模块。正交解码（QDU）子模块对 EQEP*x*A/XCLK、EQEP*x*B/XDIR、EQEP*x*I 和 EQEP*x*S（其中 *x*=1、2）4 路输入信号进行解码，得到其他模块所需的信号；位置计数及控制（PCCU）子模块用于位置测量；边沿捕获（QCAP）子模块用于低速测量，即 T 法测速；时间基准（UTIME）子模块用于为速度/频率测量提供时间基准；看门狗电路（QWDOG）子模块用于监测正交编码脉冲信号的状态。

## 7.3.3　eQEP 模块的功能及其控制

### 一、QDU 子模块

QDU 子模块对 EQEP*x*A/XCLK、EQEP*x*B/XDIR、EQEP*x*I 和 EQEP*x*S（其中 *x*=1、2）4 路输入信号进行解码，得到 4 个输出信号 QCLK（时钟）、QDIR（方向）、QI（索引）和 QS（选通），并为 PCCU、QCAP 及 QWDOG 子模块提供输入信号。QDU 子模块结构框图如图 7.43 所示。

#### 1. 位置计数器输入模式

位置计数器的输入模式包括正交计数、方向计数、递增计数和递减计数 4 种计数模式，由正交解码控制寄存器（QDECCTL）的 QSRC 位域控制。下面简要介绍 4 种计数模式。

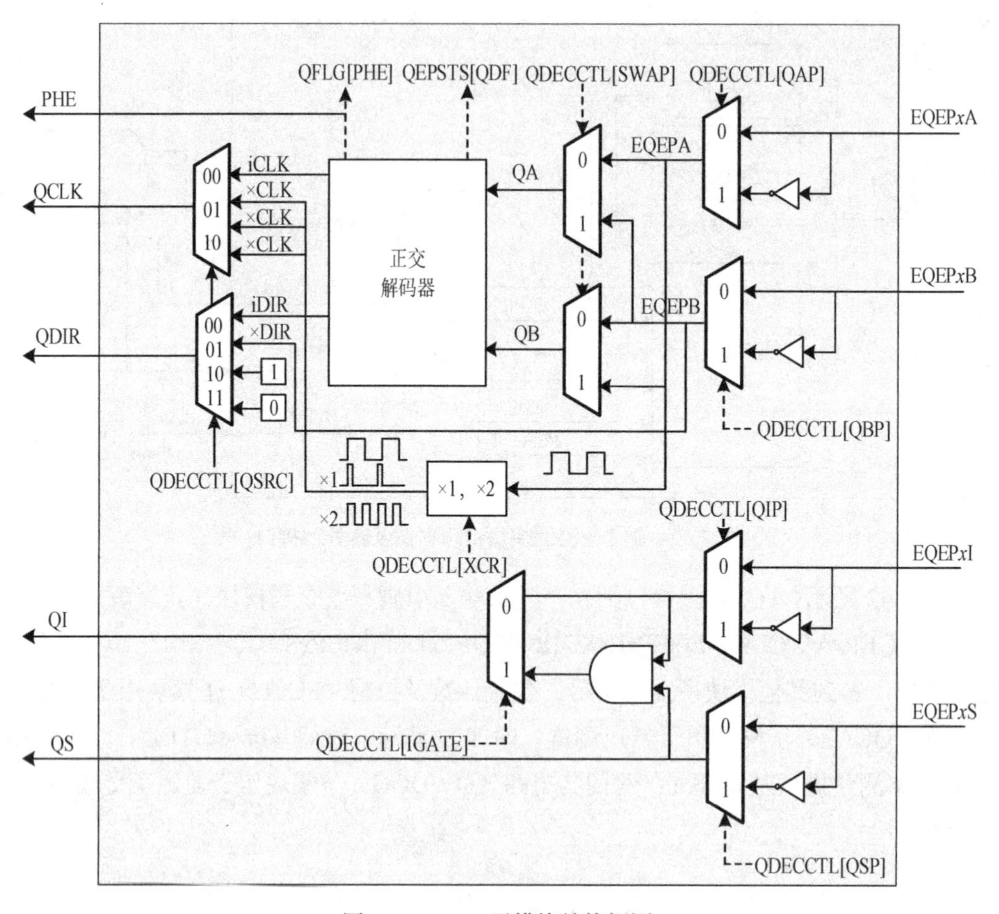


图 7.43　QDU 子模块结构框图

在正交计数模式下，EQEP*x*A 和 EQEP*x*B 分别连接正交编码器的通道 A 和通道 B 的输出，EQEP*x*I 用于接收索引信号。EQEP*x*A 和 EQEP*x*B 引脚上的输入信号分别由 QDECCTL 寄存器的 QAP 位和 QBP 位控制是否需要取反，得到 EQEPA 和 EQEPB；EQEPA 和 EQEPB 可以直接或交换后（由 QDECCTL 寄存器的 SWAP 位控制）作为 QA 和 QB，并送译码单元；方向译码逻辑通过判断脉冲信号 EQEPA 和 EQEPB 之间的相位关系来解码出旋转方向逻辑，并将此方向逻辑更新到 QEPSTS 寄存器的 QDF 位中，同时将脉冲数量计入位置计数器 QPOSCNT 中。正交计数模式下 QCLK 和 QDIR 的译码过程如图 7.44 所示。

由此可见，QCLK 的译码是在 QEPA 和 QEPB 脉冲信号的上升沿和下降沿均产生一个脉冲，因此其频率是 QEPA 和 QEPB 脉冲信号的 4 倍。QDIR 的译码是根据 QEPA 和 QEPB 的相位关系实现的。当电机正转时，QEPA 相位超前，故对应 QEPA 和 QEPB 状态转换顺序为 00→10→11→01→00，QDIR 输出为高电平；当电机反转时，QEPB 相位超前，故对应 QEPA 和 QEPB 状态转换顺序为 11→10→00→01→11，QDIR 输出为低电平。若出现其他的状态转换，则均为非法，系统会将 QFLG 寄存器中的相位错误标志位 PHE 置位，同时向 PIE 模块申请中断。

在方向计数模式下，QEPA 直接为位置计数器提供计数脉冲、为 QEPB 提供方向信息。当 QEPB 为高电平时，位置计数器在每个计数时钟的上升沿增加；当 QEPB 为低电平时，位置计数器在每个计数时钟的上升沿减小。

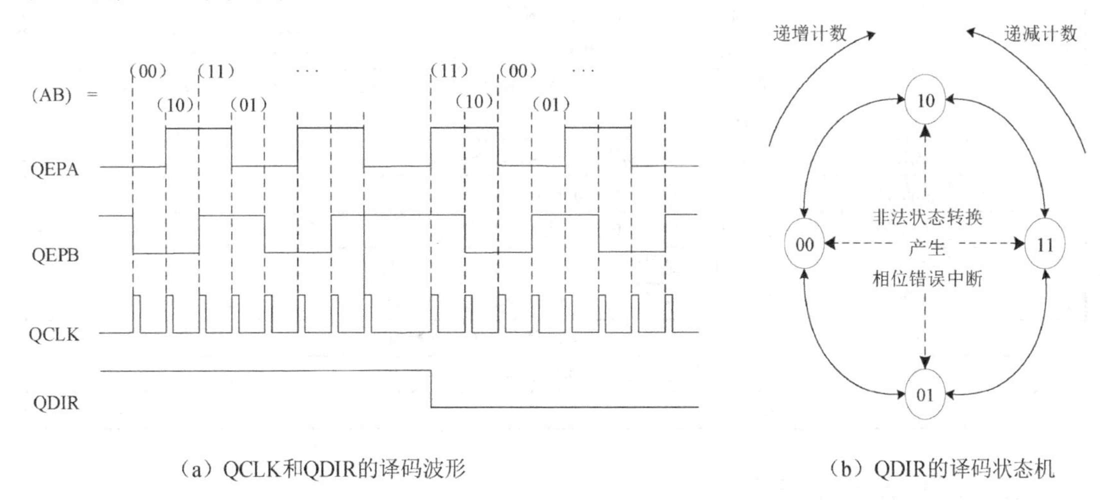


（a）QCLK和QDIR的译码波形　　（b）QDIR的译码状态机

图 7.44　正交计数模式下 QCLK 和 QDIR 的译码过程

在递增计数和递减计数模式下，位置计数器的方向直接被硬件设定为增计数或减计数。位置计数器用来测量 QEPA 输入信号的频率，并将 QDECCTL 寄存器的 XCR 位置位，同时对 QEPA 输入信号的两个边沿产生计数脉冲，从而提高检测精度。

## 2. QDU 子模块相关寄存器

QDU 子模块对各种信号的译码均由 QDECCTL 寄存器决定。QDECCTL 寄存器如图 7.45 所示。

| 15–14 | 13 | 12 | 11 | 10 | 9 | 8 |
|---|---|---|---|---|---|---|
| QSRC | SOEN | SPSEL | XCR | SWAP | IGATE | QAP |
| R/W-0 | R/W-0 | R/W-0 | R/W-0 | R/W-0 | R/W-0 | R/W-0 |

| 7 | 6 | 5 | 4–0 |
|---|---|---|---|
| QBP | QIP | QSP | Reserved |
| R/W-0 | R/W-0 | R/W-0 | R-0 |

图 7.45　QDECCTL 寄存器

QDECCTL 寄存器的位定义如表 7.19 所示。

表 7.19　QDECCTL 寄存器的位定义

| 位　号 | 名　称 | 说　明 |
| --- | --- | --- |
| 15～14 | QSRC | 位置计数器计数模式选择位。00 表示正交计数模式；01 表示方向计数模式；10 表示递增计数模式；11 表示递减计数模式 |
| 13 | SOEN | 同步信号 PCSOUT 输出使能位。0 表示禁止；1 表示使能 |
| 12 | SPSEL | 同步信号 PCSOUT 输出引脚选择位。0 表示选择索引引脚 eQEP*x*I；1 表示选择选通引脚 eQEP*x*S |
| 11 | XCR | 外部时钟频率控制位。0 表示 2 倍频；1 表示 1 倍频 |
| 10 | SWAP | 正交时钟交换控制位。0 表示不交换；1 表示交换 |
| 9 | IGATE | 索引信号门控位。0 表示禁止；1 表示使能 |
| 8 | QAP | QEAP 极性控制位。0 表示无影响；1 表示反向 |
| 7 | QBP | QEBP 极性控制位。0 表示无影响；1 表示反向 |
| 6 | QIP | QEPI 极性控制位。0 表示无影响；1 表示反向 |
| 5 | QSP | QEPS 极性控制位。0 表示无影响；1 表示反向 |
| 4-0 | Reserved | 保留 |

## 二、UTIME 子模块

UTIME 子模块用于为 PCCU 和 QCAP 子模块提供时间基准。UTIME 子模块的核心是一个以系统时钟 SYSCLKOUT 为基准的递增计数的 32 位计数器 QUTMR 和一个 32 位的周期寄存器 QUPRD。UTIME 子模块结构框图如图 7.46 所示。

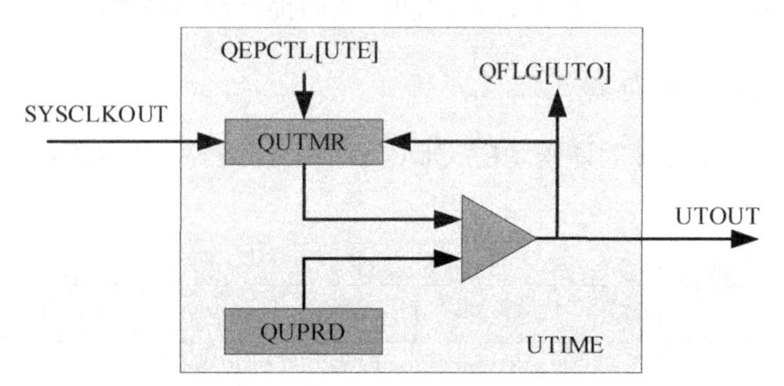


图 7.46　UTIME 子模块结构框图

当计数器 QUTMR 计数至周期匹配（QUTMR=QUPRD）时，会产生单位超时中断，QFLG 寄存器的 UTO 位被置位，同时输出 UTOUT 信号给 PCCU 和 QCAP 子模块。在具体应用中，可以配置 eQEP 模块在单位超时事件发生时锁存位置计数器、捕获定时器的值，从而利用这些锁存的值来计算速度。

## 三、QCAP 子模块

QCAP 子模块用于测量单位位移量（若干 QCLK 边沿）间的时间间隔，基于式（7-6）可以实现低速段的转速测量。QCAP 子模块结构框图如图 7.47 所示。

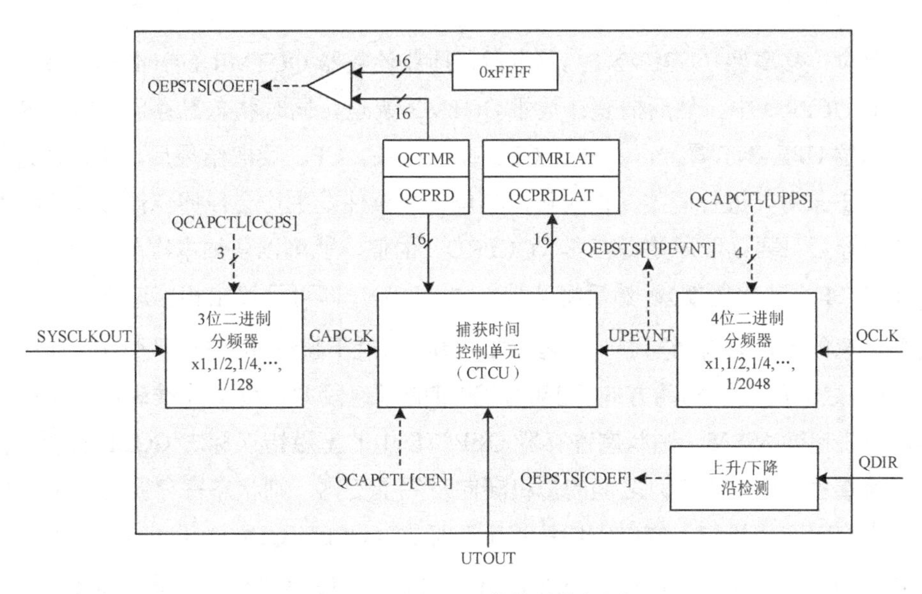


图 7.47　QCAP 子模块结构框图

### 1. 基本工作原理

QCAP 子模块的核心是一个 16 位的捕获计数器 QCTMR，它以系统时钟 SYSCLKOUT 经捕获控制寄存器 QCAPCTL[CCPS]位域分频处理后的信号 CAPCLK 为基准递增计数，其锁存控制信号是 QCLK 经 QCAPCTL[UPPS]位域分频处理后的单位位移事件（UPEVNT）。其中，UPEVNT 脉冲间隔位移总是 QCLK 脉冲间隔位移的整数倍。边沿捕获功能时序图如图 7.48 所示。

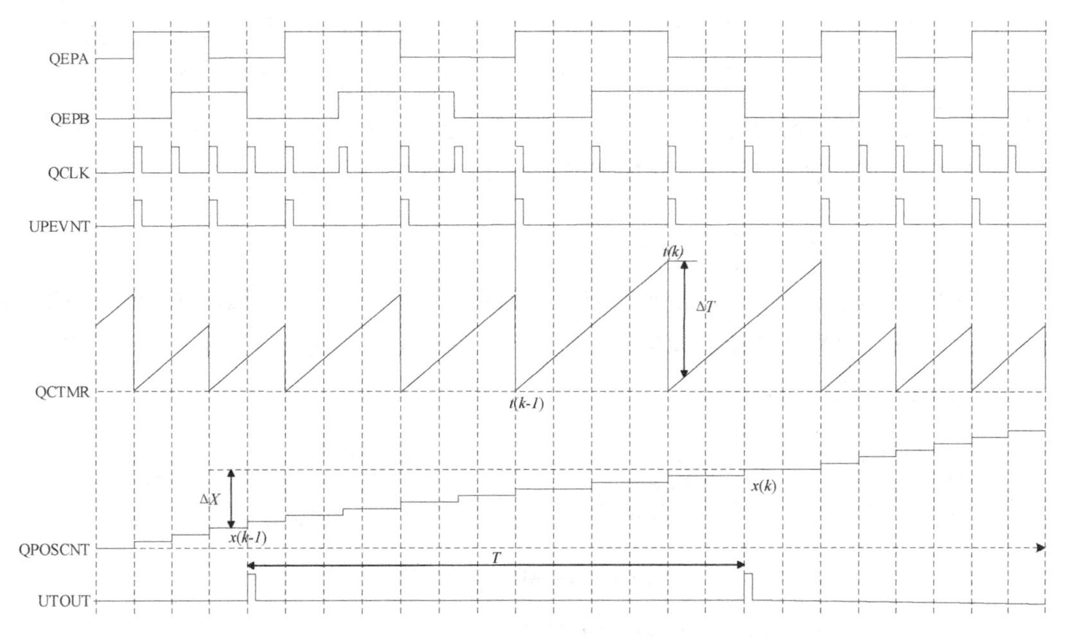


图 7.48　边沿捕获功能时序图

每次单位位移事件（UPEVNT）发生后，捕获计数器 QCTMR 的计数值被锁存到捕获周期寄存器 QCPRD 中，然后捕获计数器 QCTMR 复位，同时状态寄存器 QEPSTS 中的捕获锁存标志位 UPEVNT 置位，并通知 CPU 读取结果。CPU 读取结果后，可以通过软件向该标志位写 1 来对其进行清零。由于每次单位位移事件发生均会使捕获计数器 QCTMR 复位，因此锁存后只要读取周期寄存器（QCPRD）的值，就可以获知本次单次位移所用的时间（QCPRD+1 个计数周期），然后将其带入式（7-6），即可计算出相应速度值。

需要注意的是，只有当捕获计数器 QCTMR 的值不超过 65535 且两次单位位移事件（UPEVNT）之间的电机转动方向不变时，测量的低速段的速度值才准确；若捕获计数器 QCTMR 的值超过 65535，则状态寄存器 QEPSTS 中的上溢错误标志 COEF 将置位；若两次单位位移事件（UPEVNT）之间的电机转向发生了变化，则状态寄存器 QEPSTS 中的方向错误标志 CDEF 将置位，同时方向错误中断标志（QFLG[QDC]）也将置位。

此外，QCAP 子模块还可以与 PCCU 和 UTIME 子模块配合，实现中高速测量。如图 7.48 所示，3 个模块同时启动，当 UTIME 子模块中单位超时事件 UTOUT 发生时，位置计数器 QPOSCNT、捕获计数器 QCTMR 及 QCPRD 寄存器的值将分别锁存至 QPOSLAT、捕获计数器锁存寄存器（QCTMRLAT）和捕获周期锁存寄存器（QCPRDLAT），通过读取连续两个单位超时事件之间的位置计数器 QPOSCNT 的值，可以获得位移变化量，进而根据式（7-5）计算出中高速段的速度值。

因此，若要实现全速段的速度测量，则必须同时锁存位置计数器 QPOSCNT、捕获计数器 QCTMR 及周期寄存器 QCPRD 的值。根据 QEPCTL 寄存器中捕获锁存模式位 QCLM 的不同，有两种锁存方法：若[QCLM]=0，当 CPU 读取 QPOSCNT 的值时，捕获计数器 QCTMR 及 QCPRD 寄存器的值将分别锁存至 QCTMRLAT 和 QCPRDLAT 寄存器中；若[QCLM]=1，当单位超时事件发生时，QPOSCNT、QCTMR 及 QCPRD 寄存器的值将分别锁存至 QPOSLAT、QCTMRLAT 及 QCPRDLAT 寄存器中。

### 2. QCAP 子模块相关寄存器

QCAP 子模块相关寄存器包括 4 个 16 位的数据类寄存器（捕获计数器 QCTMR、QCPRD 寄存器、QCTMRLAT 寄存器和 QCPRDLAT 寄存器）和 1 个捕获控制寄存器（QCAPCTL）。QCAPCTL 寄存器如图 7.49 所示。

| 15 | 14　　　　　　7 | 6　　　4 | 3　　　0 |
|---|---|---|---|
| CEN | Reserved | CCPS | UPPS |
| R/W-0 | R-0 | R/W-0 | R/W-0 |

图 7.49　QCAPCTL 寄存器

QCAPCTL 寄存器的位定义如表 7.20 所示。

表 7.20　QCAPCTL 寄存器的位定义

| 位　号 | 名　称 | 说　明 |
|---|---|---|
| 15 | CEN | QCAP 子模块使能位。0 表示禁止；1 表示使能 |
| 14～7 | Reserved | 保留 |
| 6～4 | CCPS | 捕获时钟分频系数控制位。000～111（$k$），捕获时钟 CAPCLK=SYSCLKOUT/2$k$ |
| 3～0 | UPPS | 单位位移事件分频系数控制位。11xx 保留，0000～1011（$k$），UPEVNT=QCLK/2$k$ |

## 四、QWDOG 子模块

QWDOG 用于监测正交编码脉冲信号 QCLK 的工作状态。QWDOG 子模块结构框图如图 7.50 所示。

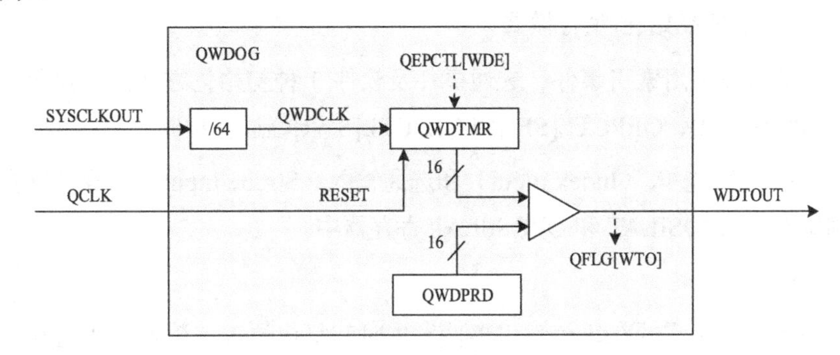


图 7.50　QWDOG 子模块结构框图

QWDOG 子模块的核心是一个 16 位的看门狗定时器（QWDTMR）及一个 16 位的周期寄存器 QWDPRD。QWDTMR 以系统时钟 SYSCLKOUT 的 64 分频为基准递增计数，并可以由正交编码脉冲信号 QCLK 的脉冲进行复位。若 QWDTMR 的计数值直到周期匹配（QWDTM=QWDPRD）时仍未检测到正交编码脉冲信号 QCLK，则 QWDTMR 超时，且产生中断并置位中断标志位 QFLG[WTO]，同时输出 WDTOUT 信号。

## 五、PCCU 子模块

PCCU 子模块的核心是 32 位的位置计数器 QPOSCNT 和 32 位的比较寄存器 QPOSCMP。位置计数器 QPOSCNT 通过对正交编码脉冲信号 QCLK 进行计数，来实现频率和速度的测量。比较寄存器 QPOSCMP 通过设定比较值来完成位置比较事件，并输出同步信号 PCSOUT。另外，可以通过配置 QEPCTL 和 QPOSCTL 两个寄存器来实现位置计数器的操作模式、初始化/锁存模式及同步信号产生的位置比较逻辑。

### 1. 位置计数器的操作模式

不同应用系统对位置计数器的操作模式（复位时刻）的要求不同。因此，为满足不同应用需求，位置计数器可以配置为 4 种操作（复位）模式，具体如下。

（1）每个索引事件复位位置计数器（QEPCTL[PCRM]=00）。

（2）最大计数值复位位置计数器（QEPCTL[PCRM]=01）。

（3）第一个索引事件复位位置计数器（QEPCTL[PCRM]=10）。

（4）单位超时事件 UTOUT 复位位置计数器（QEPCTL[PCRM]=11）。

在各种复位模式下，当位置计数器递增计数至最大值 QPOSMAX 时，会发生上溢复位至 0 的情况；当位置计数器递减计数至 0 时，会发生下溢复位至最大值 QPOSMAX 的情况。位置计数器在上溢和下溢时，将分别置位相应中断标志 QFLG[PCO]和 QFLG[PCU]，并可以向 PIE 模块申请中断。

### 2. 位置计数器的初始化/锁存模式

位置计数器可以采用索引事件、选通事件及软件 3 种初始化方法，分别通过正交控制寄存器的 QEPCTL[IEI]、QEPCTL[SEI]和 QEPCTL[SWI]位进行控制。

eQEP 模块的索引输入（Index Input）和选通输入（Strobe Input）信号可以将位置计数器的值分别锁存到 QPOSILAT 和 QPOSSLAT 寄存器中。

1）索引事件锁存

在实际应用中，不需要在每个索引事件发生时都复位位置计数器。在这种情况下，可以通过配置正交控制寄存器 QEPCTL[IEL]位域，将位置计数器的值及方向进行锁存，具体锁存方式如下。

（1）上升沿锁存（QEPCTL[IEL]=01）。位置计数器 QPOSCNT 的当前值在每次索引信号的上升沿被锁存到 QPOSILAT 寄存器中。

（2）下降沿锁存（QEPCTL[IEL]=10）。位置计数器 QPOSCNT 的当前值在每次索引信号的下降沿被锁存到 QPOSILAT 寄存器中。

（3）索引事件标志时刻锁存（QEPCTL[IEL]=11）。将索引事件标志时刻定义为索引脉冲第一个边沿后的正交信号的边沿，在该边沿将位置计数器 QPOSCNT 的当前值锁存到 QPOSILAT 寄存器中。

若位置计数器 QPOSCNT 的当前值被锁存到 QPOSILAT 寄存器中，则索引事件锁存中断标志位 QFLG[IEL]将置位。此外，当 QEPCTL[PCRM]=00 时，索引事件锁存配置位 QEPCTL[IEL]将被忽略。

2）选通事件锁存

当 QEPCTL[SEL]=0 时，位置计数器 QPOSCNT 的值在选通信号的上升沿被锁存到 QPOSSLAT 寄存器中；当 QEPCTL[SEL]=1，正向运行时，将在选通信号的上升沿锁存数据；反向运行时将在选通信号的下降沿锁存数据。数据锁存后，选通事件锁存中断标志位 QFLG[SEL]将置位。

### 3. 位置比较单元

位置比较单元结构框图如图 7.51 所示。位置比较寄存器（QPOSCMP）具有映射寄存器，可以通过设置 QPOSCTL[PCSHDW]位来控制是否使用映射功能。在映射模式下，还可以通过设置 QPOSCTL[PCLOAD]位来选择 QPOSCMP 寄存器的装载时刻。

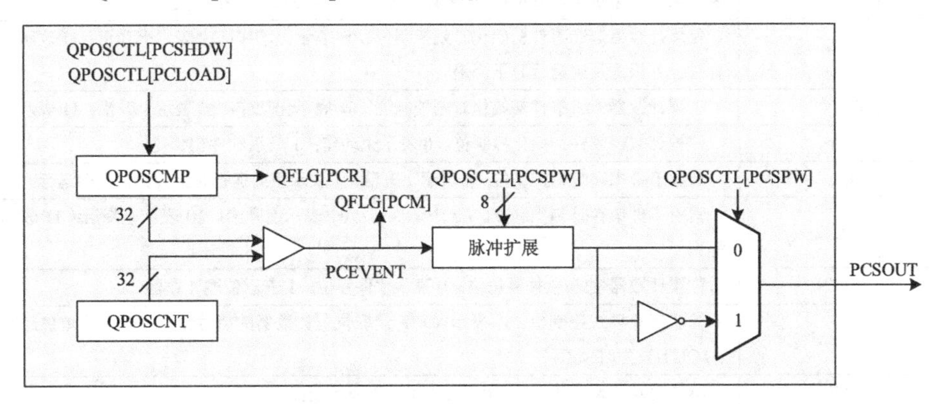


图 7.51　位置比较单元结构框图

当位置比较单元使能（QPOSCTL[PCE]=1）时，位置计数器 QPOSCNT 的值不断与 QPOSCMP 寄存器的值进行比较，当二者匹配（QPOSCNT=QPOSCMP）时，中断标志位 QFLG[PCM]置位，同时输出脉冲宽度可调的位置比较同步信号 PCSOUT，以触发外部器件。

### 4. PCCU 子模块相关寄存器

PCCU 子模块相关寄存器较多，数据类寄存器均为 32 位，包括位置计数器 QPOSCNT、位置计数器初始化寄存器（QPOSINIT）、最大位置计数器 QPOSMAX、位置比较寄存器（QPOSCMP）、位置计数器锁存寄存器（QPOSLAT）、索引事件位置锁存寄存器（QPOSILAT）和选通事件位置锁存寄存器（QPOSSLAT）。

PCCU 子模块的控制类寄存器包括控制寄存器（QEPCTL）和位置比较控制寄存器（QPOSCTL）。QEPCTL 寄存器如图 7.52 所示。

| 15–14 | 13–12 | 11–10 | 9–8 |
|---|---|---|---|
| FREE_SOFT | PCRM | SEI | IEI |
| R/W-0 | R/W-0 | R/W-0 | R/W-0 |

| 7 | 6 | 5–4 | 3 | 2 | 1 | 0 |
|---|---|---|---|---|---|---|
| SWI | SEL | IEL | QPEN | QCLM | UTE | WDE |
| R/W-0 | R/W-0 | R/W-0 | R/W-0 | R/W-0 | R/W-0 | R/W-0 |

图 7.52　QEPCTL 寄存器

QEPCTL 寄存器的位定义如表 7.21 所示。

表 7.21 QEPCTL 寄存器的位定义

| 位 号 | 名 称 | 说 明 |
| --- | --- | --- |
| 15～14 | FREE_SOFT | 仿真模式控制位。00 表示立即停止；01 表示完成整个周期后停止；1x 表示自由运行 |
| 13～12 | PCRM | 位置计数器复位模式选择位。00 表示每个索引事件复位；01 表示最大计数值复位；10 表示第一个索引事件复位；11 表示单位超时事件 UTOUT 复位 |
| 11～10 | SEI | 位置计数器选通事件初始化时刻控制位。0x 表示无动作；10 表示上升沿；11 表示正向运行时上升沿，反向运行时下降沿 |
| 9～8 | IEI | 位置计数器索引事件初始化时刻控制位。0x 表示无动作；10 表示上升沿；11 表示下降沿 |
| 7 | SWI | 位置计数器软件初始化控制位。0 表示无动作；1 表示软件初始化 |
| 6 | SEL | 选通事件锁存时刻控制位。0 表示上升沿；1 表示正向运行时上升沿，反向运行时下降沿 |
| 5～4 | IEL | 索引事件锁存时刻控制位。00 表示保留；01 表示上升沿；10 表示下降沿；11 表示索引标识 |
| 3 | QPEN | 位置计数器使能/软件复位位。0 表示软件复位；1 表示使能计数器 |
| 2 | QCLM | 捕获锁存模式控制位。0 表示 CPU 读取位置计数器的值时锁存；1 表示单位超时事件 UTOUT 发生时锁存 |
| 1 | UTE | 单位时基定时器使能位。0 表示禁止；1 表示使能 |
| 0 | WDE | 看门狗定时器使能位。0 表示禁止；1 表示使能 |

QPOSCTL 寄存器如图 7.53 所示。

| 15 | 14 | 13 | 12 | 11～0 |
| --- | --- | --- | --- | --- |
| PCSHDW | PCLOAD | PCPOL | PCE | PCSPW |
| R/W-0 | R/W-0 | R/W-0 | R/W-0 | R/W-0 |

图 7.53 QPOSCTL 寄存器

QPOSCTL 寄存器的位定义如表 7.22 所示。

表 7.22 QPOSCTL 寄存器的位定义

| 位 号 | 名 称 | 说 明 |
| --- | --- | --- |
| 15 | PCSHDW | 位置比较寄存器映射控制位。0 表示禁止；1 表示使能 |
| 14 | PCLOAD | 位置比较寄存器装载模式选择位。0 表示 QPOSCNT=0 时装载；1 表示 QPOSCNT=QPOSCMP 时装载 |
| 13 | PCPOL | 位置比较同步信号输出极性控制位。0 表示高电平有效；1 表示低电平有效 |
| 12 | PCE | 位置比较控制位。0 表示禁止；1 表示使能 |
| 11-0 | PCSPW | 位置比较同步输出脉冲宽度控制位。4×(PCSPW+1)个系统时钟 SYSCLKOUT 周期 |

## 7.3.4 eQEP 中断控制

eQEP 模块中断系统结构如图 7.54 所示。各子模块共计可以产生 11 种中断事件，包括 QDU 子模块的正交相位错误中断 PHE、UTIME 子模块的单位超时中断 UTO、QWDOG 子模块的看门狗超时中断 WTO、QCAP 子模块的正交方向改变错误中断 QDC、PCCU 子模块的位置计数器错误中断 PCE、位置计数器上溢中断 PCO 和下溢中断 PCU、索引事件锁存中断IEL和选通事件锁存中断SEL、位置比较匹配中断PCM和位置比较准备就绪中断PCR。

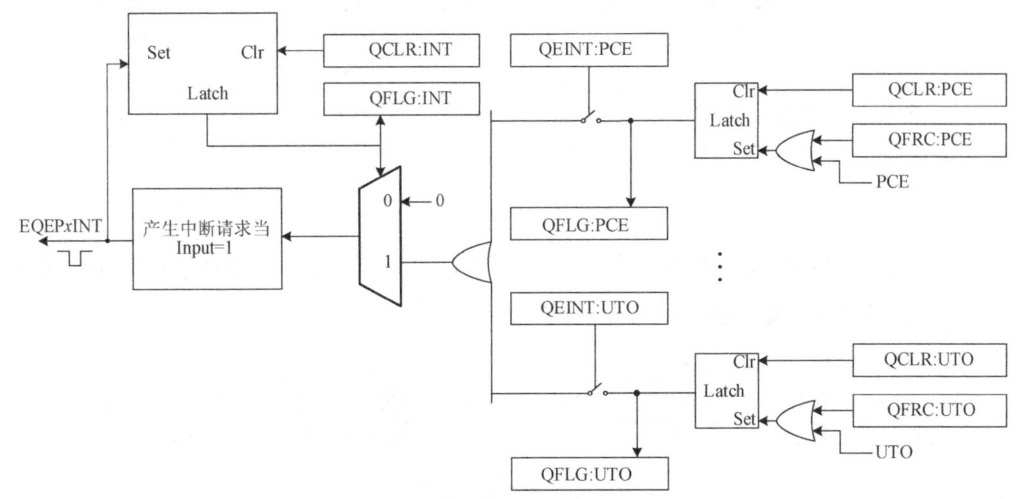


图 7.54　eQEP 模块中断系统结构

中断使能寄存器 QEINT 用来使能/禁止相应的中断事件。当任一中断事件发生时，中断标志寄存器 QFIG 中的相应标志位置位，同时 QFIG 寄存器中还包含一个全局中断标志位 INT。只有当某中断源的使能位置 1、标志位置 1，同时全局标志位 INT 为 0 时，才能向 PIE 模块申请 EQEPxINT 中断。另外，可以通过向中断强制寄存器 QFRC 相应位写 1，来软件强制某中断事件的发生。

QEINT 寄存器如图 7.55 所示。UTO、IEL、SEL、PCM、PCR、PCO、PCU、WTO、QDC、QPE 和 PCE 分别为相应事件的使能位，当各位置 0 时，禁止中断；当各位置 1 时，使能中断。中断强制寄存器 QFRC 与 QEINT 寄存器的各位信息一致，当相应位置 1 时，可以软件强制该中断事件的发生。

| 15–12 | 11 | 10 | 9 | 8 |
|---|---|---|---|---|
| Reserved | UTO | IEL | SEL | PCM |
| R-0 | R/W-0 | R/W-0 | R/W-0 | R/W-0 |

| 7 | 6 | 5 | 4 | 3 | 2 | 1 | 0 |
|---|---|---|---|---|---|---|---|
| PCR | PCO | PCU | WTO | QDC | QPE | PCE | Reserved |
| R/W-0 | R/W-0 | R/W-0 | R/W-0 | R/W-0 | R/W-0 | R/W-0 | R-0 |

图 7.55　QEINT 寄存器

QFLG 寄存器如图 7.56 所示。与 QEINT 寄存器类似，最低位为全局中断控制位 INT，当相应中断事件发生时，对应标志位置 1。中断清除寄存器 QCLR 与 QFLG 寄存器的各位信息一致，相应位置 1 时，可以清除各位标志。

| 15–12 | 11 | 10 | 9 | 8 |
| --- | --- | --- | --- | --- |
| Reserved | UTO | IEL | SEL | PCM |
| R-0 | R/W-0 | R/W-0 | R/W-0 | R/W-0 |

| 7 | 6 | 5 | 4 | 3 | 2 | 1 | 0 |
| --- | --- | --- | --- | --- | --- | --- | --- |
| PCR | PCO | PCU | WTO | QDC | PHE | PCE | INT |
| R/W-0 | R/W-0 | R/W-0 | R/W-0 | R/W-0 | R/W-0 | R/W-0 | R/W-0 |

图 7.56 QFLG 寄存器

此外，每个 eQEP 模块都有一个标志寄存器 QEPSTS，用于在各种事件发生时提供状态标志，以供 CPU 查询。QEPSTS 寄存器如图 7.57 所示。

| 15 8 | 7 | 6 | 5 | 4 | 3 | 2 | 1 | 0 |
| --- | --- | --- | --- | --- | --- | --- | --- | --- |
| Reserved | UPEVNT | FIDF | QDF | QDLF | COEF | CDEF | FIMF | PCEF |
| R-0 | R-0 | R-0 | R-0 | R-0 | R/W-1 | R/W-1 | R/W-1 | R-0 |

图 7.57 QEPSTS 寄存器

QEPSTSL 寄存器的位定义如表 7.23 所示。

**表 7.23 QEPSTS 寄存器的位定义**

| 位 号 | 名 称 | 说 明 |
| --- | --- | --- |
| 15~8 | Reserved | 保留 |
| 7 | UPEVNT | 单位位移事件发生标志位。0 表示无；1 表示发生 |
| 6 | FIDF | 第一个索引脉冲被锁存时的方向状态位。0 表示顺时针旋转；1 表示逆时针旋转 |
| 5 | QDF | 当前正交方向状态位。0 表示顺时针旋转；1 表示逆时针旋转 |
| 4 | QDLF | 每个索引事件标识时锁存的方向状态位。0 表示顺时针旋转；1 表示逆时针旋转 |
| 3 | COEF | 捕获计数器上溢错误标志位。0 表示无；1 表示上溢 |
| 2 | CDEF | 捕获计数器下溢错误标志位。0 表示无；1 表示下溢 |
| 1 | FIMF | 第一个索引事件标志位。0 表示无；1 表示第一个索引事件时置位 |
| 0 | PCEF | 位置计数器错误标志位。0 表示无；1 表示有错误 |

### 7.3.5 eQEP 模块应用实例

#### 1. 设计要求

假设电机最大转速为 6000r/min，最小转速为 10r/min，磁极对数为 2，且装配的是 1000 线增量式正交编码器，使用 eQEP1 模块实现电机任意时刻机械转角、电转角和转速的测量。

#### 2. 实验方案

1）正交编码脉冲信号的模拟

使用 EPWM1A（GPIO0）和 EPWM1B（GPIO1）输出 5kHz 的正交脉冲信号 QEPA 和 QEPB，对应正交编码器转速为 $5\times10^3\times60/1000$=300 r/min；同时使用 GPIO8 模拟索引信号 QEPI，EPWM1A 和 EPWM1B 每输出 1000 个脉冲，就从 GPIO4 输出一个索引脉冲。

2）硬件连接

将 EPWM1A（GPIO0）与 EQEP1A（GPIO20）相连；将 EPWM1B（GPIO1）与 EQEP1B（GPIO21）相连；将 GPIO4 与 EQEP1I（GPIO23）相连。

3）测量方案

无论电机转速如何，任意时刻的机械转角和电转角均可以通过读取 eQEP 模块的当前位置计数器 QPOSCNT 的计数值进行计算。机械转角（theta_mech）和电转角（theta_elec）的计算如下：

$$\text{theta\_mech} = \text{QPOSCNT}/\text{mech\_Scaler} = \text{QPOSCNT}/4000 \tag{7-7}$$

$$\text{theta\_elec} = 磁极对数 \times \text{theta\_mech} = 2 \times \text{QPOSCNT}/4000 \tag{7-8}$$

在式（7-7）中，mech_Scaler 表示正交编码器一圈的光码数（4000/4=1000 线/圈）。在具体设计中，将 UTIME 子模块的单位时间设置为 10ms，当单位超时事件发生时，eQEP 模块将位置计数器 QPOSCNT、捕获计数器 QCTMR 和周期寄存器的周期值锁存至 QPOSLAT、QCTMRLAT 及 QCPRDCNT 寄存器中。通过读取上述寄存器的值，可以实现全速段的速度测量。

在测量低速段的转速时，将 QCLK 脉冲信号 32 分频后作为单位位移事件 UPEVENT（设置 QCCTL[UPPS]=101B），同时将系统时钟 SYSCLKOUT 信号 128 分频后作为 CAPCLK（设置 QCCTL[CPPS]=0111B），计算得到低速段的转速 Speedrpm_pr：

$$\text{Speedrpm\_pr} = \frac{X}{t(k)-t(k-1)} \tag{7-9}$$

式中，$X$ 为单位位移量，且 $X=2^{\text{QCCTL[UPPS]}}/4000$；$t(k)-t(k-1)$ 为单位位移事件 UPEVENT 到达时，捕获计数器 QCTMR 所计的 CAPCLK 周期数，故 $t(k)-t(k-1)$=QCPRDLAT×$T_{\text{CAPCLK}}$= QCPRDLAT×$2^{\text{QCCTL[CPPS]}}$。将 $X$ 和 $t(k)-t(k-1)$ 的值带入式（7-9），并将其转换为相对基准转速 Baserpm=6000 rpm（r/min）的相对速度，可以得到

$$\begin{aligned}\text{Speed\_pr} &= \frac{32/4000}{\text{QCPRDLAT}\times T_{\text{CAPCLK}}}\times\frac{60}{\text{Baserpm}}\\ &= \frac{32/4000}{\text{QCPRDLAT}}\times\frac{150\times10^{6}}{128}\times\frac{60}{6000}\\ &\approx \frac{94}{\text{QCPRDLAT}}\end{aligned} \tag{7-10}$$

其中，在式（7-9）的基础上乘以 60 是为了将转速单位转换为 rpm（r/min），最终得到低速段的绝对转速为

$$\text{Speedrpm\_pr} = \text{Baserpm} \times \text{Speed\_pr} \tag{7-11}$$

同理，中高速段的转速 Speedrpm_fr 可以基于式（7-11）进行计算，得到

$$\text{Speedrpm\_fr} = \frac{x(k) - x(k-1)}{T} \tag{7-12}$$

式中，$T$=10ms 为单位时间；$x(k)-x(k-1)$ 为单位时间内的位移，即机械转角。将 $T$ 和 $x(k)-x(k-1)$ 的值带入式（7-12），并将其转换为相对基准转速 Baserpm=6000 rpm（r/min）的相对速度，可以得到

$$\text{Speed\_fr} = \frac{\text{GPOSCNT}/4000}{10\times10^{-3}} \times \frac{60}{\text{Baserpm}} = \frac{\text{GPOSCNT}}{4000} \tag{7-13}$$

因此，最终得到中高速段的绝对转速为

$$\text{Speedrpm\_fr} = \text{Baserpm} \times \text{Speed\_fr} \tag{7-14}$$

### 3. 具体实现

1）系统初始化函数与 ePWM 模块类似，此处不再赘述。

2）GPIO 初始化。

```
void InitEPwm1Gpio( )
    {
        EALLOW;
        GpioCtrlRegs.GPAPUD.bit.GPIO0 = 0;       // 使能 GPIO0(ePWM1A)上拉
        GpioCtrlRegs.GPAPUD.bit.GPIO1 = 0;       // 使能 GPIO1(ePWM1B) 上拉
        GpioCtrlRegs.GPAMUX1.bit.GPIO0 = 1;      // 配置 GPIO0 为 ePWM1A
        GpioCtrlRegs.GPAMUX1.bit.GPIO1 = 1;      // 配置 GPIO1 为 ePWM1B
        EDIS;
    }
void InitEQep1Gpio( )
    {
        EALLOW;
        GpioCtrlRegs.GPAPUD.bit.GPIO20 = 0;      // 使能 GPIO20(eQEP1A)上拉
        GpioCtrlRegs.GPAPUD.bit.GPIO21 = 0;      // 使能 GPIO21(eQEP1B) 上拉
        GpioCtrlRegs.GPAPUD.bit.GPIO22 = 0;      // 使能 GPIO22(eQEP1S)上拉
        GpioCtrlRegs.GPAPUD.bit.GPIO23 = 0;      // 使能 GPIO23(eQEP1I) 上拉
        GpioCtrlRegs.GPAQSEL2.bit.GPIO20 = 1;    // 配置 GPIO20 与系统时钟同步
        GpioCtrlRegs.GPAQSEL2.bit.GPIO21 = 1;    // 配置 GPIO21 与系统时钟同步
        GpioCtrlRegs.GPAQSEL2.bit.GPIO22 = 1;    // 配置 GPIO22 与系统时钟同步
        GpioCtrlRegs.GPAQSEL2.bit.GPIO23 = 1;    // 配置 GPIO23 与系统时钟同步
        GpioCtrlRegs.GPAMUX2.bit.GPIO20 = 1;     // 配置 GPIO20 为 eQEP1A
        GpioCtrlRegs.GPAMUX2.bit.GPIO21 = 1;     // 配置 GPIO21 为 eQEP1B
```

```
    GpioCtrlRegs.GPAMUX2.bit.GPIO22 = 1;     // 配置 GPIO22 为 eQEP1S
    GpioCtrlRegs.GPAMUX2.bit.GPIO23 = 1;     // 配置 GPIO23 为 eQEP1I
    EDIS;
}
```

（3）ePWM 模块及 eQEP1 模块初始化，以及测速函数定义。

```
void InitEpwm( )                              // ePWM1 通道初始化函数
  { //系统时钟为 150MHz，故周期定时器的初值 SP=150×10⁶/（2×5×10³）
    EPwm1Regs.TBSTS.all=0;                    // 清除时间基准状态标志
    EPwm1Regs.TBPHS.half.TBPHS =0;            // 相位为 0
    EPwm1Regs.TBCTR=0;                        // 时间基准计数器初始化为 0
    EPwm1Regs.CMPCTL.all=0x50;                // 直接装载模式
    EPwm1Regs.CMPA.half.CMPA=SP/2;            // CMPA 初始化为 SP/2，占空比为 50%
    EPwm1Regs.CMPB=0;                         // CMPB 初始化为 0
    // 输出脉冲信号 EPWM1A 在递增过程比较匹配时变为高电平，在递减过程比较匹配时变为低电平
    EPwm1Regs.AQCTLA.all=0x60;
    // 输出脉冲信号 EPWM1B 在周期匹配时变为高电平，在下溢时跳变为低电平
    EPwm1Regs.AQCTLB.all=0x09;
    EPwm1Regs.ETSEL.all=0x0A;                 // 周期匹配时中断
    EPwm1Regs.ETPS.all=1;                     // 1 个事件中断 1 次
    EPwm1Regs.ETFLG.all=0;                    // 清除错误标志
    EPwm1Regs.TBCTL.all=0x0010+TBCTLVAL;      // 启动时间基准计数器
    EPwm1Regs.TBPRD=SP;                       // 初始化周期定时器的值为 SP
  }
void POSSPEED_Init(void)                      // eQEP1 通道初始化函数
  {
    EQep1Regs.QUPRD=1500000;                  // 时基寄存器初始化
    EQep1Regs.QDECCTL.bit.QSRC=00;            // 正交计数模式
    EQep1Regs.QEPCTL.bit.FREE_SOFT=2;         // 仿真挂起时，自由运行
    EQep1Regs.QEPCTL.bit.PCRM=00;             // 每个索引事件复位
    EQep1Regs.QEPCTL.bit.UTE=1;               // 使能 UTIME 子模块
    EQep1Regs.QEPCTL.bit.QCLM=1;              // 单位超时事件锁存
    EQep1Regs.QPOSMAX=0xffffffff;             // 最大位置寄存器设置为最大值
    EQep1Regs.QEPCTL.bit.QPEN=1;              // 使能 QEP
    EQep1Regs.QCAPCTL.bit.UPPS=5;             // 单位位移事件预定标系数为 1/32
    EQep1Regs.QCAPCTL.bit.CCPS=7;             // 捕获时钟预定标系数为 1/128
    EQep1Regs.QCAPCTL.bit.CEN=1;              // QEP 捕获使能
  }
void POSSPEED_Calc(POSSPEED *p)               // 测速函数
  {
    long tmp;
    unsigned int pos16bval,temp1;
    iq Tmp1,newp,oldp;
```

```
// 当前位移计算——机械转角和电转角
p->DirectionQep = EQep1Regs.QEPSTS.bit.QDF;// 电机转向，0 表示反转；1 表示正转
pos16bval=(unsigned int)EQep1Regs.QPOSCNT; // 每个 QA/QB 周期捕获一次
p->theta_raw = pos16bval+ p->cal_angle;    // 原始转角=当前位移+QA 偏移量
// 计算机械转角 mech_scaler = 16776
tmp = (long)((long)p->theta_raw*(long)p->mech_scaler); // Q0×Q26 = Q26
tmp &= 0x03FFF000;
p->theta_mech = (int)(tmp>>11);                          // Q26 -> Q15
p->theta_mech &= 0x7FFF;
p->theta_elec = p->pole_pairs*p->theta_mech;  // 计算电转角 Q0×Q15 = Q15
p->theta_elec &= 0x7FFF;
if (EQep1Regs.QFLG.bit.IEL == 1)                    // 检查是否有索引事件发生
 {
  p->index_sync_flag = 0x00F0;
  EQep1Regs.QCLR.bit.IEL=1;                        // 清除中断标志
 }
                                                   // 使用位置计数器进行中高速测量
 if(EQep1Regs.QFLG.bit.UTO==1)                     // 检查单位超时事件是否发生
  { //计算位移量
     pos16bval=(unsigned int)EQep1Regs.QPOSLAT;
     tmp = (long)((long)pos16bval*(long)p->mech_scaler);// Q0×Q26 = Q26
     tmp &= 0x03FFF000;
     tmp = (int)(tmp>>11);                              // Q26 -> Q15
     tmp &= 0x7FFF;
     newp=_IQ15toIQ(tmp);
     oldp=p->oldpos;
     if (p->DirectionQep==0)                             // POSCNT 递减计数
       {
          if (newp>oldp)
            Tmp1 = - (_IQ(1) - newp + oldp);        // 位移量x2-x1 应该为负
          else
            Tmp1 = newp -oldp;
       }
     else if (p->DirectionQep==1)                        // 若 POSCNT 递增计数
       {
          if (newp<oldp)
            Tmp1 = IQ(1) + newp - oldp;
          else
            Tmp1 = newp - oldp;                          // 位移量x2-x1 应该为正
       }
     if (Tmp1>_IQ(1))      p->Speed_fr = _IQ(1);
     else if (Tmp1<_IQ(-1)) p->Speed_fr = _IQ(-1);
     else                  p->Speed_fr = Tmp1;
```

```
        p->oldpos = newp;                                   // 更新电转角
        // 求绝对速度（Q15 -> Q0）
        p->SpeedRpm_fr = _IQmpy(p->BaseRpm,p->Speed_fr);
        EQep1Regs.QCLR.bit.UTO=1;                           // 清除中断标志
    }
    // 使用 QCAP 子模块进行低速测量
    if(EQep1Regs.QEPSTS.bit.UPEVNT==1)                      // 单位位移事件
      {
          if(EQep1Regs.QEPSTS.bit.COEF==0)                  // 未溢出
            temp1=(unsigned long)EQep1Regs.QCPRDLAT;        // temp1 = t2-t1
          else
            temp1=0xFFFF;                                   // 捕获溢出取最大值
          p->Speed_pr = _IQdiv(p->SpeedScaler,temp1);
          Tmp1=p->Speed_pr;
          if (Tmp1>_IQ(1)) p->Speed_pr = _IQ(1);
          else            p->Speed_pr = Tmp1;
          if (p->DirectionQep==0)
          p->SpeedRpm_pr = -_IQmpy(p->BaseRpm,p->Speed_pr);// 转换成 RPM
          else        p->SpeedRpm_pr = _IQmpy(p->BaseRpm,p->Speed_pr);
          EQep1Regs.QEPSTS.all=0x88;  // 清除单位位移事件标志和溢出错误标志
    }
}
```

（4）主函数。

```
void InitEPwm1Gpio(void);                       // 声明 GPIO 初始化函数
void InitEQep1Gpio(void);
void InitEpwm( );                               // 声明 ePWM 初始化函数
void  POSSPEED_Init(void) ;                     // 声明 eQEP1 通道初始化函数
void POSSPEED_Calc(POSSPEED *p);                // 声明测速函数
interrupt void prdTick(void);                   // 声明中断服务函数
POSSPEED qep_posspeed=POSSPEED_DEFAULTS;        // 全局变量声明
Uint16 Interrupt_Count = 0;                     // 中断次数计数器
void main(void)
{
       InitSysCtrl( );                          // 初始化系统控制
InitEQep1Gpio( );
InitEPwm1Gpio( );                               // 初始化 GPIO
EALLOW;
GpioCtrlRegs.GPADIR.bit.GPIO4 = 1;              // 模拟索引脉冲
GpioDataRegs.GPACLEAR.bit.GPIO4 = 1;            // 正常为低电平
EDIS;
       DINT;                                    // 禁止可屏蔽中断
       IER=0x0000;                              // 禁止所有 CPU 中断
       IFR=0x0000;                              // 清除所有 CPU 中断标志位
```

```
        InitPieCtrl( );                           // 初始化 PIE 控制寄存器
        InitPieVectTable( );                      // 初始化 PIE 中断向量表
    EALLOW;
    PieVectTable.EPWM1_INT= &prdTick;             // 重新映射本例中使用的中断向量
    EDIS;
    InitEPwm ( );                                 // 初始化 ePWM
    POSSPEED_Init( ) ;                            // 初始化 eQEP1 通道
    IER |= M_INT3;                                // 允许 CPU 的 INT3
    PieCtrlRegs.PIEIER3.bit.INTx4 = 1;            // 允许 PIE 级中断 INT3.4
    EINT;                                         // 清除 INTM
    ERTM;                                         // 允许全局实时中断
       while(1){ asm(" NOP "); }                  // 空闲循环，等待中断
    }
    interrupt void prdTick(void)                  // EPWM 中断函数定义
    {
    Uint16 i;
       qep_posspeed.calc(&qep_posspeed);          // 调用位置和速度测量函数
      Interrupt_Count++;                          // 中断次数计数器加 1
       if (Interrupt_Count==1000)                 // 每 1000 次中断输出一个索引脉冲 QEPI
        {
         EALLOW;
         GpioDataRegs.GPASET.bit.GPIO4 = 1;       // GPIO4 模拟索引信号，输出高电平
         for (i=0; i<700; i++){ }
         GpioDataRegs.GPACLEAR.bit.GPIO4 = 1;          // GPIO4 模拟索引信号清零
               Interrupt_Count = 0;                    // 中断次数计数器复位为 0
            EDIS;
        }
      PieCtrlRegs.PIEACK.all = PIEACK_GROUP3;          // 清除 PIE 中断组 3 的响应位
      EPwm1Regs.ETCLR.bit.INT=1;                  // 清除全局中断标志位
    }
```

## 思考题

1．TMS320F28335 DSP 控制器具有多少个 ePWM 通道？每个通道包括几个子模块？各子模块的功能分别是什么？哪些子模块是可选的？

2．ePWM 的时间基准子模块的作用是什么？其时基计数器 TBCTR 有几种计数模式？如何计算在这几种计数方式下产生的 PWM 波的载波周期？如何实现各 ePWM 通道时基计数器间的同步？时间基准子模块包括哪些寄存器？

3．ePWM模块的计数比较子模块的作用是什么？在递增、递减和递增/递减模式下各自产生几种比较匹配事件？计数比较子模块包括哪些寄存器？

4．ePWM模块的动作限定子模块的作用是什么？它能接收哪些事件？各事件在不同的时基计数模式下，其优先级如何？每种事件可以产生哪些动作类型？动作限定子模块包括哪些寄存器？

5．ePWM模块的PWM斩波子模块的作用是什么？简述其斩波原理。如何控制首脉冲宽度和后续斩波脉冲占空比？

6．ePWM模块的事件触发子模块的作用是什么？其输入触发信号有哪些？

7．假定系统时钟为150MHz，ePWM的基准时钟频率为系统时钟频率的一半，若要实现5kHz的不对称PWM波形输出，则ePWM模块的比较功能子模块的工作模式可以配置成哪种？周期寄存器TBPRD的值应该设置为多少？

8．假定系统时钟为150MHz，ePWM的基准时钟频率为系统时钟频率的一半，为了实现双边的死区控制，试计算DBRED和DBFED寄存器的值，使得死区时间分别为1μs、5μs和10μs。

9．高精度脉宽调制模块的作用是什么？请简述其工作原理。

10．eCAP模块有哪几种工作模式？各模式下的功能有何区别？

11．在捕获模式下，eCAP模块由哪几部分组成？连续捕获和单次捕获的工作过程有何不同？连续捕获时最多可以捕获几种事件？各事件可以设置为什么跳变？

12．在APWM模式下，分别用哪些寄存器作周期寄存器和比较寄存器？如何设置输出PWM波形的载波周期和有效脉冲宽度？

13．eCAP模块包含哪些中断源？

14．说明光电编码器的输出脉冲频率与编码器线数和电机转速间的关系。

15．简述M法测速与T法测速的优缺点。

16．TMS320F28335芯片的eQEP模块包括哪几个子模块？各子模块的功能分别是什么？

17．在eQEP模块中，QCAP子模块的功能是什么？简述其基本工作原理。

18．在eQEP模块中，PCCU子模块有哪些操作（复位）模式？简述其特点及适用场合。

# 第 8 章　串行通信类外设及其应用

DSP 控制器与外界设备进行信息交换的通信方式可以分为串行通信和并行通信两大类。并行通信中各数据位同时传送，具有传送速度快、效率高的优点，但其传输线路多，硬件开销大，只适用于近距离通信，一般用于系统内部。串行通信中各数据位被逐位按顺序传送，虽然传输速度较慢，且收发双方必须遵循一定的通信协议，但其硬件开销小，传输成本低，并可以应用于远距离通信，故常用于设备间的通信。

TMS320F28335 芯片内集成了大量串行通信类外设，包括异步串行通信接口（Serial Communication Interface，SCI）模块、同步串行外设接口（Serial Peripheral Interface，SPI）模块及内部集成电路总线（Inter-Integrated Circuit Bus，$I^2C$ Bus）模块等，可以满足工业控制领域的通信需求。

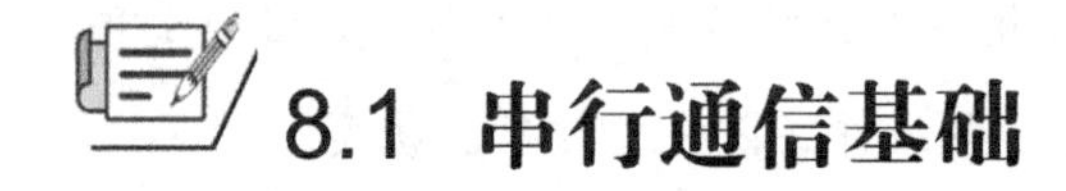

## 8.1 串行通信基础

### 8.1.1 异步通信与同步通信

根据信号的同步方式，串行通信可以分为异步通信和同步通信。

1. 异步通信

在异步通信中，收发双方使用各自时钟控制数据的发送和接收过程，并利用一帧字符中的起始位和停止位实现收发同步。为使双方的收发协调，要求发送和接收设备的时钟尽可能一致，如 SCI。异步通信的特点在于实现容易、设备开销较小，但每个字符帧需要附加 2～3 位，用于数据的同步及校验，各帧之间还有间隔。异步通信数据帧格式如图 8-1 所示。

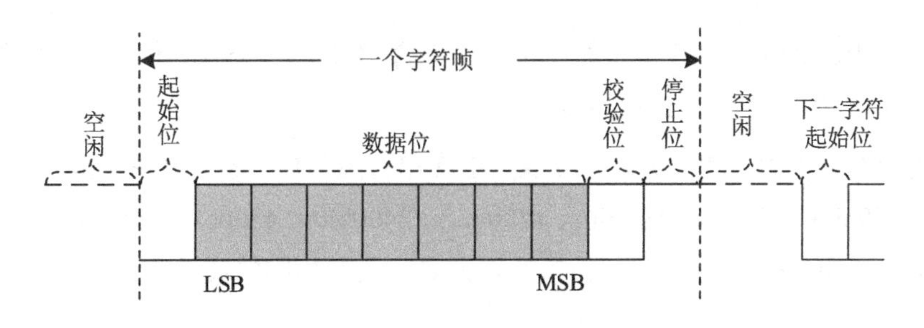


图 8.1　异步通信数据帧格式

因此，异步通信的传输效率不高，一般用在数据传输时间不确定、发送数据不连续、数据量较少及数据传输速率较低的场合。

2. 同步通信

在同步通信中，要建立发送方时钟对接收方时钟的直接控制，收发双方通过“同步时钟信号”建立同步机制。接收方一旦检测到同步开始信号，就开始缓存之后的所有数据，直到检测到同步结束信号为止，如 SPI、I²C。同步通信的特点在于以数据块（若干字符）为单位进行传输，提高了传输效率，并且通过采用传输控制字来增加通信控制能力及数据校验能力。因此，同步通信一般用在要求快速、连续传输大批量数据的场合。

## 8.1.2　串行通信数据的传送方式

在串行通信中，数据通常是在两个站之间进行传送的，按照数据流的方向可以分为 3 种基本的传送方式：全双工、半双工和单工。

串行通信的 3 种数据传送方式如图 8.2 所示。单工指数据只能单向传输，一方只能发送，另一方只能接收；半双工指数据可以沿两个方向传输，但必须分时进行，即同一时刻只能在一个方向上传输数据；全双工指两个站点之间可以同时发送和接收数据。

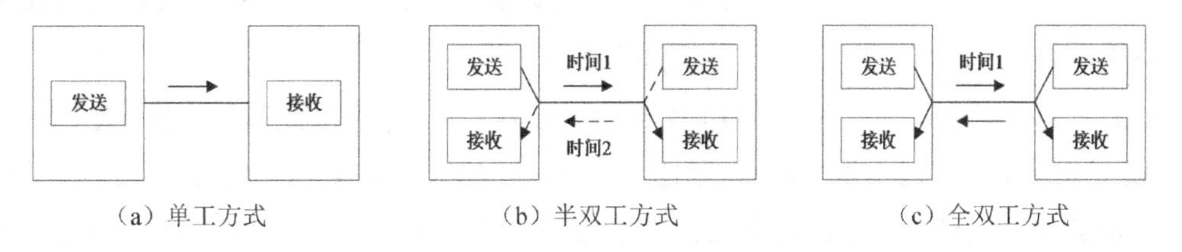


（a）单工方式　（b）半双工方式　（c）全双工方式

图 8.2　串行通信的 3 种数据传送方式

## 8.1.3　通信速率

通信速率反映数据传输的快慢，主要有数据传输率和波特率两个指标。在串行通信中，常用波特率表示数据传输的速率。波特率定义为每秒传输二进制代码的位数，单位是 bit/s。

例如，每秒钟传送 240 个字符帧，每个字符帧包含 10 位（1 个起始位、8 个数据位和 1 个停止位），则此时的波特率为 2400bit/s。

虽然波特率可以由通信双方任意定义，但在串行通信中，还是采用标准的波特率系列，如 110bit/s、150bit/s、300bit/s、600bit/s、1200bit/s、2400bit/s、4800bit/s、9600bit/s、19200bit/s、115200bit/s 及 38400bit/s 等。相互通信的双方必须具有相同的波特率，否则无法成功地完成串行通信。

### 8.1.4 串行通信的校验

串行通信的目的不只是传送数据信息，更重要的是确保数据准确无误地传送。因此，必须考虑在通信过程中对数据差错进行校验。常用的差错校验方法有奇偶校验、累加和校验及循环冗余码校验（CRC）等。

## 8.2 SCI 模块

SCI 模块具有发送和接收两根信号线，如 UART（通用异步接收/发送装置），支持 CPU 与其他使用标准非归零格式（NRZ）的异步外围设备间的数字通信。

### 8.2.1 SCI 模块概述

TMS320F28335 DSP 控制器具有 3 个结构与功能完全相同的 SCI 模块（SCIA、SCIB 和 SCIC）。每个 SCI 模块各有一个接收器和发送器。它们均为双缓冲且带 16 级先入先出（FIFO）队列，具有独立的使能位和中断位，可以独立进行半双工通信，或者联合起来进行全双工通信。SCI 与 CPU 接口示意图如图 8.3 所示。

SCI 模块有两个外部引脚：SCITXD 和 SCIRXD，负责数据的发送和接收。使用该模块时需要开发者通过 GPIOMUX 寄存器将对应的 GPIO 设置成 SCI 功能。系统时钟 SYSCLKOUT 经过低速预定标器之后，输出低速时钟 LSPCLK 供给 SCI 模块，为保证 SCI 模块的正常运行，必须使能 SCI 的时钟，即将外设时钟控制寄存器 PCLKCR 中的 SCI*x*ENCLK（*x* 为 A、B 或 C）位置 1。此外，SCI 模块具有独立的发送中断 TXINT 和接收中断 RXINT，发送和接收可以通过中断或查询方式来实现。

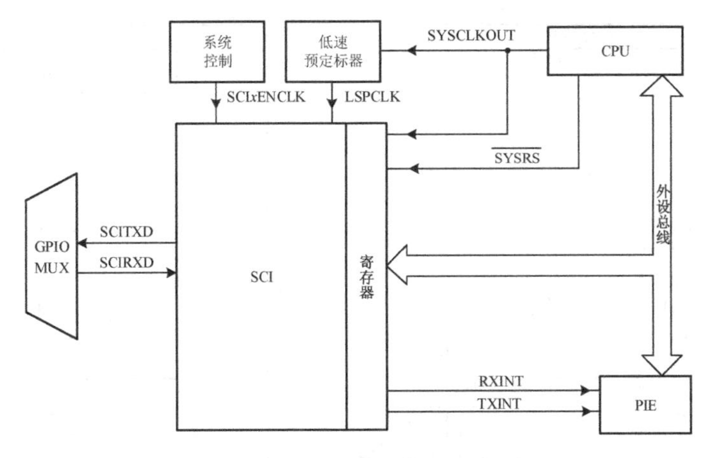


图 8.3 SCI 与 CPU 接口示意图

## 8.2.2 SCI 模块工作原理

### 一、结构与工作方式

SCI 模块结构及数据收发示意图如图 8.4 所示。

SCI 模块的发送器包括一个发送移位器 TXSHF、一个数据发送缓冲寄存器 SCITXBUF 及 16 级发送 FIFO（TX FIFO_0～TX FIFO_15）；接收器包括一个接收移位器 RXSHF、一个数据接收缓冲寄存器 SCIRXBUF 及 16 级接收 FIFO（RX FIFO_0～RX FIFO_15）。在进行 SCI 通信时，只需将通信双方的数据发送引脚 SCITXD 和数据接收引脚 SCIRXD 分别相连即可。

SCI 模块数据收发通常采用两种工作方式：查询方式和中断方式。

#### 1. 查询方式

SCI 模块发送数据时，数据发送缓冲寄存器 SCITXBUF 从数据发送 FIFO 中获取待发送数据（若未使用 FIFO，则发送方直接将待发送数据写入 SCITXBUF）；当发送移位器 TXSHF 空时，会自动装载 SCITXBUF 中的数据，若此时发送功能使能（SCICTL1[TXENA]=1），则 TXSHF 会将接收到的数据从 SCITXD 引脚上逐位发送出去，完成发送过程。

SCI 模块接收数据时，数据接收移位寄存器 RXSHF 逐位接收来自 SCIRXD 引脚的数据；若此时接收功能使能（SCICTL1[RXENA]=1），则 RXSHF 会将接收到的数据传输给接收缓冲寄存器 SCIRXBUF，并通知 CPU 读取。

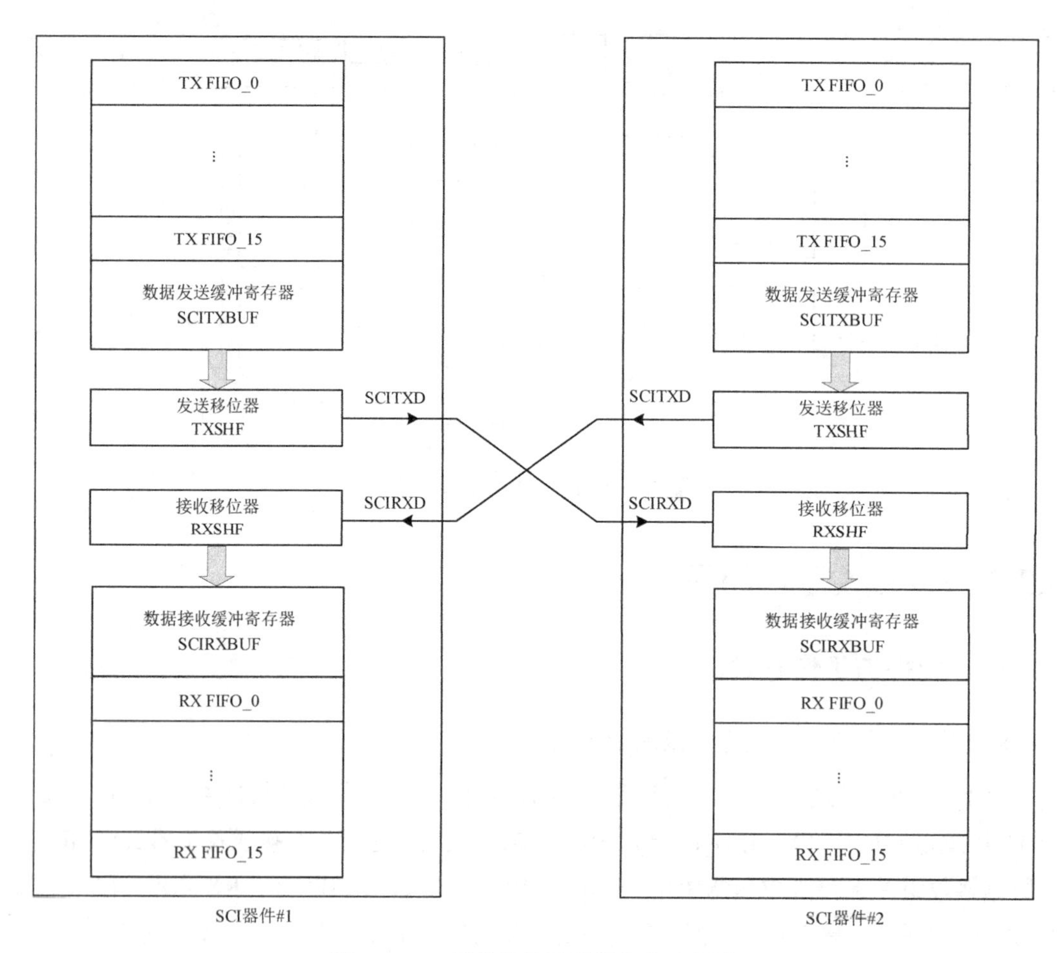


图 8.4 SCI 模块结构及数据收发示意图

### 2. 中断方式

以 SCIA 为例，其发送中断和接收中断分别位于 PIE 模块第 9 组的第 1 位和第 2 位，同时对应 CPU 中断的 INT9。当发送缓冲就绪标志位 TXRDY 被置位时，表示允许 CPU 将下一个待发送数据写入 SCITXBUF，同时产生一个发送中断 TXINT 的请求信号；若此时相应的 SCI 中断、PIE 级中断和 CPU 级中断已经使能，则响应 SCI 的发送中断。同理，当接收就绪标志位 RXRDY 被置位时，表示已经接收到一个数据，同时产生一个接收中断 RXINT 的请求信号；若此时各级中断已经使能，则响应 SCI 的接收中断。在实际应用时，一般采用查询方式，但有时为提高程序执行效率，也可以采用中断方式。

## 二、SCI 数据帧格式

SCI 模块在接收和发送数据时均使用 NRZ 异步传输格式，且每个数据（字符）均以相同的帧格式进行传送。典型 SCI 数据帧格式如图 8.5 所示。

SCI 数据帧包含 1 个起始位、1～8 个数据位，1 个可选的奇/偶校验位、1～2 个停止位及 1 个用于区分是数据帧还是地址帧的附加位（仅在地址位模式下使用）。每个数据位占用 8 个 SCICLK 时钟周期，即 LSPCLK。若接收器 SCIRXD 在连续 4 个以上的 SCICLK 时钟周期检测到低电平，则认为接收到一个有效的起始位。对于帧起始位后的数据位，采用多数表决的机制来确定该位的值。具体做法是在第 4、第 5、第 6 连续 3 个 SCICLK 时钟周期内进行采样，将 3 次采样中两次以上相同的值作为该数据位的接收值。

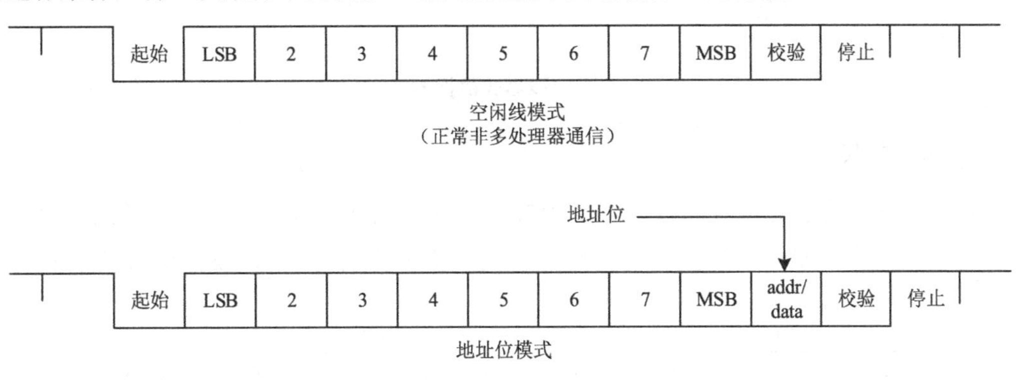


图 8.5　典型 SCI 数据帧格式

## 三、多处理器通信模式

SCI 模块支持多处理器通信，即允许在一条数据线上同时将数据块传送至多个处理器。需要注意的是，在进行多处理器通信时，一条数据线上在任何时刻都可以有多个接收者，但只能有一个发送者。

当主机需要与某从机进行通信时，首先必须识别出该从机，具体方法是为挂接在串行总线上的每一个处理器分配一个特定的地址。在传送具体数据信息之前，先在总线上广播地址信息，以唤醒与地址相符的处理器，从而使通信双方建立起逻辑上的连接，这就是多处理器通信的基本原理。此外，为了便于接收方区分当前收到的字符是地址信息还是数据信息，SCI 模块提供了两种方式：空闲线多处理器通信方式（空闲线模式）和地址位多处理器通信方式（地址位模式）。选择哪种通信方式具体由 SCICCR[ADDR/IDLE MODE]位编程控制。

### 1. 空闲线模式

空闲线模式是在地址字符之前预留 10 位以上的空闲时间。空闲线模式数据帧示意图如图 8.6 所示。

空闲线模式利用空闲周期的长短来确定地址帧的位置。在该模式下，数据块之间的空闲周期大于或等于 10 个位周期，数据块内的空闲周期小于 10 个位周期。当需要传输的数据块大于 10 个字节时，空闲线模式特别有效。

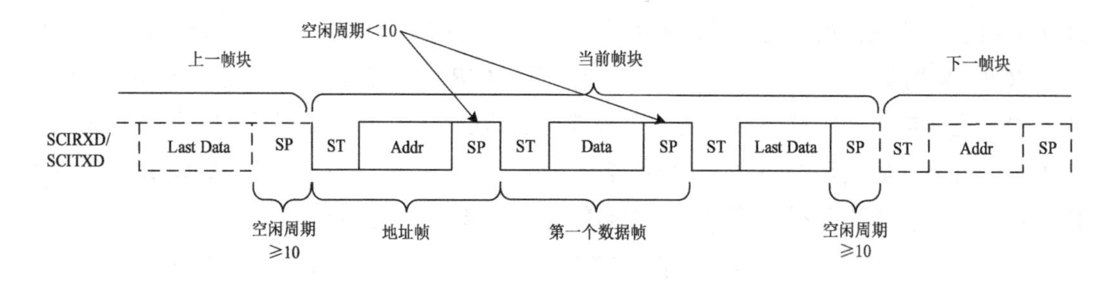


图 8.6 空闲线模式数据帧示意图

### 2. 地址位模式

地址位模式是通过在普通数据帧中附加一个地址位来识别该帧是地址还是数据信息的。该模式在传输多个小数据块时更有效。地址位模式数据帧示意图如图 8.7 所示。

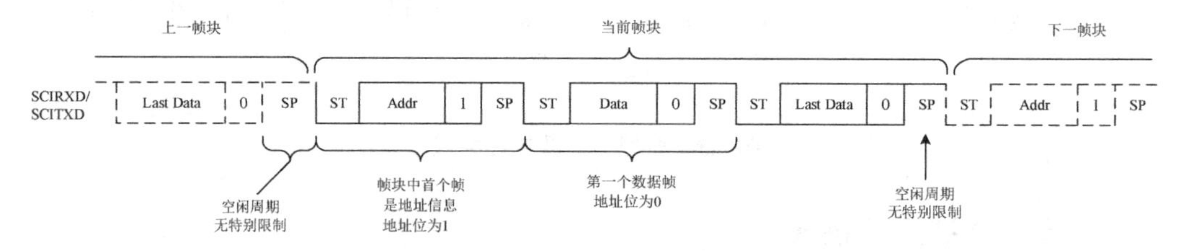


图 8.7 地址位模式数据帧示意图

## 8.2.3 SCI 模块寄存器

SCI 模块的工作模式、数据帧格式、波特率及中断使能均由相应的寄存器进行控制。以 SCIA 模块为例，其包括 3 个控制类寄存器[通信控制寄存器（SCICCR）、控制寄存器（SCICTL1 和 SCICTL2）]、2 个波特率选择寄存器（SCIHBAUD 和 SCILBAUD）、3 个数据类寄存器[数据发送缓冲寄存器（SCITXBUF）、数据接收缓冲寄存器（SCIRXBUF）和接收仿真数据缓冲寄存器（SCIRXEMU）]、1 个状态寄存器（SCIRXST）及 1 个优先级控制寄存器（SCIPRI）。

此外，SCIA 模块还包括与 FIFO 功能相关的 3 个 16 位寄存器[发送 FIFO 寄存器（SCIFFTX）、接收 FIFO 寄存器（SCIFFRX）和 FIFO 控制寄存器（SCIFFCT）]。

### 一、控制类寄存器

3 个控制类寄存器均为 8 位。其中，SCICCR 寄存器用于数据格式、通信协议及传输模式的配置；SCICTL1 寄存器用于控制 SCI 收发器的使能、唤醒及休眠模式；SCICTL2 寄存器包含发送就绪标志与发送器空标志等，用于控制接收/间断中断及发送中断的使能。

SCICCR 寄存器和位定义分别如图 8.8 和表 8.1 所示。

| 7 | 6 | 5 | 4 | 3 | 2 | 1 | 0 |
|---|---|---|---|---|---|---|---|
| STOP BITS | EVEN/ODD PARITY | PARITY ENABLE | LOOPBACK ENA | ADDR/IDLE MODE | SCICH AR2 | SCICH AR1 | SCICH AR0 |
| R/W-0 | R/W-0 | R/W-0 | R/W-0 | R/W-0 | R/W-0 | R/W-0 | R/W-0 |

图 8.8　SCICCR 寄存器

**表 8.1　SCICCR 寄存器的位定义**

| 位　号 | 名称 | 说　明 |
|---|---|---|
| 7 | STOP BITS | 停止位位数。0 表示 1 个停止位；1 表示 2 个停止位 |
| 6 | EVEN/ODD PARITY | 奇/偶校验选择位。0 表示奇校验；1 表示偶校验 |
| 5 | PARITY ENABLE | 奇/偶校验使能位。0 表示禁止；1 表示使能 |
| 4 | LOOPBACK ENA | 回送自检模式使能位。0 表示禁止；1 表示使能 |
| 3 | ADDR/IDLE MODE | 多处理器模式选择位。0 表示空闲线模式；1 表示地址位模式 |
| 2~0 | SCI CHAR | SCI 数据长度控制位。字符长度=SCICHAR[2:0]+1 |

SCICTL1 寄存器如图 8.9 所示。

| 7 | 6 | 5 | 4 | 3 | 2 | 1 | 0 |
|---|---|---|---|---|---|---|---|
| Reserved | RX ERR INT ENA | SW RESET | Reserved | TXWAKE | SLEEP | TXENA | RXENA |
| R-0 | R/W-0 | R/W-0 | R-0 | R/S-0 | R/W-0 | R/W-0 | R/W-0 |

图 8.9　SCICTL1 寄存器

SCICTL1 寄存器的位定义如表 8.2 所示。

**表 8.2　SCICTL1 寄存器的位定义**

| 位　号 | 名　称 | 说　明 |
|---|---|---|
| 7 | Reserved | 保留 |
| 6 | RX ERR INT ENA | SCI 接收错误中断使能位。0 表示屏蔽接收错误中断；1 表示使能接收错误中断 |
| 5 | SW RESET | SCI 软件复位（低有效） |
| 4 | Reserved | 保留 |
| 3 | TX WAKE | SCI 发送唤醒模式选择位。0 表示无发送特征；1 表示发送特征取决于选择的通信模式（在空闲模式下，向该位写 1，然后写数据到 SCITXBUF，产生一个 11 位的空闲时间） |
| 2 | SLEEP | SCI 休眠控制位。0 表示禁止休眠模式；1 表示允许休眠模式 |
| 1 | TXENA | SCI 发送使能位。0 表示禁止发送；1 表示使能发送 |
| 0 | RXENA | SCI 接收使能位。0 表示禁止接收；1 表示使能接收 |

SCICTL2 寄存器如图 8.10 所示。

| 7 | 6 | 5～2 | 1 | 0 |
|---|---|---|---|---|
| TXRDY | TX EMPTY | Reserved | RX/BK INT ENA | TX INT ENA |
| R-1 | R-1 | R-0 | R/W-0 | R/W-0 |

图 8.10　SCICTL2 寄存器

SCICTL2 寄存器的位定义如表 8.3 所示。

**表 8.3　SCICTL2 寄存器的位定义**

| 位　号 | 名　称 | 说　明 |
| --- | --- | --- |
| 7 | TXRDY | 发送缓冲就绪标志位。0 表示 SCITXBUF 已满；1 表示 SCITXBUF 准备接收下一组数据 |
| 6 | TX EMPTY | 发送空标志位。0 表示 SCITXBUF 或 TXSHF 中有数据；1 表示 SCITXBUF 和 TXSHF 均为空 |
| 5～2 | Reserved | 保留 |
| 1 | RX/BK INT ENA | 接收缓冲器/间断中断使能位。0 表示禁止；1 表示使能 |
| 0 | TX INT ENA | 发送缓冲器中断使能位。0 表示禁止 TXRDT 中断；1 表示使能 TXRDT 中断 |

## 二、波特率选择寄存器

TMS320F28335 芯片中的每一个 SCI 模块均具有 2 个 8 位的波特率选择寄存器 SCIHBAUD 和 SCILBAUD，两者分别用于规定波特率的高 8 位和低 8 位，共同构成 16 位波特率的值，记为BRR。因此，SCI模块支持64K的可编程波特率。SCIHBAUD和SCILBAUD寄存器如图 8.11 所示。

| 15 | 14 | 13 | 12 | 11 | 10 | 9 | 8 |
| --- | --- | --- | --- | --- | --- | --- | --- |
| BAUD15 | BAUD14 | BAUD13 | BAUD12 | BAUD11 | BAUD10 | BAUD9 | BAUD8 |
| R/W-0 | R/W-0 | R/W-0 | R/W-0 | R/W-0 | R/W-0 | R/W-0 | R/W-0 |

| 7 | 6 | 5 | 4 | 3 | 2 | 1 | 0 |
| --- | --- | --- | --- | --- | --- | --- | --- |
| BAUD7 | BAUD6 | BAUD5 | BAUD4 | BAUD3 | BAUD2 | BAUD1 | BAUD0 |
| R/W-0 | R/W-0 | R/W-0 | R/W-0 | R/W-0 | R/W-0 | R/W-0 | R/W-0 |

图 8.11　SCIHBAUD 和 SCILBAUD 寄存器

当 1≤BRR≤65535 时：

$$BRR = \frac{LSPCLK}{SCI\_BAUD \times 8} - 1 \tag{8-1}$$

当 BRR=0 时：

$$SCI\_BAUD = \frac{LSPCLK}{16} \tag{8-2}$$

式中，SCI_BAUD 为所需 SCI 模块的波特率；LSPCLK 为低速外设时钟。

## 三、数据类寄存器

数据类寄存器包括数据发送缓冲寄存器（SCITXBUF）、数据接收缓冲寄存器（SCIRXBUF）和接收仿真数据缓冲寄存器（SCIRXEMU）。寄存器 SCITXBUF 用于存放下一个将要发送的数据。SCIRXBUF 和 SCIRXEMU 寄存器均用于缓存接收到的数据。它们的不同之处在于，前者用于普通的接收操作，读取该寄存器会清除 RXRDY 标志；后者主要用于仿真，读取该寄存器不会清除 RXRDY 标志。

## 四、状态寄存器和优先级控制寄存器

SCI 模块接收状态寄存器（SCIRXST）用于反映接收器的状态。SCIRXST 寄存器如图 8.12 所示。

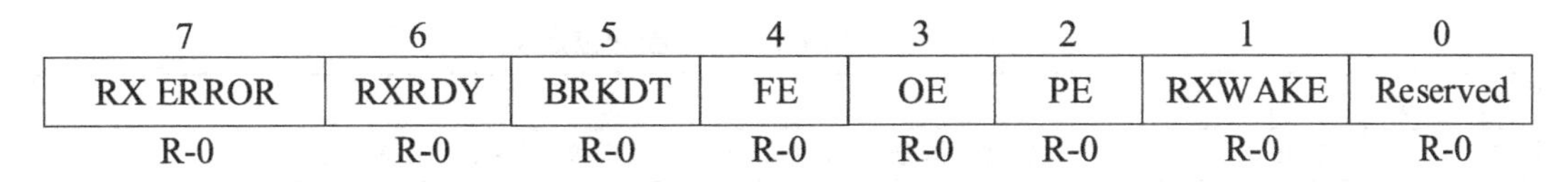

| 7 | 6 | 5 | 4 | 3 | 2 | 1 | 0 |
|---|---|---|---|---|---|---|---|
| RX ERROR | RXRDY | BRKDT | FE | OE | PE | RXWAKE | Reserved |
| R-0 | R-0 | R-0 | R-0 | R-0 | R-0 | R-0 | R-0 |

图 8.12　SCIRXST 寄存器

SCIRXST 寄存器的位定义如表 8.4 所示。

表 8.4　SCIRXST 寄存器的位定义

| 位　号 | 名　称 | 说　明 |
|---|---|---|
| 7 | RX ERROR | SCI 接收错误标志位。0 表示无接收错误；1 表示有接收错误 |
| 6 | RXRDY | SCI 接收就绪标志位。当 SCIRXBUF 寄存器中出现一个新的字符时，接收器将该位置 1；若此时 RX/BK INT ENA 位置位，则产生一个接收中断。读取 SCIRXBUF 寄存器或有效的软件复位或硬件复位，均可以使该位清零。 |
| 5 | BRKDT | SCI 间断检测标志位。0 表示无间断产生；1 表示有间断条件发生 |
| 4 | FE | 帧格式错误标志位。0 表示帧格式正确；1 表示帧格式错误 |
| 3 | OE | SCI 溢出错误标志位。0 表示无未读数据被覆盖；1 表示有未读数据被覆盖 |
| 2 | PE | SCI 校验错误标志位。0 表示无校验错误或校验被禁止；1 表示有校验错误 |
| 1 | RXWAKE | 接收唤醒检测标志位。0 表示未检测到唤醒条件；1 表示检测到接收器唤醒条件 |
| 0 | Reserved | 保留 |

SCI 模块的优先级控制寄存器（SCIPRI）仅包含两个有效位：SCISOFT 和 SCIFREE，用于规定 SCI 模块仿真挂起时的操作，“00”表示立即停止；“10”表示完成当前发送/接收操作后停止；“x1”表示自由运行。

## 五、FIFO 相关寄存器

与 FIFO 功能相关的寄存器包括发送 FIFO 寄存器（SCIFFTX）、接收 FIFO 寄存器（SCIFFRX）及 FIFO 控制寄存器（SCIFFCT）。SCIFFTX 寄存器如图 8.13 所示。

| 15 | 14 | 13 | 12～8 |
|---|---|---|---|
| SCIRST | SCIFFENA | TXFIFO Reset | TXFFST |
| R/W-1 | R/W-0 | R/W-1 | R-0 |
| **7** | **6** | **5** | **4～0** |
| TXFFINT Flag | TXFFINT CLR | TXFFIENA | TXFFIL |
| R-0 | W-0 | R/W-0 | R/W-0 |

图 8.13 SCIFFTX 寄存器

SCIFFTX 寄存器的位定义如表 8.5 所示。

**表 8.5 SCIFFTX 寄存器的位定义**

| 位　号 | 名　称 | 说　明 |
|---|---|---|
| 15 | SCIRST | SCI 复位标志位。0 表示复位 SCI 发送和接收 FIFO；1 表示使能 |
| 14 | SCIFFENA | FIFO 增强功能使能位。0 表示禁止；1 表示使能 |
| 13 | TXFIFO Reset | 发送 FIFO 复位位。0 表示复位发送 FIFO；1 表示使能发送 FIFO |
| 12～8 | TXFFST[4:0] | 发送 FIFO 状态位。00000～10000 表示发送 FIFO 有 0～16 个字节未发送 |
| 7 | TXFFINT | 发送 FIFO 中断标志位。0 表示无中断；1 表示有中断 |
| 6 | TXFFINT CLR | 发送 FIFO 中断清除位。0 表示无影响；1 表示清除 TXFFINT 位 |
| 5 | TXFFIENA | 发送 FIFO 中断使能位。0 表示禁止；1 表示使能 |
| 4～0 | TXFFIL[4:0] | 发送 FIFO 中断级设定位。当 TXFFST[4:0]中的值小于或等于 TXFFIL[4:0]中的数值时，发送 FIFO 产生中断 |

SCIFFRX 寄存器如图 8.14 所示。

| 15 | 14 | 13 | 12～8 |
|---|---|---|---|
| RXFFOVF | RXFFOVR CLR | RXFIFO Reset | RXFFST |
| R-0 | W-0 | R/W-1 | R-0 |
| **7** | **6** | **5** | **4～0** |
| RXFFINT Flag | RXFFINT CLR | RXFFIENA | RXFFIL |
| R-0 | W-0 | R/W-0 | R/W-1 |

图 8.14 SCIFFRX 寄存器

SCIFFRX 寄存器的位定义如表 8.6 所示。

**表 8.6 SCIFFRX 寄存器的位定义**

| 位　号 | 名　称 | 说　明 |
|---|---|---|
| 15 | RXFFOVF | 接收 FIFO 溢出标志位。0 表示未溢出；1 表示溢出 |
| 14 | RXFFOVF CLR | 接收 FIFO 溢出标志清除位。0 表示无影响；1 表示清除 RXFFOVF |
| 13 | RXFIFO Reset | 接收 FIFO 复位位。0 表示复位接收 FIFO；1 表示使能接收 FIFO |
| 12～8 | RXFFST[4:0] | 接收 FIFO 状态位。00000～10000 表示接收 FIFO 收到 0～16 个字节 |
| 7 | RXFFINT | 接收 FIFO 中断标志位。0 表示无中断；1 表示有中断 |
| 6 | RXFFINT CLR | 接收 FIFO 中断清除位。0 表示无影响；1 表示清除 RXFFINT 位 |
| 5 | RXFFIENA | 接收 FIFO 中断使能位。0 表示禁止；1 表示使能 |
| 4～0 | RXFFIL[4:0] | 接收 FIFO 中断级设定位。当 RXFFST[4:0]中的值大于等于 RXFFIL[4:0]中的数值时，接收 FIFO 将产生中断 |

SCIFFCT 寄存器如图 8.15 所示。

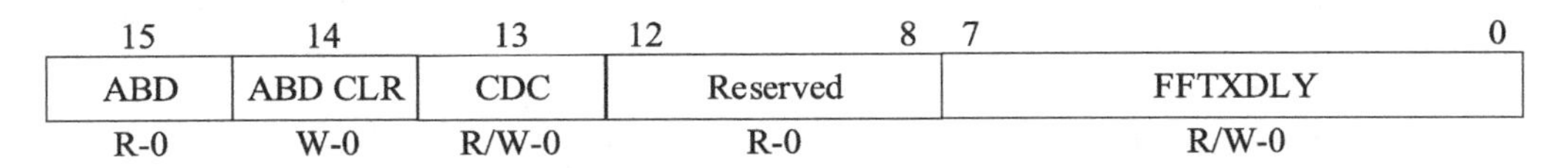


图 8.15　SCIFFCT 寄存器

SCIFFCT 寄存器的位定义如表 8.7 所示。

表 8.7　SCIFFCT 寄存器的位定义

| 位　号 | 名　称 | 说　明 |
|---|---|---|
| 15 | ABD | 自动波特率检测标志位。0 表示未完成检测；1 表示完成检测 |
| 14 | ABD CLR | ABD 标志清除位。0 表示无影响；1 表示清除 ABD 标志 |
| 13 | CDC | 自动波特率检测使能位。0 表示禁止；1 表示使能 |
| 12～8 | Reserved | 保留 |
| 7～0 | FFTXDLY[7:0] | FIFO 发送延时标志位，用于确定每个 FIFO 帧数据从 FIFO 传送到发送移位寄存器的时间；延时时间为 0～255 个波特率时钟周期 |

## 8.2.4　SCI 模块应用实例

### 1. 功能介绍

使用 SCIA 模块建立 DSP 与计算机之间的串口通信连接。利用计算机上的串口调试软件发送数据给 DSP 控制器，DSP 控制器的 SCIA 模块在接收数据后，再将接收到的数据发回计算机。在具体设计中，设定 SCIA 串口通信的数据格式为波特率 9600bit/s，数据位为 8 位，停止位为 1 位，无校验位。

### 2. 具体实现

（1）系统初始化。

```
void InitSysCtrl(void)
   {
     Uint16 i;
     EALLOW;                           // 禁止看门狗定时器
     SysCtrlRegs.WDCR= 0x0068;         // 初始化 PLL 模块
     SysCtrlRegs.PLLCR = 0xA;          // 当外部晶振为 30M 时，SYSCLKOUT=30×10/2=150MHz
     for(i= 0; i< 5000; i++){ }        // 延时，使 PLL 模块能够完成初始化操作
     // 设置高速外设时钟 HSPCLK 和低速外设时钟 LSPCLK
     SysCtrlRegs.HISPCP.all = 0x0001;                // HSPCLK=150/2=75MHz
     SysCtrlRegs.LOSPCP.all = 0x0002;                // LSPCLK=150/4=37.5MHz
     // 对工程中用到的外设进行时钟使能
     SysCtrlRegs.PCLKCR0.bit. SCIAENCLK = 1;         // 使能 SCIA 模块时钟
```

```
    EDIS;
  }
```

（2）GPIO 初始化。

```
void InitSciaGpio ( )
  {
    EALLOW;
    GpioCtrlRegs.GPBPUD.bit.GPIO36 = 0;        // 使能 GPIO36 (SCIRXDA)上拉
    GpioCtrlRegs.GPBPUD.bit.GPIO35 = 0;        // 使能 GPIO35 (SCITXDA) 上拉
    GpioCtrlRegs.GPBQSEL1.bit.GPIO36 = 3;
    GpioCtrlRegs.GPBMUX1.bit.GPIO36 = 1;       // 配置 GPIO36 为 SCIRXDA
    GpioCtrlRegs.GPBMUX1.bit.GPIO35 = 1;       // 配置 GPIO35 为 SCITXDA
    EDIS;
  }
```

（3）SCIA 模块初始化。

```
void InitScia ()
  {
     SciaRegs.SCICCR.all =0x0007;          // 设置 1 位停止位，8 位数据位，无校验位
     SciaRegs.SCICTL1.all =0x0003;         // 复位，使能 SCIA 的发送和接收功能
     SciaRegs.SCICTL2.bit.TXINTENA =1;  // 允许发送和接收中断
     SciaRegs.SCICTL2.bit.RXBKINTENA =1;
     // 初始化 FIFO
     SciaRegs.SCIFFTX.all = 0xE040;
     SciaRegs.SCIFFRX.all = 0x204F;
     SciaRegs.SCIFFCT.all = 0x0;
     // 设置 SCIA 通信波特率
     SciaRegs.SCIHBAUD = 0x0001;           // 波特率为 9600bit/s，LSPCLK = 37.5MHz
     SciaRegs.SCILBAUD = 0x00E7;
     SciaRegs.SCICTL1.all = 0x0023;        // 退出复位
  }
```

（4）主函数。

```
void InitSciaGpio (void) ;
void InitScia (void);                          // 声明 SCIA 初始化函数
void Scia_xmit (int a);                        // 声明字符发送函数
void Scia_msg (char *msg);                     // 声明字符串发送函数
void main(void)
  {
     Uint16 ReceivedChar;
     char *msg;
     InitSysCtrl( );                           // 初始化系统控制
     InitSciaGpio ( );                         // 初始化 GPIO
     DINT;                                     // 禁止可屏蔽中断
```

```
    IER=0x0000;                                          // 禁止所有 CPU 中断
    IFR=0x0000;                                          // 清除所有 CPU 中断标志位
    InitPieCtrl( );                                      // 初始化 PIE 控制寄存器
    InitPieVectTable( );                                 // 初始化 PIE 中断向量表
    InitScia( );                                         // SCIA 模块初始化
    msg = "\r\n Enter a character, DSP will echo it back! \n\0 ";
    Scia_msg (msg);
    while(1)
      {
        msg = "\r\nEnter a character: \0";
        Scia_msg (msg);
        while(SciaRegs.SCIFFRX.bit.RXFFST !=1) { }// 等待，直到接收到数据为止
        ReceivedChar = SciaRegs.SCIRXBUF.all;        // 获取字符
        msg = "You sent: \0";                        // 将接收到的字符发回
        Scia_msg (msg);
        Scia_xmit (ReceivedChar);
      }
  }
void Scia_xmit (int a)                                  // 通过 SCI 模块发送一个字符
  {
     while (SciaRegs.SCIFFTX.bit.TXFFST != 0) { }
     SciaRegs.SCITXBUF=a;
  }
void Scia_msg (char * msg)                              // 通过 SCI 模块发送一个字符串
  {
     int i;
     i = 0;
     while(msg[i] != '\0')
       {
         Scia_xmit(msg[i]);
         i++;
       }
  }
```

## 8.3　SPI 模块

SPI 是一个高速、同步的串行接口标准，其传输数据的位长及传输速度均可以通过编程进行控制。SPI 广泛应用于串行 EEPROM、移位寄存器、显示驱动器、串行 ADC、串行 DAC 等外围器件，以实现外设扩展。

## 8.3.1　SPI 模块概述

TMS320F28335 DSP 控制器具有 1 个增强型 SPI 接口：SPI-A。它具有主动和从动两种工作模式，以及可编程的 1～16 位数据长度、125 种波特率和 4 种时钟模式。此外，SPI-A 发送和接收均为双缓冲，且包含 16 级发送/接收 FIFO，能够实现延时发送控制。SPI 与 CPU 接口示意图如图 8.16 所示。

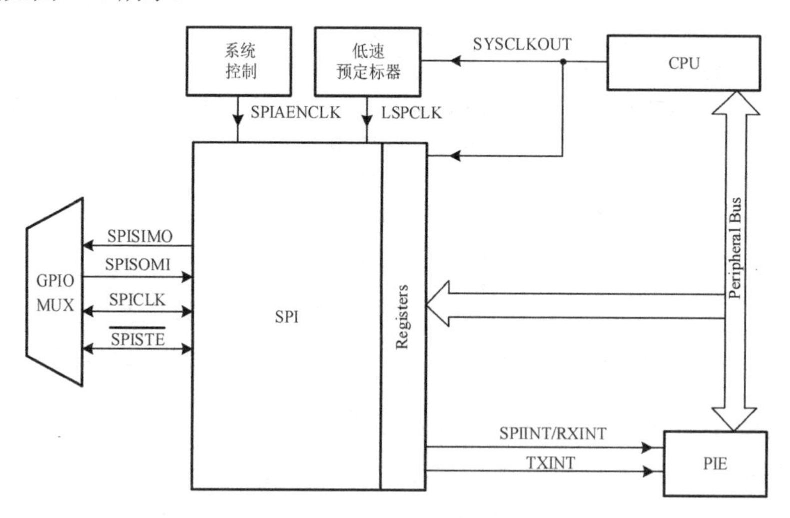


图 8.16　SPI 与 CPU 接口示意图

SPI 模块具有 4 个外部引脚：SPI 主机输入从机输出数据引脚 SPISOMI、SPI 从机输入主机输出数据引脚 SPISIMO、串行同步时钟引脚 SPICLK 和 SPI 从机发送使能引脚 $\overline{\text{SPISTE}}$。引脚在使用时需要通过 GPIOMUX 寄存器将对应的 GPIO 设置成 SPI 功能。同时，系统时钟 SYSCLKOUT 经低速预定标器后，输出低速时钟 LSPCLK 供给 SPI 模块，为保证 SPI 模块的正常运行，必须使能 SPI 的时钟，即将外设时钟控制寄存器（PCLKCR）中的 SPIAENCLK 位置 1。此外，SPI 模块数据的收发都可以通过查询或中断方式来实现。

## 8.3.2　SPI 模块的工作原理

### 一、结构与数据传输原理

SPI 模块既可以工作在主控制器模式下，又可以工作在从控制器模式下，具体由 SPICTL 寄存器的 MASTER/SLAVE 位决定。SPI 模块结构与数据传输示意图如图 8-17 所示。SPI 模块的核心是一个 16 位的移位寄存器（SPIDAT），发送和接收数据均通过该寄存器进行。时钟信号 SPICLK 由主机提供，为整个串行通信网络提供同步时钟。$\overline{\text{SPISTE}}$ 引脚用于从机设备的片选使能，且低电平有效，数据传输完毕后，该引脚被置高。

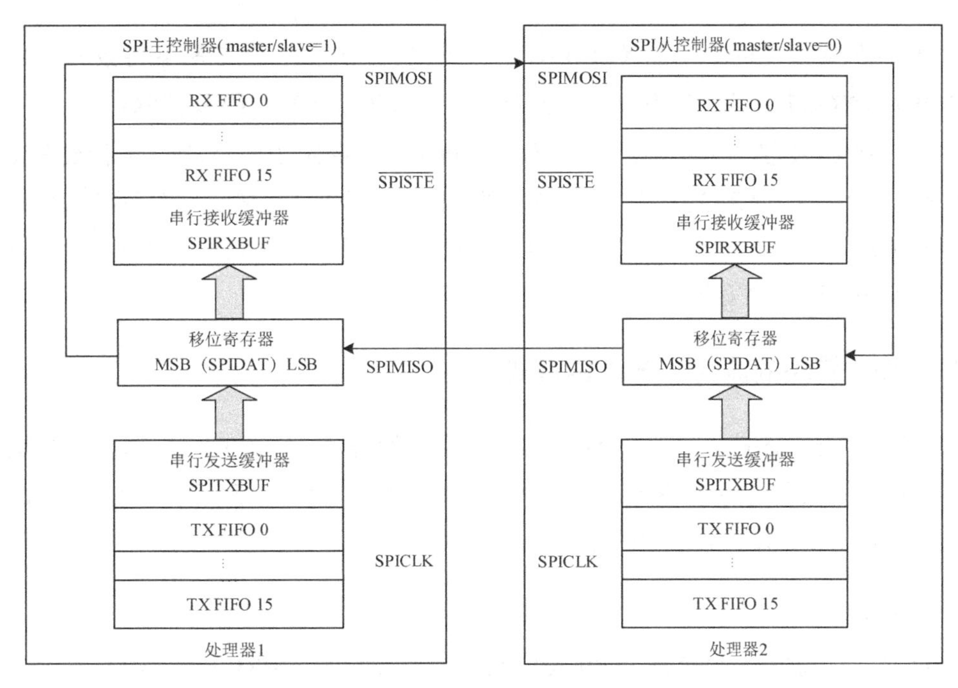


图 8.17　SPI 模块结构与数据传输示意图

### 1. 主模式

在主模式（SPICTL[MASTER/SLAVE]=1）下，数据通过 SPIMOSI 引脚输出，同时锁存 SPIMISO 引脚输入的数据。

主机发送数据时，写入 SPIDAT 寄存器或发送缓冲寄存器（SPITXBUF）的数据将启动 SPISIMO 引脚的数据传送功能，在 SPICLK 的上升沿或下降沿，通过 SPIMOSI 引脚将数据按照从高位（MSB）至低位（LSB）的顺序逐位输出；若发送的数据与设定的数据个数相等，则发送中断标志位（SPITXINT）置位。从机接收数据时，将来自 SPIMOSI 引脚的串行数据移位至从机 SPIDAT 寄存器的最低位（LSB）；当数据接收完毕后，从控制器将数据并行写入接收缓冲寄存器（SPIRXBUF）并压入 RXFIFO 中，同时产生中断标志位等待 CPU 读取。

### 2. 从模式

在从模式（SPICTL[MASTER/SLAVE]=0）下，数据通过 SPIMISO 引脚输出，同时锁存 SPIMOSI 引脚输入的数据。外部主控制器通过 SPICLK 引脚为从控制器提供同步时钟信号，并决定数据的传输速率。

当 $\overline{\text{SPISTE}}$ 引脚为低电平，即允许从机向串行总线发送数据时，在 SPICLK 引脚的合适边沿，通过 SPIMISO 引脚将已经写入从机 SPIDAT 寄存器中的数据按照从高位（MSB）至低位（LSB）的顺序逐位输出。主机接收数据时，将来自 SPIMISO 引脚的串行数据移位至主机 SPIDAT 寄存器的最低位（LSB），当数据接收完毕后，从控制器将数据并行写入 SPIRXBUF 寄存器并压入 RXFIFO 中，同时产生中断标志位等待 CPU 读取。

注意：SPICLK 的输入频率最高不超过 LSPCLK 频率的 1/4。另外，串行数据长度由 SPICCR 寄存器的 CHAR 位控制。若传输数据的长度小于 16 位，则为了保证首先发送最高位，SPITXBUF 寄存器中的数据必须左对齐，同时，由于每次接收到的数据是写在最低位的，因此 SPIRXBUF 寄存器中的数据必须右对齐。

## 二、SPI 模块的波特率与时钟模式

SPI 模块支持 125 种可编程波特率和 4 种不同的时钟模式。在主模式下，SPI 模块通过 SPICLK 引脚向外提供同步时钟信号；在从模式下，SPI 模块通过 SPICLK 引脚接收由外部时钟源（主控制器）提供的同步时钟信号。

### 1. SPI 波特率

SPI 波特率由波特率寄存器（SPIBRR）编程进行控制，SPIBRR 寄存器如图 8.18 所示。该寄存器的 D7 位保留，由低 7 位（D6～D0）决定波特率值。

| 7 | 6 | 5 | 4 | 3 | 2 | 1 | 0 |
|---|---|---|---|---|---|---|---|
| Reserved | SPI BIT RATE6 | SPI BIT RATE5 | SPI BIT RATE4 | SPI BIT RATE3 | SPI BIT RATE2 | SPI BIT RATE1 | SPI BIT RATE0 |
| R-0 | R/W-0 | R/W-0 | R/W-0 | R/W-0 | R/W-0 | R/W-0 | R/W-0 |

图 8.18 SPIBRR 寄存器

当 3≤SPIBRR≤127 时：

$$\mathrm{SPI\_BAUD}=\frac{\mathrm{LSPCLK}}{\mathrm{SPIBRR}+1} \tag{8-3}$$

当 0≤SPIBRR≤2 时：

$$\mathrm{SPI\_BAUD}=\frac{\mathrm{LSPCLK}}{4} \tag{8-4}$$

式中，LSPCLK 为低速外设时钟。

### 2. SPI 时钟模式

SPI 时钟模式由 SPICCR 寄存器的时钟极性位（CLOCK POLARITY）和 SPICTL 寄存器的时钟相位选择位（CLOCK PHASE）共同决定。前者确定时钟的有效沿（上升沿或下降沿）；后者确定是否有半个时钟周期的延时。SPI 的 4 种时钟模式及配置方式如表 8.8 所示。

表 8.8　SPI 的 4 种时钟模式及配置方式

| 配 置 方 式 | 时钟模式及含义 |
| --- | --- |
| CLOCK POLARITY=0<br>CLOCK PHASE=0 | 无相位延时的上升沿。SPI 在 SPICLK 引脚的上升沿发送数据，下降沿接收数据 |
| CLOCK POLARITY=0<br>CLOCK PHASE=1 | 有相位延时的上升沿。SPI 在 SPICLK 引脚上升沿前的半个周期发送数据，上升沿接收数据 |
| CLOCK POLARITY=1<br>CLOCK PHASE=0 | 无相位延时的下降沿。SPI 在 SPICLK 引脚的下降沿发送数据，上升沿接收数据 |
| CLOCK POLARITY=1<br>CLOCK PHASE=1 | 有相位延时的下降沿。SPI 在 SPICLK 引脚下降沿前的半个周期发送数据，下降沿接收数据 |

### 三、SPI 模块的 FIFO 功能

如图 8.17 所示，SPI 模块的发送器和接收器均包含一个 16 级的先入先出 FIFO，且发送 FIFO 和接收 FIFO 均为 16 位宽度。当 SPIDAT 寄存器中的最后一位被移出后，SPITXBUF 寄存器将从发送 FIFO 中装载数据。并且，在该模式下，可以根据两个 FIFO 的数据装载状态确定其中断级别，还可以根据实际需求决定当 FIFO 中有多少个数据时，通知 CPU 从接收 FIFO 中读取数据，或者向发送 FIFO 中写入新数据。此外，发送 FIFO 还具有可编程的延时发送功能，延时时间范围为 0～255 个波特率时钟。

当系统复位时，SPI 模块处于标准 SPI 模式，禁止 FIFO 功能。在该模式下，通过 SPITXINT 和 SPIRXINT 向 CPU 申请发送和接收中断。通过将发送 FIFO 寄存器 SPIFFTX 中的 SPIFFEN 位置 1，可以使能 FIFO 模式；将 SPIFFTX 寄存器中的 SPIRST 位置 0，可以复位 FIFO 的发送和接收通道。在 FIFO 增强模式下，通过 SPITXINT 申请发送中断，通过 SPIINT/SPIRXINT 申请接收中断。对接收 FIFO 而言，产生接收错误或接收 FIFO 溢出都会产生 SPIINT/SPIRXINT 中断，而对于标准 SPI 模式的发送和接收，唯一的 SPIINT 将被禁止且这个中断将服务于接收 FIFO 中断。

## 8.3.3　SPI 模块寄存器

SPI 模块包括 2 个控制类寄存器[配置控制寄存器（SPICCR）、操作控制寄存器 SPICTL）]、1 个波特率选择寄存器（SPIBRR）、4 个数据类寄存器[移位寄存器（SPIDAT）、数据发送缓冲寄存器（SPITXBUF）、数据接收缓冲寄存器（SPIRXBUF）和接收仿真数据缓冲寄存器（SPIRXEMU）]、1 个状态寄存器（SPISTS）及 1 个优先级控制寄存器（SPIPRI）。

此外， SPI 模块 FIFO 还包括与 FIFO 功能相关的 3 个 16 位寄存器[发送 FIFO 寄存器（SPIFFTX）、接收 FIFO 寄存器（SPIFFRX）和 FIFO 控制寄存器（SPIFFCT）]。

## 一、控制类寄存器

2 个控制类寄存器均为 8 位。其中，SPICCR 寄存器用于传输字符长度、软件复位及时钟极性的配置；SPICTL 寄存器用于规定工作模式、时钟相位、中断和使能等信号。SPICCR 寄存器和位定义分别如图 8.19 和表 8.9 所示。

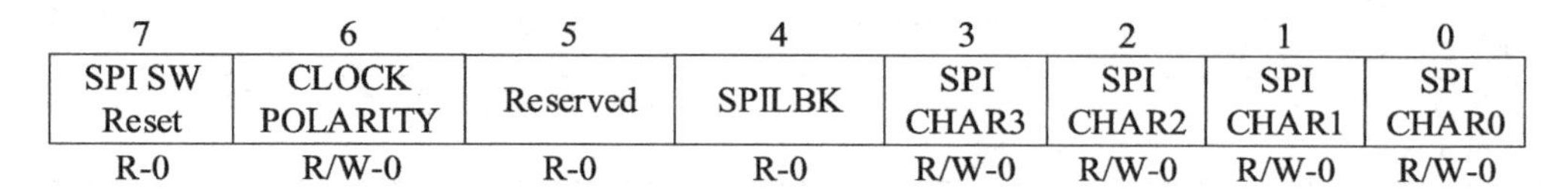

| 7 | 6 | 5 | 4 | 3 | 2 | 1 | 0 |
|---|---|---|---|---|---|---|---|
| SPI SW Reset | CLOCK POLARITY | Reserved | SPILBK | SPI CHAR3 | SPI CHAR2 | SPI CHAR1 | SPI CHAR0 |
| R-0 | R/W-0 | R-0 | R-0 | R/W-0 | R/W-0 | R/W-0 | R/W-0 |

图 8.19　SPICCR 寄存器

**表 8.9　SPICCR 寄存器的位定义**

| 位　　号 | 名称 | 说　　明 |
|---|---|---|
| 7 | SPI SW Reset | SPI 软件复位位。0 表示 SPI 复位；1 表示 SPI 准备好接收或发送下一个数据 |
| 6 | CLOCK POLARITY | 移位时钟极性位。配置方式如表 8.8 所示 |
| 5 | Reserved | 保留 |
| 4 | SPILBK | SPI 自测试位。0 表示自测模式使能，内部 SIMO 与 SOMI 相连，用于自测；1 表示自测模式禁止 |
| 3～0 | SPI CHAR3～0 | 传输字符长度选择位。字符长度=(SPI CHAR[3:0]+1) |

SPICTL 寄存器如图 8.20 所示。

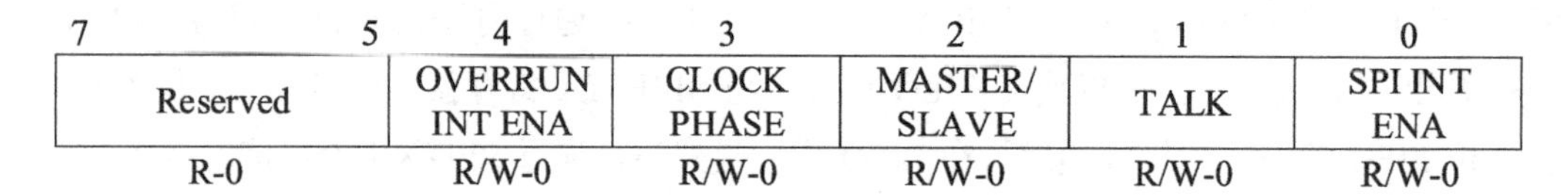

| 7～5 | 4 | 3 | 2 | 1 | 0 |
|---|---|---|---|---|---|
| Reserved | OVERRUN INT ENA | CLOCK PHASE | MASTER/ SLAVE | TALK | SPI INT ENA |
| R-0 | R/W-0 | R/W-0 | R/W-0 | R/W-0 | R/W-0 |

图 8.20　SPICTL 寄存器

SPICTL 寄存器的位定义如表 8.10 所示。

**表 8.10　SPICTL 寄存器的位定义**

| 位号 | 名称 | 说　　明 |
|---|---|---|
| 7～5 | Reserved | 保留 |
| 4 | OVERRUN INT ENA | 接收溢出中断使能位。当接收溢出标志位 SPISTS.7 被硬件置位时，该位置 1 产生一个中断。0 表示禁止；1 表示使能 |
| 3 | CLOCK PHASE | SPI 时钟相位选择位。配置方式的如表 8.8 所示 |
| 2 | MASTER /SLAVE | SPI 模式控制位。1 表示 SPI 被配置成主模式；0 表示 SPI 被配置成从模式 |
| 1 | TALK | 主动/从动发送使能位。0 表示禁止发送；1 表示使能发送 |
| 0 | SPI INT ENA | SPI 中断使能位。0 表示禁止中断；1 表示使能中断 |

## 二、数据类寄存器

数据类寄存器包括 SPIDAT 寄存器、SPITXBUF 寄存器、SPIRXBUF 寄存器和

SPIRXEMU 寄存器，它们均为 16 位。

其中，SPIDAT 寄存器用于存放发送/接收的串行数据。若发送的数据左对齐，则在 SPICLK 的合适边沿由最高位（MSB）逐位移出；若接收的数据右对齐，则在 SPICLK 的合适边沿由最低位（LSB）逐位移入。

SPITXBUF 寄存器用于存放下一个需要发送的数据。在向该寄存器写入数据时，将置位 SPISTS 寄存器的 SPI 发送缓冲器满标志位（TX BUF FULL FLAG）。当 SPIDAT 寄存器中的数据传送完毕后，若 SPI 发送缓冲器满标志位置位，则发送缓冲器中的数据自动装入 SPIDAT 寄存器，同时清除该标志位。

SPIRXBUF 寄存器用于存放 SPI 模块接收的数据。当 SPIDAT 寄存器接收到一个完整数据后，将该数据右对齐并送至 SPIRXBUF 寄存器，同时置位 SPISTS 寄存器的 SPI 中断标志位（SPI INT FLAG）。CPU 在读取该寄存器后，会自动清除该中断标志位。

SPIRXEMU 与 SPIRXBUF 寄存器的内容相同，但仅用于仿真，且读取该寄存器不清除 SPI 中断标志。

## 三、状态寄存器和优先级控制寄存器

SPISTS 寄存器如图 8.21 所示。

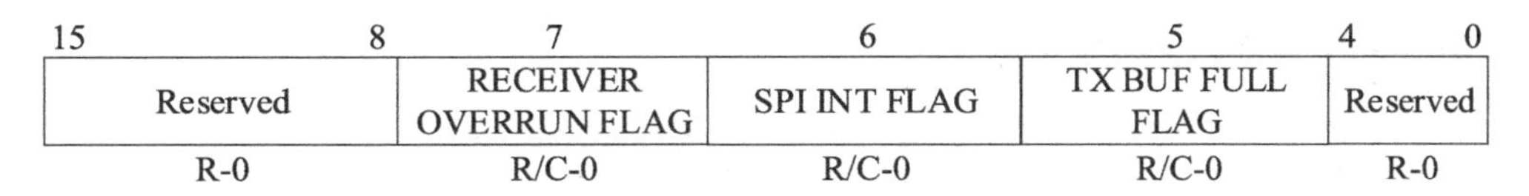


图 8.21　SPISTS 寄存器

SPISTS 寄存器的位定义如表 8.11 所示。

**表 8.11　SPISTS 寄存器的位定义**

| 位　号 | 名　称 | 说　明 |
|---|---|---|
| 15～8 | Reserved | 保留 |
| 7 | RECEIVER OVERRUN FLAG | SPI 接收溢出标志位。当前一个字符从缓冲器读取之前又完成了一个接收或发送操作时，则 SPI 硬件将该位置位。向该位写 1、写 0 到 SPI SW RESET 位或系统复位时清除该标志位 |
| 6 | SPI INT FLAG | SPI 中断标志位。表明 SPI 已完成一次接收或发送操作且准备下一次操作。读 SPIRXBUF 寄存器中的数据、写 0 到 SPI SW RESET 位或系统复位清除该标志位 |
| 5 | TX BUF FULL FLAG | SPI 发送缓冲器满标志位。当数据写入 SPITXBUF 时，该位置位。SPITXBUF 寄存器中的数据自动装载到 SPIDAT 寄存器或系统复位清除该标志位 |
| 4～0 | Reserved | 保留 |

注意：RECEIVER OVERRUN FLAG 和 SPI INT FLAG 共享一个中断向量，并且若 SPI 接收溢出标志位置 1 后未清除，则检测不到后续溢出中断。

SPIPRI 寄存器如图 8.22 所示。

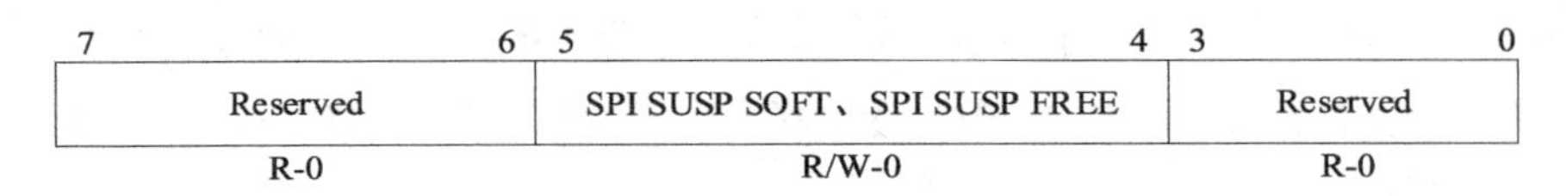


图 8.22　SPIPRI 寄存器

其中，SPI SUSP SOFT 和 SPI SUSP FREE 用于规定 SPI 模块仿真挂起时的操作，“00”表示立即停止，“10”表示完成当前发送/接收操作后停止，“x1”表示自由运行。

## 四、FIFO 相关寄存器

与 FIFO 功能相关的寄存器包括 PIFFTX 寄存器、SPIFFRX 寄存器及 SPIFFCT 寄存器。SPIFFTX 寄存器如图 8.23 所示。

| 15 | 14 | 13 | 12～8 |
|---|---|---|---|
| SPIRST | SPIFFENA | TXFIFO | TXFFST |
| R/W-1 | R/W-0 | R/W-1 | R-0 |
| **7** | **6** | **5** | **4～0** |
| TXFFINT Flag | TXFFINT CLR | TXFFIENA | TXFFIL |
| R/W-0 | W-0 | R/W-0 | R/W-0 |

图 8.23　SPIFFTX 寄存器

SPIFFTX 寄存器的位定义如表 8.12 所示。

**表 8.12　SPIFFTX 寄存器的位定义**

| 位　号 | 名　称 | 说　明 |
|---|---|---|
| 15 | SPIRST | SPI 复位标志位。0 表示复位 SPI 的发送和接收通道；1 表示 SPI 接收和发送 FIFO 功能继续工作 |
| 14 | SPIFFENA | SPI FIFO 功能使能位。0 表示禁用；1 表示使能 |
| 13 | TXFIFO RESET | 发送 FIFO 复位。0 表示复位；1 表示重新使能发送 FIFO |
| 12～8 | TXFFST | 发送 FIFO 状态位。00000～10000 所示发送 FIFO 中有 0～16 个字节的数据 |
| 7 | TXFFINT | FIFO 发送中断标志位。0 表示未发生 FIFO 发送中断；1 表示发生 FIFO 发送中断 |
| 6 | TXFFINT CLR | FIFO 发送中断清除位。0 表示无影响；1 表示清除 TXFFINT |
| 5 | TXFFIENA | FIFO 发送中断使能位。0 表示禁止；1 表示使能 |
| 4～0 | TXFFIL | FIFO 发送中断级设定，当发送 FIFO 状态位 TXFFST 的值小于或等于 TXFFIL 中的值时，触发 FIFO 发送中断 |

SPIFFRX 寄存器如图 8.24 所示。

| 15 | 14 | 13 | 12～8 |
|---|---|---|---|
| RXFFOVF Flag | RXFFOVR CLR | RXFIFO Reset | RXFFST |
| R-0 | W-0 | R/W-1 | R-0 |
| **7** | **6** | **5** | **4～0** |
| RXFFINT Flag | RXFFINT CLR | RXFFIENA | RXFFIL |
| R-0 | W-0 | R/W-0 | R/W-1 |

图 8.24　SPIFFRX 寄存器

SPIFFRX 寄存器的位定义如表 8.13 所示。

表 8.13 SPIFFRX 寄存器的位定义

| 位 号 | 名 称 | 说 明 |
| --- | --- | --- |
| 15 | RXFFOVF | 接收 FIFO 溢出标志位。0 表示无溢出；1 表示有溢出 |
| 14 | RXFFOVF CLR | 接收 FIFO 溢出标志清除位。0 表示无影响；1 表示清除 RXFFOVF |
| 13 | RXFIFO RESET | 接收 FIFO 复位。0 表示复位；1 表示重新使能接收 FIFO |
| 12～8 | RXFFST | 接收 FIFO 状态位。00000～10000 表示接收 FIFO 中有 0～16 个字节的数据 |
| 7 | RXFFINT | FIFO 接收中断标志位。0 表示未发生 FIFO 接收中断；1 表示发生 FIFO 接收中断 |
| 6 | RXFFINT CLR | FIFO 接收中断清除位。0 表示无影响；1 表示清除 RXFFINT |
| 5 | RXFFIENA | FIFO 接收中断使能位。0 表示禁止；1 表示使能 |
| 4～0 | RXFFIL | FIFO 接收中断级设定，当接收 FIFO 状态位 RXFFST 的值大于或等于 RXFFIL 中的值时，触发 FIFO 接收中断 |

SPIFFCT 寄存器的高 8 位（D15～D8）保留，低 8 位 FFTXDLY[7:0]用于设定发送 FIFO 传送数据到移位寄存器时前后两个数据之间的延时，延时时间为 0～255 个波特率时钟。

## 8.3.4 SPI 模块应用实例

### 1. 功能介绍

使用 SPIA 模块进行内部自检。在具体设计中，设定 SPIA 工作于主模式，且自发自收，并检测其接收数据的错误率。

### 2. 具体实现

（1）系统初始化。

```
void InitSysCtrl(void)
    {
      Uint16 i;
      EALLOW;                            // 禁止看门狗定时器
      SysCtrlRegs.WDCR= 0x0068;          // 初始化 PLL 模块
      SysCtrlRegs.PLLCR = 0xA;           // 当外部晶振为 30M 时，SYSCLKOUT=30×10/2=150MHz
      for(i= 0; i< 5000; i++){ }         // 延时，使 PLL 模块能够完成初始化操作
      // 设置高速外设时钟 HSPCLK 和低速外设时钟 LSPCLK
      SysCtrlRegs.HISPCP.all = 0x0001;          // HSPCLK=150/2=75MHz
      SysCtrlRegs.LOSPCP.all = 0x0002;          // LSPCLK=150/4=37.5MHz
      // 对工程中用到的外设进行时钟使能
      SysCtrlRegs.PCLKCR0.bit.SPIAENCLK = 1;    // 使能 SPIA 模块时钟
      EDIS;
    }
```

（2）GPIO 初始化。

```
void InitSpiaGpio ( )
```

```
    {
      EALLOW;
      GpioCtrlRegs.GPBPUD.bit.GPIO54 = 0;    // 使能 GPIO54(SPISIMOA)上拉
      GpioCtrlRegs.GPBPUD.bit.GPIO55 = 0;    // 使能 GPIO55(SPISOMIA) 上拉
      GpioCtrlRegs.GPBPUD.bit.GPIO56 = 0;    // 使能 GPIO56(SPICLKA)上拉
      GpioCtrlRegs.GPBPUD.bit.GPIO57 = 0;    // 使能 GPIO57(SPISTEA) 上拉
      GpioCtrlRegs.GPBQSEL2.bit.GPIO54 = 3;
      GpioCtrlRegs.GPBQSEL2.bit.GPIO55 = 3;
      GpioCtrlRegs.GPBQSEL2.bit.GPIO56 = 3;
      GpioCtrlRegs.GPBQSEL2.bit.GPIO57 = 3;
      GpioCtrlRegs.GPBMUX2.bit.GPIO54 = 1;   // 配置 GPIO54 为 SPISIMOA
      GpioCtrlRegs.GPBMUX2.bit.GPIO55 = 1;   // 配置 GPIO55 为 SPISOMIA
      GpioCtrlRegs.GPBMUX2.bit.GPIO56 = 1;   // 配置 GPIO56 为 SPICLKA
      GpioCtrlRegs.GPBMUX2.bit.GPIO57 = 1;   // 配置 GPIO57 为 SPISTEA
      EDIS;
    }
```

（3）SPIA 模块初始化。

```
void spi_init( )
    {
      SpiaRegs.SPICCR.all =0x000F;               // 复位、上升沿、16 位数据
      SpiaRegs.SPICTL.all =0x0006;               // 主模式、正常相位
      SpiaRegs.SPIBRR =0x007F;
      SpiaRegs.SPICCR.all =0x009F;               // 退出复位
      SpiaRegs.SPIPRI.bit.FREE = 1;              // 自由运行
      // 初始化 FIFO
      SpiaRegs.SPIFFTX.all=0xE040;
      SpiaRegs.SPIFFRX.all=0x204F;
      SpiaRegs.SPIFFCT.all=0x0;
    }
```

（4）主函数。

```
void delay_loop(void);                   // 声明延时函数
void spi_xmit(Uint16 a);                 // 声明 SPIA 数据发送函数
void spi_init(void);                     // 声明 SPI 初始化函数
void error(void);                        // 声明错误处理函数
void main(void)
    {
       Uint16 sdata;                     // 发送数据
       Uint16 rdata;                     // 接收数据
       InitSysCtrl( );                   // 初始化系统控制
       InitSpiaGpio ( );                 // 初始化 GPIO
       DINT;                             // 禁止可屏蔽中断
```

```
        IER=0x0000;                          // 禁止所有 CPU 中断
        IFR=0x0000;                          // 清除所有 CPU 中断标志位
        InitPieCtrl( );                      // 初始化 PIE 控制寄存器
        InitPieVectTable( );                 // 初始化 PIE 中断向量表
        spi_init ( );                        //SPIA 模块初始化
        sdata = 0x0000;
        while(1)
        {
            spi_xmit(sdata);                 // 发送数据
            while(SpiaRegs.SPIFFRX.bit.RXFFST !=1) { }  // 等待，直至数据接收
            rdata = SpiaRegs.SPIRXBUF;
            if(rdata != sdata) error( );                // 检测接收到的数据
                sdata++;
        }
    }
void delay_loop( )                                      // 延时函数
    {
        long i;
        for (i = 0; i < 1000000; i++) { }
    }
void error(void)                                        // 错误处理函数
    {
        asm("ESTOP0");                                  // 检测到错误，仿真停止
        for (; ;);
    }
```

# 8.4　I²C 模块

I²C（Inter-Integrated Circuit，I²C）是一种两线式串行通信总线，具有接口线少、控制方式简单、器件封装体积小、通信速率较高等优点，广泛应用于微控制器与外设芯片间的通信连接。

## 8.4.1　I²C 总线概述

I²C 总线通信连接示意图如图 8.25 所示。

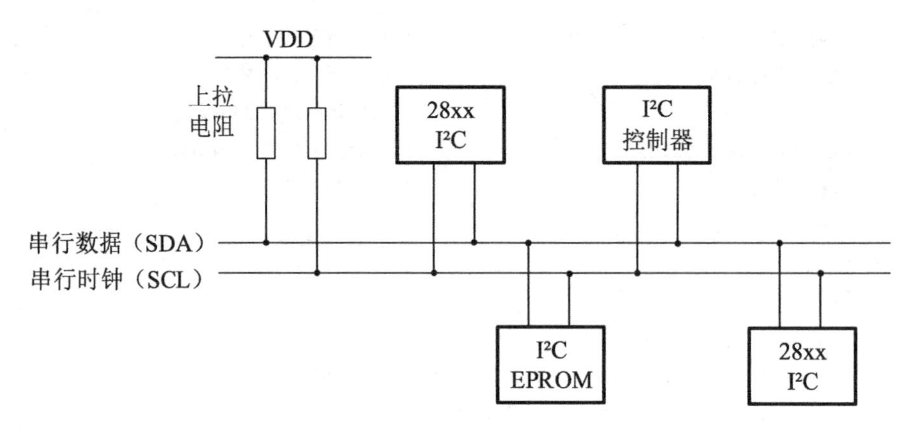


图 8.25 I²C 总线通信连接示意图

I²C 总线由数据线（SDA）和时钟线（SCL）构成，各主从器件均并联在 I²C 总线上。其中，所有连接到 I²C 总线上的器件均具有唯一的识别地址。在数据通信过程中，I²C 总线上挂载的每一模块电路既可以是主控制器（或被控制器），也可以是发送器（或接收器），这取决于要完成的功能。

SCL 为高电平期间，SDA 由高电平向低电平跳变，表示起始信号；SCL 为低电平期间，SDA 由低电平向高电平跳变，表示结束信号；从器件接收到 8bit 数据后，向发送数据的控制器发出特定的低电平脉冲，表示已收到数据，这就是应答信号。主控制器接收到应答信号后，根据实际情况决定是否继续进行数据传输；若主机在第 9 个时钟脉冲检测到 SDA 上无有效应答负脉冲（非应答），则发出停止信号以结束数据传输。其中，I²C 总线空闲（停止信号后）时，SDA 和 SCL 均为高电平。

需要注意的是，I²C 总线在进行数据传送时，SDA 上的数据必须在时钟的高电平周期保持稳定，只有当 SCL 上的时钟信号为低电平时，SDA 上数据的高、低电平状态才允许改变。I²C 总线的位传输如图 8.26 所示。

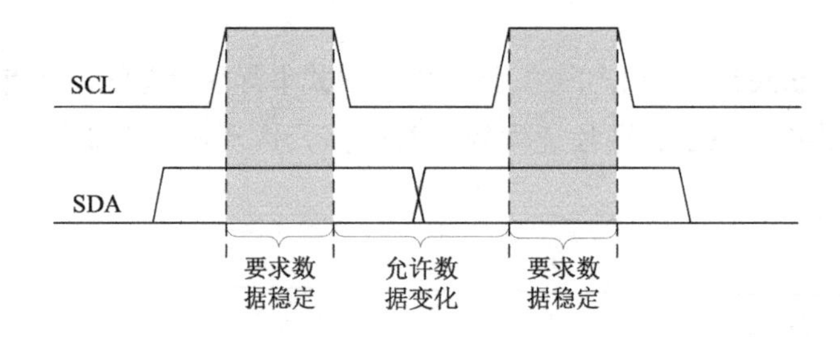


图 8.26 I²C 总线的位传输

## 8.4.2 I²C 总线模块结构与工作原理

### 一、结构与数据传输模式

TMS320F28335 芯片的 I²C 总线模块如图 8.27 所示。该模块的发送器包括 1 个发送移位寄存器（I²CXSR）、1 个数据发送寄存器（I²CDXR）及 16 位发送 FIFO 寄存器（TX FIFO）；接收器包括 1 个接收移位寄存器（I²CRSR）、1 个数据接收寄存器（I²CDRR）及 16 位接收 FIFO 寄存器（RX FIFO）。此外，数据引脚（SDA）和时钟引脚（SCL）都可以双向传输信号，且为漏极开路形式，使用时需要通过上拉电阻接电源。

不使用 FIFO 功能时，发送器将数据写入 I²CDXR 寄存器，当 I²CXSR 寄存器空时，会自动装载 I²CDXR 寄存器中的数据，并从 SDA 引脚上将数据按照从高位（MSB）至低位（LSB）的顺序逐位发送出去；接收器从 SDA 引脚上逐位接收数据，接收完毕后传送至 I²CDRR 寄存器，并通知 CPU 读取。

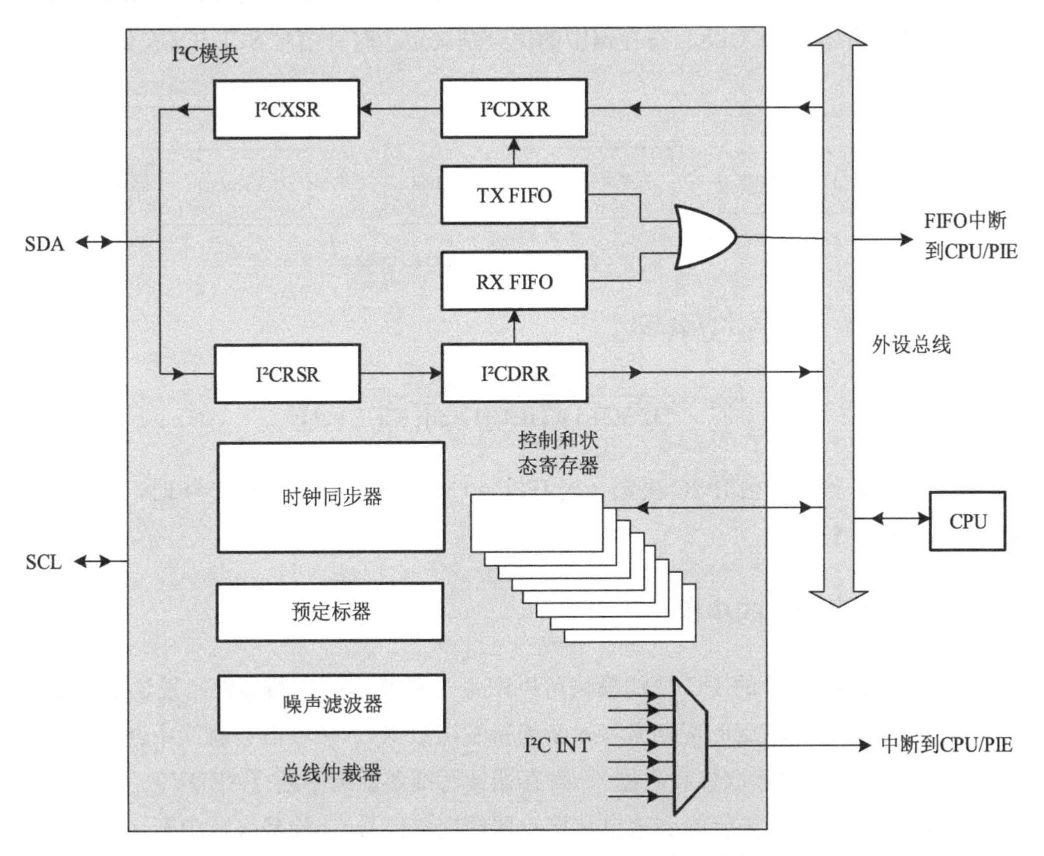


图 8.27　TMS320F28335 芯片的 I²C 总线模块

TMS320F28335 芯片的 I²C 总线模块支持 4 种数据传输模式：主发送器模式、主接收器模式、从发送器模式和从接收器模式。若 $I^2C$ 总线模块工作于主机模式，则首先作为主发送器发送一串地址给指定的从机，当发送数据给从机时，$I^2C$ 总线模块仍保持在主发送器模式，当主机接收数据时，主机应配置成主接收器模式；若 $I^2C$ 总线模块工作于从机模式，则首先作为一个从接收器，当从主模块发送出的地址信号中识别出自身的从机地址后，向主机发出应答信号，接着主机通过 $I^2C$ 总线模块向该从机发送数据，该从机保持从接收器模式。若主机请求 $I^2C$ 总线模块从机发送数据，则该从机必须配置成从发送器模式。

## 二、$I^2C$ 总线模块的时钟

$I^2C$ 总线模块的时钟链路如图 8.28 所示。系统时钟 SYSCLKOUT 经分频后作为 $I^2C$ 总线模块的输入时钟频率，再由 $I^2C$ 总线模块内部分频，最终得到 $I^2C$ 总线模块的工作频率。

其中，IPSC 为 $I^2C$ 预分频寄存器 $I^2CPSC$（16 位）的值，ICCH、ICCL 为 $I^2C$ 时钟细分寄存器组 $I^2CCLKH$（16 位）及 $I^2CCLKL$（16 位）的值。当 $I^2C$ 总线模块工作于主机模式时，$I^2CCLKH$ 寄存器和 $I^2CCLKL$ 寄存器中的值分别决定了时钟信号 SCL 的高、低电平时间。

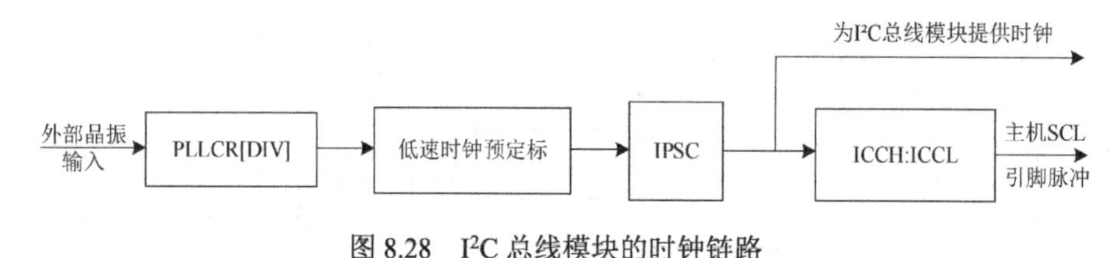


图 8.28　$I^2C$ 总线模块的时钟链路

时钟信号 SCL 的频率计算公式：

$$f_{SCL}=\frac{\text{SYSCLKOUT}}{(\text{IPSC}+1)\left[(\text{ICCH}+d)(\text{ICCL}+d)\right]} \tag{8-5}$$

式中，$d$ 为系统补偿值，由 IPSC 决定（当 IPSC=0 时，值为 7；当 IPSC=1 时，值为 6；当 IPSC>1 时，值为 5）。

## 三、$I^2C$ 总线模块的中断

TMS320F28335 芯片的 $I^2C$ 总线模块可以产生 7 种基本的中断事件：发送准备就绪中断（XRDY，可以向 $I^2CDXR$ 寄存器写入新的待发送数据）、接收准备就绪中断（RRDY，可以从 $I^2CDRR$ 寄存器读取接收数据）、寄存器读写准备就绪中断（ARDY）、无应答信号中断（NACK，主发送器未接收到来自从接收器的应答信号）、仲裁失败中断（AL）、停止检测中断（SCD，$I^2C$ 总线上检测到停止条件）及被寻址为从设备中断（ASS）。

上述任意中断事件发生，均会置位状态寄存器 $I^2CSTR$ 中的相应标志位，若对应中断使能，则可以向 PIE 模块申请 $I^2CINT1A$ 中断。若使用 FIFO 功能，则在发送或接收若干字节（最多 16 字节）的数据后，发送或接收 FIFO 寄存器也可以向 PIE 模块申请 I$^2$CINT2A 中断。其中，I$^2$CINT1A 和 I$^2$CINT2A 均属于 PIE 模块的第 8 组中断，分别为 INT8.1 和 INT8.2。

### 8.4.3　I$^2$C 总线模块寄存器

I$^2$C 总线模块包括 1 个模式控制寄存器（I$^2$CMDR）、3 个时钟控制类寄存器[预分频寄存器（I$^2$CPSC）、时钟细分寄存器组（I$^2$CCLKH 和 I$^2$CCLKL）]、3 个标志和中断控制寄存器[状态寄存器（I$^2$CSTR）、中断使能寄存器（I$^2$CIER）及中断源寄存器（I$^2$CSRC）]、5 个数据类寄存器[数据计数寄存器（I$^2$CCNT）、自身地址寄存器（I$^2$COAR）、从地址寄存器（I$^2$CSAR）、数据发送寄存器（I$^2$CDXR）和数据接收寄存器（I$^2$CDRR）]。

此外，I$^2$C 总线模块还包括与 FIFO 功能相关的 2 个 16 位寄存器[发送 FIFO 寄存器（I$^2$CFFTX）、接收 FIFO 寄存器（I$^2$CFFRX）]。

#### 一、I$^2$CMDR 寄存器

I$^2$CMDR 寄存器包含 I$^2$C 总线模块的工作模式控制部分。I$^2$CMDR 寄存器如图 8.29 所示。

| 15 | 14 | 13 | 12 | 11 | 10 | 9 | 8 |
|---|---|---|---|---|---|---|---|
| NACKMOD | FREE | STT | Reserved | STP | MST | TRX | XA |
| R/W-0 | R/W-0 | R/W-0 | RW-0 | R/W-0 | R/W-0 | R/W-0 | R/W-0 |

| 7 | 6 | 5 | 4 | 3 | 2～0 |
|---|---|---|---|---|---|
| RM | DLB | IRS | STB | FDF | BC |
| R/W-0 | R/W-0 | R/W-0 | R/W-0 | R/W-0 | R/W-0 |

图 8.29　I$^2$CMDR 寄存器

I$^2$CMDR 寄存器的位定义如表 8.14 所示。

表 8.14　I$^2$CMDR 寄存器的位定义

| 位　号 | 名　称 | 说　明 |
|---|---|---|
| 15 | NACKMOD | 无应答信号模式位。该位仅在 I$^2$C 总线模块工作于接收器模式下有效。0 表示 I$^2$C 总线模块在每个应答时钟周期向发送方发送一个应答位；1 表示在一个应答时钟周期向发送方发送一个无应答位 |
| 14 | FREE | 仿真模式控制位。0 表示仿真状态下暂停运行；1 表示自由运行 |
| 13 | STT | 起始条件控制位。0 表示当 I$^2$C 总线上接收到起始信号后，STT 将自动清除；1 表示在总线上发送一个起始信号 |
| 12 | Reserved | 保留 |

续表

| 位　号 | 名　称 | 说　明 |
|---|---|---|
| 11 | STP | 结束条件控制位。0 表示当 I$^2$C 总线上接收到停止信号后，STP 将自动清除；1 表示内部计数器自减到 0 时，STP 会被置位，从而在 I$^2$C 总线上发送一个结束信号 |
| 10 | MST | 主从模式控制位。0 表示从机模式；1 表示主控制器模式 |
| 9 | TRX | 发送/接收模式位。0 表示接收模式；1 表示发送模式 |
| 8 | XA | 扩充地址使能位。0 表示 7 位地址模式；1 表示 10 位地址模式 |
| 7 | RM | 循环模式位（仅限于主机模式的发送状态）。0 表示非循环模式；1 表示循环模式 |
| 6 | DLB | 自测模式位。0 表示屏蔽自测模式；1 表示使能自测模式（I$^2$CDXR 寄存器发送的数据被 I$^2$CDRR 接收，发送时钟也是接收时钟） |
| 5 | IRS | 复位控制位。0 表示 I$^2$C 总线模块已复位/禁止复位；1 表示 I$^2$C 模块使能 |
| 4 | STB | 起始字节模式位（仅限于主机模式）。0 表示 I$^2$C 总线模块起始信号无须延长；1 表示 I$^2$C 总线模块起始信号需要延长，若设置起始信号位 STT，则 I$^2$C 总线模块将开始发送多个起始信号 |
| 3 | FDF | 全数据格式位。0 表示屏蔽全数据格式，通过 XA 位选择地址是 7 位还是 10 位；1 表示使能全数据格式，无地址数据 |
| 2～0 | BC | 数据长度控制位。决定 I$^2$C 总线模块收发数据位数（000 表示 8 位；001～111 表示 1～7 位数据） |

## 二、时钟控制寄存器

3 个时钟控制类寄存器均为 16 位。I$^2$CPSC 寄存器低 8 位有效，位域名为 ISPC，用于将系统时钟 SYSCLKOUT 分频后作为 I$^2$C 总线模块的时钟，分频系数为 ISPC+1。I$^2$CCLKH 及 I$^2$CCLKL 寄存器的位域名分别为 ICCH 和 ICCL，用于确定时钟信号 SCL 的高、低电平时间。

## 三、标志和中断控制寄存器

标志和中断控制寄存器均为 16 位。I$^2$CSTR 寄存器用于确定哪个中断事件发生。I$^2$CSTR 寄存器如图 8.30 所示。

| 15 | 14 | 13 | 12 | 11 | 10 | 9 | 8 |
|---|---|---|---|---|---|---|---|
| Reserved | SDIR | NACKSNT | BB | RSFULL | XSMT | AAS | AD0 |
| R-0 | R/W1C-0 | R/W1C-0 | R-0 | R-0 | R-1 | R-0 | R-0 |

| 7～6 | 5 | 4 | 3 | 2 | 1 | 0 |
|---|---|---|---|---|---|---|
| Reserved | SCD | XRDY | RRDY | ARDY | NACK | AL |
| R-0 | R/W1C-0 | R-1 | R/W1C-0 | R/W1C-0 | R/W1C-0 | R/W1C-0 |

图 8.30　I$^2$CSTR 寄存器

I$^2$CSTR 寄存器的位定义如表 8.15 所示。

表 8.15　I²CSTR 寄存器的位定义

| 位　号 | 名　称 | 说　明 |
|---|---|---|
| 15 | Reserved | 保留 |
| 14 | SDIR | 从器件方向位。0 表示作为从机接收的 I²C 不寻址；1 表示作为从机接收的 I²C 寻址，I²C 总线模块接收数据 |
| 13 | NACKSNT | 发送无应答信号位（仅限于 I²C 总线模块为接收方）0 表示没有无应答信号被发送；1 表示一个无应答信号在应答信号时钟周期被发送 |
| 12 | BB | 总线忙状态位。0 表示总线空闲；1 表示总线忙 |
| 11 | RSFULL | 接收移位寄存器满。当移位寄存器接收到 1 个数据而之前的数据尚未从 I²CDRR 寄存器读取时，I²CDRR 寄存器拒绝从移位寄存器接收新的数据。0 表示未拒绝；1 表示拒绝读取移位寄存器中的数据 |
| 10 | XSMT | 发送移位器空。指示发送器是否下溢（若原数据已发送而 I²CDXR 未写入新的数据，则原数据会被重复发送）。0 表示下溢（I²CXSR 为空）；1 表示未下溢（I²CXSR 不为空） |
| 9 | AAS | 从机地址位。7 位地址模式下 I²C 收到无应答位、停止位或循环起始信号该位清除，10 位地址模式下 I²C 收到无应答位、停止位或与 I²C 外围地址信号不符的从机地址时该位清除；I²C 确认收到的地址为从机地址、全 0 广播地址或全数据格式下收到第一个字节的数据，该位置 1 |
| 8 | AD0 | 全 0 地址位。0 表示该位可以被起始信号或停止信号清除；1 表示收到一个全 0 地址 |
| 7～6 | Reserved | 保留 |
| 5 | SCD | 停止信号位。向该位写 1 手动清零或 I²C 总线模块复位可以清除该位。0 表示总线上未检测到停止信号；1 表示检测到停止信号 |
| 4 | XRDY | 数据发送就绪标志位。0 表示 I²CDXR 未做好准备；1 表示 I²CDXR 已做好数据发送准备，之前的数据被写入 I²CXSR 中 |
| 3 | RRDY | 数据接收就绪标志位。0 表示 I²CDDR 未做好准备；1 表示数据已从 I²CRSR 复制到 I²CDDR，用户可以读取 I²CDDR 中的数据 |
| 2 | ARDY | 寄存器读写准备就绪标志位（仅限于主机模式）。0 表示寄存器未做好存取操作准备；1 表示寄存器已做好存取准备 |
| 1 | NACK | 无应答信号中断标志位（仅限于 I²C 模块为发送方）。0 表示接收到应答信号；1 表示收到无应答信号 |
| 0 | AL | 仲裁失败中断标志位（仅限于 I²C 模块工作于主机发送模式）。0 表示获得总线控制权；1 表示未获得总线控制权 |

I²CIER 寄存器如图 8.31 所示。

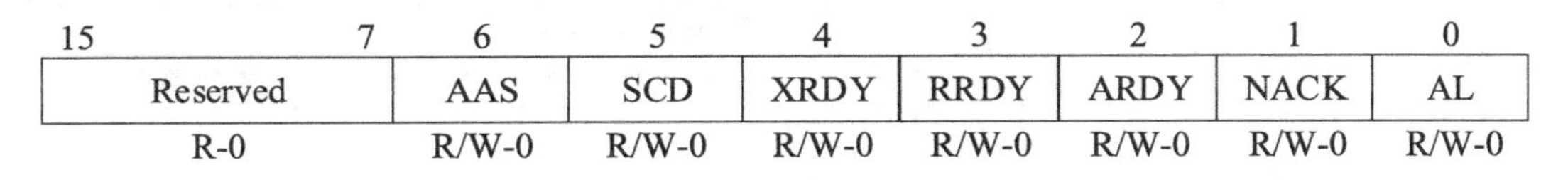


图 8.31　I²CIER 寄存器

I²CIER 寄存器的 D15～D7 位保留，AAS、SCD、XRDY、RRDY、ARDY、NACK、AL 分别为被寻址为从设备中断、停止检测中断、数据发送就绪中断、数据接收就绪中断、寄存器读写准备就绪中断、无应答信号中断和仲裁失败中断的使能位（0 表示禁止相应中断；1 表示使能相应中断）。

I$^2$CISRC 寄存器仅低 3 位有效，位域名称为 INTCODE。在中断服务程序中，可以通过读取 INTCODE 的值来识别具体的中断源（0 表示无中断事件发生；1 表示仲裁失败中断；2 表示无应答信号中断；3 表示寄存器读写准备就绪中断；4 表示数据接收就绪中断；5 表示数据发送就绪中断；6 表示停止检测中断；7 表示被寻址为从设备中断）。

## 四、数据类寄存器

数据类寄存器均为 16 位。其中，I$^2$CCNT 寄存器用于指示 I$^2$C 总线模块需要发送或接收的数据字节数；I$^2$COAR 和 I$^2$CSAR 寄存器分别代表 I$^2$C 总线模块自身的从地址和它作为发送器时发送对象的从地址；I$^2$CDXR 和 I$^2$CDRR 寄存器分别代表需要发送和接收到的 8 位数据，若使能 FIFO 功能，则 I$^2$CDXR 和 I$^2$CDRR 寄存器分别作为发送和接收 FIFO 的缓存。

## 五、FIFO 相关寄存器

与 FIFO 功能相关的寄存器包括 I$^2$CFFTX 寄存器、I$^2$CFFRX 寄存器。I$^2$CFFTX 寄存器如图 8.32 所示。

| 15 | 14 | 13 | 12～8 |
|---|---|---|---|
| Reserved | I$^2$CFFENA | TXFFRST | TXFFST |
| R-0 | R/W-0 | R/W-0 | R-0 |

| 7 | 6 | 5 | 4～0 |
|---|---|---|---|
| TXFFINT | TXFFINT CLR | TXFFIENA | TXFFIL |
| R-0 | RW/1C-0 | R/W-0 | R/W-0 |

图 8.32 I$^2$CFFTX 寄存器

I$^2$CFFTX 寄存器的位定义如表 8.16 所示。

**表 8.16 I$^2$CFFTX 寄存器的位定义**

| 位 号 | 名 称 | 说 明 |
|---|---|---|
| 15 | Reserved | 保留 |
| 14 | I2CFFENA | FIFO 功能使能位。0 表示禁止；1 表示使能 |
| 13 | TXFFRST | 发送 FIFO 复位位。0 表示复位；1 表示重新使能发送 FIFO |
| 12～8 | TXFFST | 发送 FIFO 状态位。00000～10000 表示发送 FIFO 中有 0～16 个字节的数据 |
| 7 | TXFFINT | FIFO 发送中断标志位。0 表示未发生 FIFO 发送中断；1 表示发生 FIFO 发送中断 |
| 6 | TXFFINT CLR | FIFO 发送中断清除位。0 表示无影响；1 表示清除 TXFFINT |
| 5 | TXFFIENA | FIFO 发送中断使能位。0 表示禁止；1 表示使能 |
| 4～0 | TXFFIL | FIFO 发送中断级设定，当发送 FIFO 状态位 TXFFST 的值小于或等于 TXFFIL 中的值时，触发 FIFO 发送中断 |

I$^2$CFFRX 寄存器如图 8.33 所示。

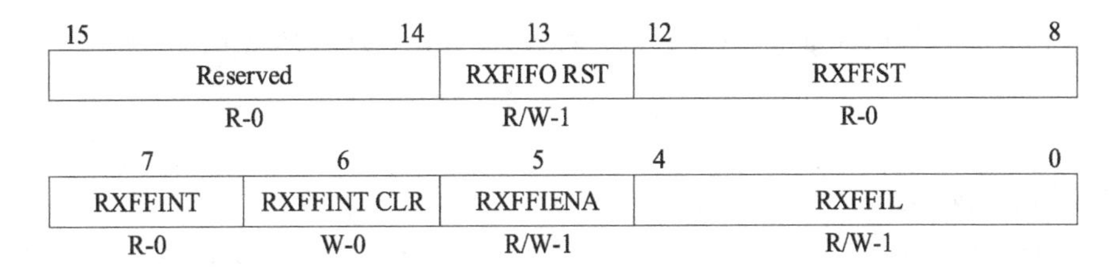


图 8.33　I²CFFRX 寄存器

I²CFFRX 寄存器的位定义如表 8.17 所示。

表 8.17　I²CFFRX 寄存器的位定义

| 位　号 | 名　称 | 说　明 |
|---|---|---|
| 15～14 | Reserved | 保留 |
| 13 | RXFIFORST | 接收 FIFO 复位位。0 表示复位；1 表示重新使能接收 FIFO |
| 12～8 | RXFFST | 接收 FIFO 状态位。00000～10000 表示接收 FIFO 中有 0～16 个字节的数据 |
| 7 | RXFFINT | FIFO 接收中断标志位。0 表示未发生 FIFO 接收中断；1 表示发生 FIFO 接收中断 |
| 6 | RXFFINT CLR | FIFO 接收中断清除位。0 表示无影响；1 表示清除 RXFFINT |
| 5 | RXFFIENA | FIFO 接收中断使能位。0 表示禁止；1 表示使能 |
| 4～0 | RXFFIL | FIFO 接收中断级设定，当接收 FIFO 状态位 RXFFST 的值大于或等于 RXFFIL 中的值时，触发 FIFO 接收中断 |

### 8.4.4　I²C 总线模块应用实例

#### 1. 功能介绍

使用 TMS320F28335 芯片的 I²C 总线模块与外部 EEPROM（从地址为 0x50）进行通信。在具体设计中，TMS320F28335 芯片先向 EEPROM 写 1～14 个数据，然后 TMS320F28335 芯片读回写入的数据。

#### 2. 具体实现

（1）系统初始化。

```
void InitSysCtrl(void)
   {
      Uint16 i;
      EALLOW;                         // 禁止看门狗定时器
      SysCtrlRegs.WDCR= 0x0068;       // 初始化 PLL 模块
      SysCtrlRegs.PLLCR = 0xA;        // 若外部晶振为 30M，则 SYSCLKOUT=30×10/2=150MHz
      for(i= 0; i< 5000; i++){ } // 延时，使 PLL 模块能够完成初始化操作
      // 设置高速外设时钟 HSPCLK 和低速外设时钟 LSPCLK
      SysCtrlRegs.HISPCP.all = 0x0001;         // HSPCLK=150/2=75MHz
      SysCtrlRegs.LOSPCP.all = 0x0002;         // LSPCLK=150/4=37.5MHz
      // 对工程中使用到的外设进行时钟使能
```

```
        SysCtrlRegs.PCLKCR0.bit. I2CAENCLK = 1;// 使能 I²C 总线模块时钟
        EDIS;
    }
```

（2）GPIO 初始化。

```
void InitI2CGpio ( )
    {
        EALLOW;
        GpioCtrlRegs.GPBPUD.bit.GPIO32 = 1;     // 使能 GPIO32(SDA)上拉
        GpioCtrlRegs.GPBPUD.bit.GPIO33 = 1;     // 使能 GPIO33(SCL)上拉
        GpioCtrlRegs.GPBQSEL2.bit.GPIO32 = 3;
        GpioCtrlRegs.GPBQSEL2.bit.GPIO33 = 3;
        GpioCtrlRegs.GPBMUX1.bit.GPIO32 = 1;    // 配置 GPIO32 为 SDA
        GpioCtrlRegs.GPBMUX1.bit.GPIO33 = 1;    // 配置 GPIO33 为 SCL
        EDIS;
    }
```

（3）I²CA 模块初始化。

```
void I2CA_Init (void)
    {
        I2CaRegs.I2CSAR = 0x0050;          // 从地址-EEPROM 控制模式
        I2CaRegs.I2CPSC.all = 14;          // 150/15=10MHz
        I2CaRegs.I2CCLKL = 10;
        I2CaRegs.I2CCLKH = 5;
        I2CaRegs.I2CIER.all = 0x24;        // 使能 SCD 和 ARDY 中断
        I2CaRegs.I2CMDR.all = 0x0020;      // 退出复位
        I2CaRegs.I2CFFTX.all = 0x6000;     // 使能发送 FIFO 模式和 TXFIFO
        I2CaRegs.I2CFFRX.all = 0x2040;     // 使能 RXFIFO 清除 RXFFINT
        return;
    }
```

（4）主函数。

```
void I2CA_Init (void);                          // 声明 I²C 初始化函数
void I2CA_WriteData(struct I2CMSG *msg);        // 声明向 I²C 写数据函数
void I2CA_ReadData(struct I2CMSG *msg);         // 声明从 I²C 回读数据函数
interrupt void i2c_int1a_isr(void);             // 声明 I²C 中断服务函数
void pass(void);
void fail(void);
#define I2C_SLAVE_ADDR      0x50                // EEPROM 地址
#define I2C_NUMBYTES         2                  // 为方便观察，设置发送 2 字节的数据
#define I2C_RTC_HIGH_ADDR  0x11                 // 数据的写入地址高位
#define I2C_RTC_LOW_ADDR   0x0f                 // 数据的写入地址低位
struct I2CMSG I2cMsgOut1={                      // 发送数据结构体
I2C_MSGSTAT_SEND_WITHSTOP,                      // 初始状态为发送带停止位数据
```

```
    I2C_SLAVE_ADDR, I2C_NUMBYTES,                          // 从地址和字节数
    I2C_EEPROM_HIGH_ADDR, I2C_EEPROM_LOW_ADDR,
    0xFF, 0x3F, 0x56, 0x78, 0x9A, 0xBC, 0xDE,              // 发送数据的字节数编号 0~6
    0xF0, 0x11, 0x10, 0x11, 0x12, 0x13, 0x12, };           // 发送数据的字节数编号 7~13
struct I2CMSG I2cMsgIn1={                                  // 接收数据结构体
    I2C_MSGSTAT_SEND_NOSTOP,
    I2C_SLAVE_ADDR, I2C_NUMBYTES,
I2C_EEPROM_HIGH_ADDR, I2C_EEPROM_LOW_ADDR};
struct I2CMSG *CurrentMsgPtr;                              // 当前总线状态
Uint16 PassCount;
Uint16 FailCount;
void main(void)
    {
       Uint16 Error;
       Uint16 i;
       CurrentMsgPtr = &I2cMsgOut1;
       InitSysCtrl( );                                  // 初始化系统控制
       InitI2CGpio ( );                                 // 初始化 GPIO
       DINT;                                            // 禁止可屏蔽中断
       IER=0x0000;                                      // 禁止所有 CPU 中断
       IFR=0x0000;                                      // 清除所有 CPU 中断标志位
       InitPieCtrl( );                                  // 初始化 PIE 控制寄存器
       InitPieVectTable( );                             // 初始化 PIE 中断向量表
       EALLOW;
       PieVectTable.I2CINT1A = &i2c_int1a_isr;          // 重新映射本例中使用的中断向量
       EDIS;
       I2CA_Init (void);                                //  I²C 总线模块初始化
       PassCount = 0;
       FailCount = 0;
       for (i = 0; i < I2C_MAX_BUFFER_SIZE; i++)
           { I2CMsgIn1.MsgBuffer[i] = 0x0000;}          // 清除消息缓冲器
             PieCtrlRegs.PIEIER8.bit.INTx1 = 1;         // 使能 PIE 中的 I²C 中断 1
             IER |= M_INT8;                             // 使能 CPU 的 INT8 中断
             EINT;
             for(; ;)
               {  // 写数据
             if(I2CMsgOut1.MsgStatus == I2C_MSGSTAT_SEND_WITHSTOP)
                  // 检查消息发送是否具有停止位
               {
                 Error = I2CA_WriteData(&I2cMsgOut1);
                 if (Error == I2C_SUCCESS)                  // 数据已成功放入缓存寄存器
                   {
                      CurrentMsgPtr = &I2CMsgOut1;      // 改变指针路径
```

```
                    I2CMsgOut1.MsgStatus = I2C_MSGSTAT_WRITE_BUSY;
                                                    // 设为发送数据忙状态
                }
            }                                       // 写结束
                                                    // 回读数据
        if (I2CMsgOut1.MsgStatus == I2C_MSGSTAT_INACTIVE)
        {
                                                    // 检查消息状态是否为非激活
 if(I2CMsgIn1.MsgStatus == I2C_MSGSTAT_SEND_NOSTOP)
  {
                                                    // EEPROM 地址设置
      while(I2CA_ReadData(&I2CMsgIn1) != I2C_SUCCESS) { }
      CurrentMsgPtr = &I2CMsgIn1;                   // 更新当前消息指针和消息状态
      I2CMsgIn1.MsgStatus = I2C_MSGSTAT_SEND_NOSTOP_BUSY;
  }
 else if(I2CMsgIn1.MsgStatus == I2C_MSGSTAT_RESTART)
                                                    // 发送重新开始条件，以便回读数据
  {
      while(I2CA_ReadData(&I2CMsgIn1) != I2C_SUCCESS) { }
      CurrentMsgPtr = &I2CMsgIn1;                   // 更新当前消息指针和消息状态
      I2CMsgIn1.MsgStatus = I2C_MSGSTAT_READ_BUSY;
               }
          }                                         // 结束回读数据
         }                                          // 结束 for 循环
   }                                                // 结束主函数
 Uint16 I2CA_WriteData(struct I2CMSG *msg)          // 定义向 I2C 写数据函数
   {
      Uint16 i;
      if (I2CaRegs.I2CMDR.bit.STP == 1)             // 等待 STP 位清零
        { return I2C_STP_NOT_READY_ERROR; }
      I2CaRegs.I2CSAR = msg->SlaveAddress;          // 设置从地址
      if (I2CaRegs.I2CSTR.bit.BB == 1)
        { return I2C_BUS_BUSY_ERROR; }              // 检查是否忙
      //判断总线空闲后进行数据发送
      I2CaRegs.I2CCNT = msg->NumOfBytes+2;// 设置发送字节数 MsgBuffer+Address
      I2CaRegs.I2CDXR = msg->MemoryHighAddr;        // 设置发送数据地址
      I2CaRegs.I2CDXR = msg->MemoryLowAddr;
      for (i=0; i<msg->NumOfBytes; i++)
        { I2CaRegs.I2CDXR = *(msg->MsgBuffer+i); }
      I2CaRegs.I2CMDR.all = 0x6E20;                 // 配置发送起始条件并使能 I2C
      return I2C_SUCCESS;
   }
 Uint16 I2CA_ReadData(struct I2CMSG *msg)           // 定义从 I2C 回读数据函数
```

```
{ // 完成一次读数据任务：要产生两个 START 位，产生第 1 个 START 位
  // 后发送设备地址和数据地址；产生第 2 个 START 位后写入设备地址
  // 并开始接收存储器提供的数据
  if (I2CaRegs.I2CMDR.bit.STP == 1)                  // 等待 STP 位清零
  { return I2C_STP_NOT_READY_ERROR; }
  I2CaRegs.I2CSAR = msg->SlaveAddress;
  if(msg->MsgStatus == I2C_MSGSTAT_SEND_NOSTOP)
  //产生第一个 START 位后发送设备地址和数据地址
    { if (I2CaRegs.I2CSTR.bit.BB == 1)
     {    return I2C_BUS_BUSY_ERROR;}
     I2CaRegs.I2CCNT = 2;                            // 设置发送数据字节数
     I2CaRegs.I2CDXR = msg->MemoryHighAddr;          // 发送要读取数据的开始地址
     I2CaRegs.I2CDXR = (msg->MemoryLowAddr);
     I2CaRegs.I2CMDR.all = 0x2620;                   // 发送数据配置并使能 I²C
 }
else if(msg->MsgStatus == I2C_MSGSTAT_RESTART)
//产生第 2 个 START 位后发送设备地址并开始接收存储器提供的数据
     {
        I2CaRegs.I2CCNT = msg->NumOfBytes;           // 设置数据接收字节数
       I2CaRegs.I2CMDR.all = 0x2C20;                 // 接收数据配置并使能 I²C
     }
     return I2C_SUCCESS;                             // 到此说明发送地址/读取数据成功
}
interrupt void i2c_int1a_isr(void)                   // 定义 I²C 中断服务函数
{
   Uint16 IntSource, i;
   IntSource = I2CaRegs.I2CISRC.all;                 // 读中断源
   if(IntSource == I2C_SCD_ISRC)                     // 中断源为检测到的停止条件
    {
      if (CurrentMsgPtr->MsgStatus == I2C_MSGSTAT_WRITE_BUSY)
       { // 若发送完成，则换为未启动状态；说明可以进行下一次写数据
          CurrentMsgPtr->MsgStatus = I2C_MSGSTAT_INACTIVE; }
      else
       { // 发送无停止位，地址忙
        if(CurrentMsgPtr->MsgStatus == I2C_MSGSTAT_SEND_NOSTOP_BUSY)
         {    // 更新为发送停止位状态，可以允许下一发送地址
          CurrentMsgPtr->MsgStatus = I2C_MSGSTAT_SEND_NOSTOP; }
         else if (CurrentMsgPtr->MsgStatus == I2C_MSGSTAT_READ_BUSY)
          // 读数据忙状态，说明可以对接收缓存器 I²CDRR 进行接收数据读取
         {    CurrentMsgPtr->MsgStatus = I2C_MSGSTAT_INACTIVE;
          // 设为未启状态动，再读数据，这样允许下一次写数据到 EEPROM
          for(i=0; i < I2C_NUMBYTES; i++)
            { CurrentMsgPtr->MsgBuffer[i] = I2CaRegs.I2CDRR; }
```

```
          // 读完接收到的数据，接下来判断数据是否准确
          for(i=0; i < I2C_NUMBYTES; i++)
              {
                if(I2cMsgIn1.MsgBuffer[i] == I2cMsgOut1.MsgBuffer[i])
                  { PassCount++; }
                else
                  { FailCount++; }
                }
        if(PassCount == I2C_NUMBYTES)
            { pass( );}
        else
            { fail( ); }
        // 检查完毕
        }
      }
    }
  else if(IntSource == I2C_ARDY_ISRC)                   // 寄存器读写准备好
   {
       if(I2caRegs.I2CSTR.bit.NACK == 1)
     {
        I2caRegs.I2CMDR.bit.STP = 1;                    // 产生一个 STOP 停止位
        I2caRegs.I2CSTR.all = I2C_CLR_NACK_BIT;        // 清除 NACK 位
        ARDY_ISRC_NACK_number++;
     }
    else if(CurrentMsgPtr->MsgStatus == I2C_MSGSTAT_SEND_NOSTOP_BUSY)
     {
        CurrentMsgPtr->MsgStatus = I2C_MSGSTAT_RESTART;
        // 更新为重发 START 位状态，为接收数据做准备
     }
   }
   else
     { asm(" ESTOP0"); }                                // 无效中断产生错误
    PieCtrlRegs.PIEACK.all = PIEACK_GROUP8;            // 重启中断允许
}
```

## 思考题

1. 说明异步通信与同步通信的主要区别。

2. 简述 SCI 数据帧的格式。

3．TMS320F28335 芯片内具有多少 SCI 接口？每个 SCI 模块的发送器和接收器分别由哪几部分组成？

4．简述 SCI 模块数据发送和接收的操作过程，并说明 SCI 多处理器通信模式的特点和适用场合。

5．TMS320F28335 芯片的 SCI 模块包含哪些中断源？各中断事件如何使能？对应中断标志位分别是什么？

6．假定低速外设时钟 LSPCLK=37.5MHz，计算当 SCI 的通信传输速率分别为 9600bit/s 和 115200bit/s 时，对应 SCI 波特率选择寄存器的值，并给出实际波特率和理论波特率之间的误差。

7．当数据位少于 8 位时，SCI 的发送与接收缓冲区如何对数据进行处理？

8．典型 SPI 通信需要哪些引脚？其各自的作用是什么？

9.TMS320F28335 芯片内具有多少 SPI 接口？每个 SPI 模块分别由哪几部分组成？

10．在 SPI 模块的复位和初始化过程中，需要做哪些操作？

11．简述 SPI 模块在主模式下进行数据发送和在从模式下进行数据接收的过程。

12.TMS320F28335 芯片的 SPI 模块包含哪些中断源？各中断事件如何使能？对应中断标志位分别是什么？

13．假定低速外设时钟 LSPCLK=37.5MHz，计算当 SPI 的通信传输速率分别为 1MHz 和 5MHz 时，对应 SPI 波特率选择寄存器的值。

14．当数据位少于 16 位时，SPI 的发送与接收缓冲区如何对数据进行处理？

15．简述 $I^2C$ 总线的构成及其特点。

16．说明 TMS320F28335 芯片的 $I^2C$ 总线模块由哪几部分组成？各部分的功能是什么？

17．简述 TMS320F28335 芯片的 $I^2C$ 总线模块的数据传输模式。

# 第 9 章 模/数转换单元

TMS320F28335 芯片的 eCAP 与 eQEP 等模块能够处理开关类、脉冲类信号，但对电压、电流、温度、湿度、压力、流量、速度等幅值随时间连续变化的模拟信号的处理，就必须用到模数转换（Analog to Digital Converter，ADC）模块。

## 9.1 ADC 模块概述

### 9.1.1 ADC 模块结构

TMS320F28335 芯片内部集成了一个 12 位分辨率的、具有流水线架构的 ADC 模块，能满足大多数测量场合的需求。ADC 模块主要由 2 个前端模拟多路选择器（MUXA 和 MUXB）、2 个采样保持电路（S/H-A 和 S/H-B）、2 个排序器、1 个 12 位 ADC 模块、16 个独立的结果转换寄存器及其他相关电路组成。ADC 模块的内部结构如图 9.1 所示。

ADC 模块支持 16 路模拟输入（0～3V），可以配置为 2 个独立的 8 通道模块，且每个模块对应一个排序器，还可以通过多路选择器选择 8 通道中的任何一个通道；两个独立的 8 通道模块也可以级联构成 1 个 16 通道模块，此时将自动构成一个 16 通道的排序器。对每个通道而言，一旦 ADC 完成，转换结果将存储到相应的结果寄存器（ADCRESULT0～15）中。

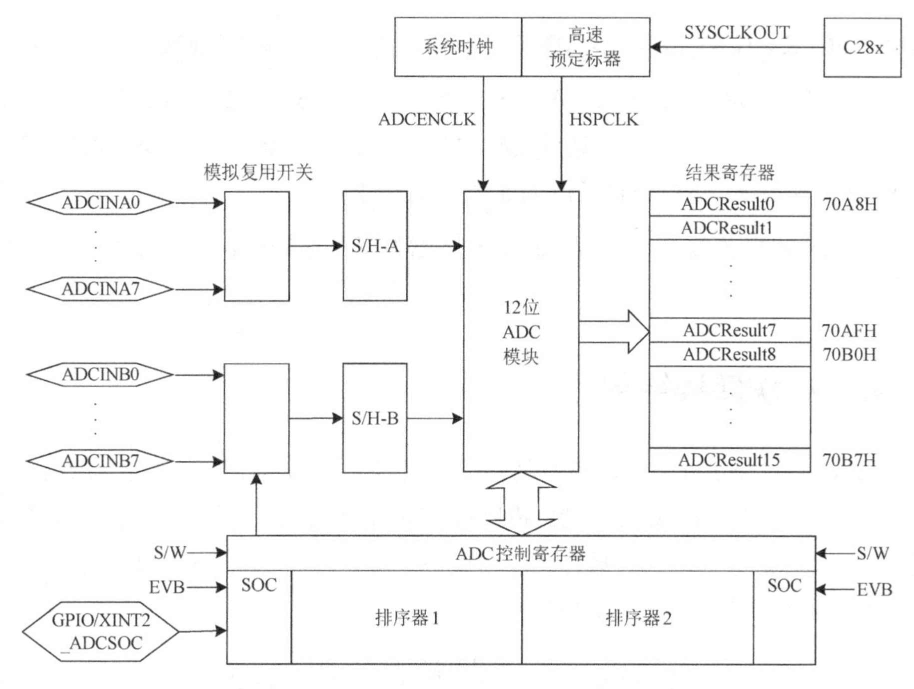


图 9.1　ADC 模块的内部结构

## 9.1.2　ADC 模块的时钟及采样频率

ADC 模块的时钟链路如图 9.2 所示。外部时钟 CLKIN 经 PLL 模块倍频后得到系统时钟 SYSCLKOUT，其倍频系数可由 PLL 控制寄存器 PLLCR 的 DIV 位进行设置，再经 HISPCP[HSPCLK]位域定标后得到高速外设时钟 HSPCLK；当 ADC 模块的时钟使能（PCLKCR0[ADCENCLK]=1）时，HSPCLK 被送至 ADC 模块；高速外设时钟 HSPCLK 经 ADCTRL3[ADCCLKPS]位域定标后，再经 ADCTRL1[CPS]位选择是否需要 2 分频，就可以得到 ADC 模块的工作时钟 ADCCLK。此外，ADCCLK 还可以进一步经 ADCTRL1[ACQ_PS]位域定标来获取不同的 ADC 采样窗口长度。

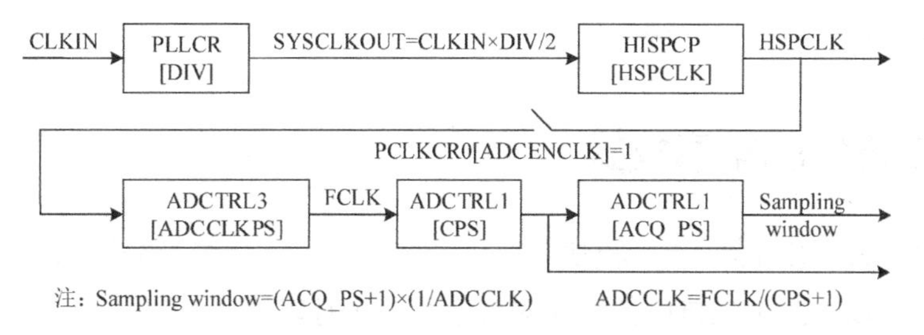


图 9.2　ADC 模块的时钟链路

其中，$\text{FCLK} = \text{HSPCLK}/(2 \times \text{ADCCLKPS})$。例如，假设系统时钟 SYSCLKOVT 为 150MHz，HISPCP[HSPCLK]=000b，ADCTRL3[ADCCLKPS]= 0110b，ADCTRL1[CPS]=0b，ADCTRL1[ACQ_PS]=0111b，则高速外设时钟 HSPCLK 为 150MHz，ADC 模块的工作时钟 ADCCLK 为 12.5MHz，采样窗口长度为 8 个 ADCCLK 周期。

注意：采样窗口长度必须保证 ADC 采样电容有足够的时间来反映输入引脚的电压信号。

### 9.1.3 ADC 模块转换结果

TMS320F28335 芯片的 ADC 模块具有 16 个转换结果寄存器（ADCRESULT0～15），它们均为 16 位。由于 TMS320F28335 芯片的 ADC 模块是 12 位的，因此转换后的数值可以按照右对齐或左对齐的方式存放在相应结果寄存器中。另外，ADC 模块支持的模拟输入电压范围为 0～3V，故对应的 ADC 模块转换结果为

$$\text{ADCRESULT} = \frac{\text{VoltInput} - \text{VoltRef}}{3.0} \times 4095 \tag{9-1}$$

式中，ADCRESULT 为结果寄存器的值；VoltInput 为模拟输入电压值；VoltRef 为 ADC 的参考电平，通常将其与 AGND 连接在一起。

## 9.2 ADC 模块的工作原理

根据排序模式和采样方式的不同，TMS320F28335 芯片的 ADC 模块提供了 4 种灵活的工作方式，即顺序采样的级联模式、顺序采样的双排序模式、同步采样的级联模式及同步采样的双排序模式。同时，ADC 模块还具备连续自动转换和启动/停止两种转换模式，在实际应用过程中，可以根据需要进行任意组合。

### 9.2.1 ADC 模块的排序模式

TMS320F28335 芯片的 ADC 模块具有自动排序能力，其排序模式分为级联模式和双排序模式两种，可以按照事先排好的顺序对多个状态进行转换。

级联模式和双排序模式的工作示意图分别如图 9-3 和图 9-4 所示。

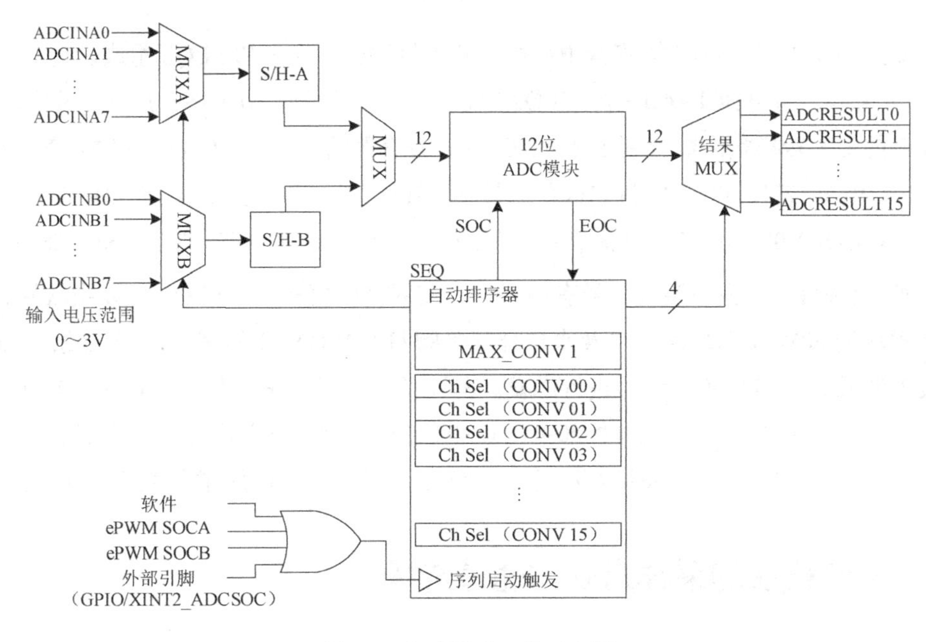


图 9.3　级联模式工作示意图

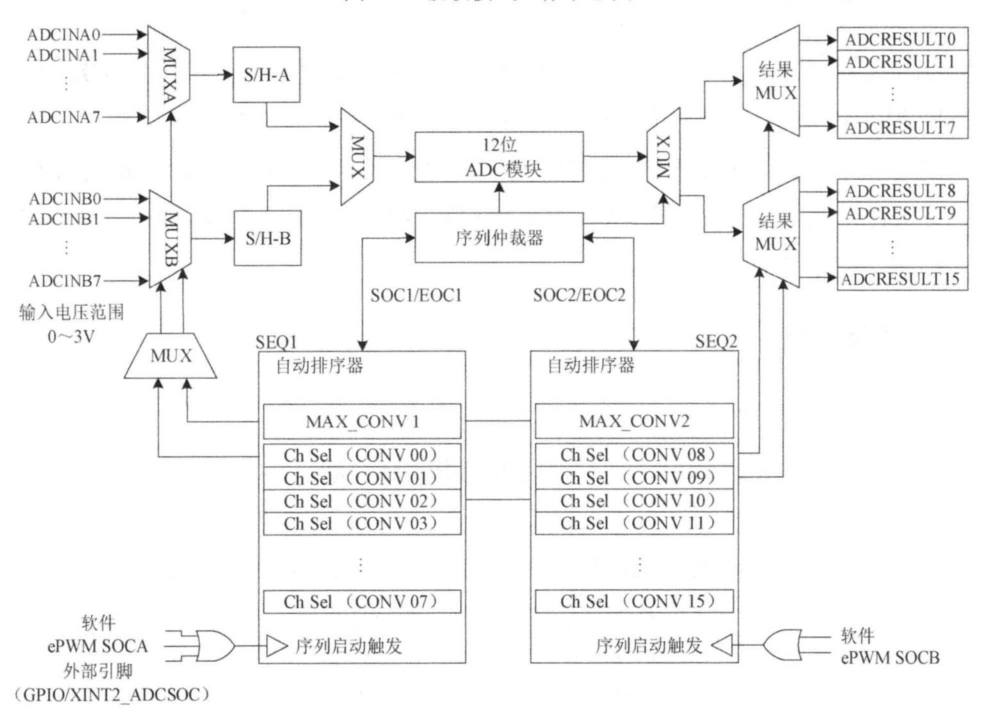


图 9.4　双排序模式工作示意图

在级联模式下，每次启动最多可以转换 16 个状态，最大转换状态数由 MAXCONV [MAX_CONV1]位域确定，状态转换顺序由通道选择排序寄存器 CHSELSEQ1～4 的 CONV00～15 确定，转换结果分别存放在 16 个转换结果寄存器（ADCRESULT0～15）中。

在双排序模式下，ADC 排序器由两个 8 状态排序器 SEQ1 和 SEQ2 组成。其中，SEQ1 对应 A 组采样通道 ADCINA0～7，SEQ2 对应 B 组采样通道 ADCINB0～7。另外，SEQ1 和 SEQ2 的最大转换状态数分别由 MAXCONV 寄存器的 MAX_CONV1 和 MAX_CONV2 位域确定。根据 CONV00～07 规定的状态转换，SEQ1 的转换结果存放在 ADCRESULT0～7 中；根据 CONV08～0715 的状态转换，SEQ2 的转换结果存放在 ADCRESULT8～15 中。

ADC 模块启动转换的触发信号有很多种。在双排序模式下，SEQ1 可以由软件、来自 ePWM 模块的 ePWM SOCA 信号及来自外部引脚 GPIO/XINT2 的信号进行触发；SEQ2 可以通过软件或 ePWM SOCB 信号进行触发。在级联模式下，SEQ 可以由软件、来自 ePWM 模块的 ePWM SOCA 信号及来自外部引脚 GPIO/XINT2 的信号进行触发。此外，在双排序模式下，若 SEQ1 和 SEQ2 同时触发，则序列仲裁器将判决 SEQ1 的优先级高于 SEQ2。

## 9.2.2 ADC 模块的采样方式与通道选择

### 一、采样方式

ADC 模块的采样方式分为顺序采样和同步采样，由控制寄存器 ADCTRL3 的 SMODE_SEL 位确定（0 表示顺序采样；1 表示同步采样）。

顺序采样指按照序列发生器的选择顺序对每个通道逐个采样，各采样通道之间是独立的。同步采样指一对通道一对通道地采样，如 ADCINA0 和 ADCINB0 同时采样、ADCINA1 和 ADCINB1 同时采样等。

### 二、通道选择

#### 1. 通道选择寄存器

通道选择寄存器 CHSELSEQ1～4 用于确定状态转换顺序。CHSELSEQ1～4 寄存器如图 9.5 所示。

| | 15　12 | 11　8 | 7　4 | 3　0 |
|---|---|---|---|---|
| | R/W-0 | R/W-0 | R/W-0 | R/W-0 |
| CHSELSEQ1 | CONV03 | CONV02 | CONV01 | CONV00 |
| CHSELSEQ2 | CONV07 | CONV06 | CONV05 | CONV04 |
| CHSELSEQ3 | CONV11 | CONV10 | CONV09 | CONV08 |
| CHSELSEQ4 | CONV15 | CONV14 | CONV13 | CONV12 |

图 9.5　CHSELSEQ1～4 寄存器

在 CHSELSEQ1～4 寄存器中，每个寄存器均包含 4 个 4 位域 CONV$x$（$x$=0,1,…,15），各位域均可以用来定义输入引脚。

在顺序采样模式下，各位域的4位均起作用：最高位规定输入引脚所在的组（0表示A组；1表示B组），低3位定义偏移量，确定某一个特定输入引脚。例如，CONV*x*的数值是0101b，表示采样ADCINA5（使用S/H-A）；CONV*x*的数值是1011b，表示采样ADCINB3（使用S/H-B）。在同步采样模式下，各位域的最高位不起作用，低3位定义通道对应的编号，两个采样保持均使用。例如，CONV*x*的数值是0011b，表示使用S/H-A对ADCINA3进行采样，紧接着使用S/H-B对ADCINB3进行采样。

2. 通道选择示例

在级联模式下，按照ADCINA6、ADCINB6、ADCINA7、ADCINB7 ADCINA0、ADCINB0、ADCINA2、ADCINB2的顺序转换8个状态。若采用顺序采样方式，则其初始化代码如下。

```
AdcRegs.ADCTRL1.bit.SEQ_CASC = 1;                    // 级联模式
AdcRegs.ADCTRL1.bit.SMODE_SEL = 0;                   // 顺序采样方式
AdcRegs.ADCMAXCONV.all = 0x0007;                     // 8个通道
AdcRegs.ADCCHSELSEQ1.bit.CONV00 = 0x6;               // ADCINA6
AdcRegs.ADCCHSELSEQ1.bit.CONV01 = 0xE;               // ADCINB6
AdcRegs.ADCCHSELSEQ1.bit.CONV02 = 0x7;               // ADCINA7
AdcRegs.ADCCHSELSEQ1.bit.CONV03 = 0xF;               // ADCINB7
AdcRegs.ADCCHSELSEQ2.bit.CONV04 = 0x0;               // ADCINA0
AdcRegs.ADCCHSELSEQ2.bit.CONV05 = 0x8;               // ADCINB0
AdcRegs.ADCCHSELSEQ2.bit.CONV06 = 0x2;               // ADCINA2
AdcRegs.ADCCHSELSEQ2.bit.CONV07 = 0xA;               // ADCINB2
```

若采用同步采样方式，则其初始化代码如下。

```
AdcRegs.ADCTRL1.bit.SEQ_CASC = 1;                    // 级联模式
AdcRegs.ADCTRL1.bit.SMODE_SEL = 1;                   // 同步采样方式
AdcRegs.ADCMAXCONV.all = 0x0003;                     // 8个（4对）通道
AdcRegs.ADCCHSELSEQ1.bit.CONV00 = 0x6;               // ADCINA6、ADCINB6
AdcRegs.ADCCHSELSEQ1.bit.CONV01 = 0x7;               // ADCINA7、ADCINB7
AdcRegs.ADCCHSELSEQ1.bit.CONV02 = 0x0;               // ADCINA0、ADCINB0
AdcRegs.ADCCHSELSEQ1.bit.CONV03 = 0x2;               // ADCINA2、ADCINB2
```

另外，在顺序采样模式下，CONV00～15规定的状态转换结果分别存放在ADCRESULT0～15中；在同步采样模式下，CONV00规定的状态转换结果存放在ADCRESULT0和ADCRESULT1中；CONV01规定的状态转换结果存放在ADCRESULT2和ADCRESULT3中；CONV07规定的状态转换结果存放在ADCRESULT14和ADCRESULT15中，且由于每一组通道中A组先转换，因此其结果总存放在B组前面。

### 9.2.3　ADC 模块的转换模式

ADC 模块的转换模式分为连续自动转换和启动/停止两种转换模式，由控制寄存器 ADCTRL1 的 CONT_RUN 位确定（0 表示启动/停止模式；1 表示连续自动转换模式）。

在连续自动转换模式下，当启动转换的触发信号到来时，排序器首先将最大转换通道寄存器（MAXCONV）中设定的最大转换状态数加载到自动排序状态寄存器（ASEQSR）的 SEQ_CNTR 位域，然后根据 CHSELSEQ1～4 中预先设定的顺序进行状态转换，并将转换结果存放在相应的结果寄存器（ADCRESULT0～15）中。每转换完一个状态，SEQ_CNTR 的值减 1；当设定的所有状态全部转换完毕后，即 SEQ_CNTR[3:0]=0 时，重新向 SEQ_CNTR 位域加载最大转换状态数，并自动复位排序器，再次从复位状态启动（SEQ 和 SEQ1 为 CONV00，SEQ2 为 CONV08）。

在启动/停止模式下，当启动转换的触发信号到来时，排序器的操作与在连续自动转换模式下相同。但当设定的所有状态全部转换完毕后，即 SEQ_CNTR[3:0]=0 时，排序器并不复位至初始转换状态，而是停留在最后一次转换状态，且 SEQ_CNTR 的值保持为 0。当新的触发信号到来时，从上次的停止状态开始转换。若希望再次触发时从初始状态开始转换，则需要编程复位排序器。

### 9.2.4　ADC 模块的中断操作

在启动/停止模式下，通过设置控制寄存器 ADCTRL2 的 INT_MODE_SEQ1 和 INT_MODE_SEQ2 位，可以使排序器 SEQ、SEQ1 或 SEQ2 工作在中断模式 0 或中断模式 1 下。

在中断模式 0 下，当每次转换序列结束（EOS 信号到来）时，均产生中断请求，常用于第一个转换序列与第二个转换序列中采样个数不同的情况；在中断模式 1 下，间隔一个 EOS 信号产生中断请求，主要用于两个转换序列中采样个数相同的情况，这样可以有效减小中断服务子程序和 CPU 的开销。

### 9.2.5　ADC 模块的校准与 DMA 访问

TMS320F28335 DSP 控制器的 ADC 模块支持通过偏差校准寄存器（ADCOFFTRIM）中的9位字段对采样结果进行偏移校正，从而极大地提高ADC的采样精度。由于TMS320F28335 芯片在出厂时已将该功能程序 ADC_cal 固化在 TI 公司保留的 OTP 存储器中，因此 ADC 在上电引导过程中，Boot ROM 会根据器件配置数据自动调用 ADC_cal，以初始化参考电压选择寄存器（ADCREFSEL）和偏差校准寄存器（ADCOFFTRIM）。当正常操作时，该过程自动执行且无须用户干预，若系统开发过程中 Boot ROM 被 CCS 旁路，则用户需自行对 ADCREFSEL 和 ADCOFFTRIM 寄存器进行初始化。

此外，位于外设 0 地址单元内的 ADC 结果寄存器（0x0B00～0x0B0F）支持 CPU 通过 DMA 方式直接访问；位于外设 0 地址单元的 ADC 结果寄存器（0x7108～0x710F）不支持 CPU 通过 DMA 方式直接访问。

## 9.3 ADC 模块寄存器

ADC 模块包括 3 个控制寄存器(ADCTRL1～3)、1 个最大转换状态寄存器(MAXCONV)、4 个通道选择寄存器（CHSELSEQ1～4）、16 个转换结果寄存器（ADCRESULT0～15）、2 个状态寄存器[自动排序状态寄存器（ADCASEQSR）和 ADC 状态与标志寄存器（ADCST）]及 2 个与校准相关的寄存器[参考电压选择寄存器（ADCREFSEL）和偏差校准寄存器（ADCOFFTRIM）]。

### 一、控制寄存器

TMS320F28335 芯片的 ADC 模块具有 3 个控制寄存器，用于配置 ADC 的采样频率、工作模式及中断等操作。ADCTRL1 寄存器用于配置 ADC 模块的总体工作方式，包括复位、仿真挂起处理及排序模式等。

ADCTRL1 寄存器如图 9.6 所示。

| 15 | 14 | 13～12 | 11～8 |
|---|---|---|---|
| Reserved | RESET | SUSMOD | ACQ_PS |
| R-0 | R/W-0 | R/W-0 | R/W-0 |

| 7 | 6 | 5 | 4 | 3～0 |
|---|---|---|---|---|
| CPS | CONT_RUN | SEQ_OVRD | SEQ CASC | Reserved |
| R/W-0 | R/W-0 | R/W-0 | R/W-0 | R-0 |

图 9.6　ADCTRL1 寄存器

ADCTRL1 寄存器的位定义如表 9.1 所示。

表 9.1　ADCTRL1 寄存器的位定义

| 位　号 | 名　称 | 说　明 |
|---|---|---|
| 15 | Reserved | 保留 |
| 14 | RESET | ADC 模块软件复位位。0 表示无影响；1 表示复位整个 ADC 模块 |
| 13～12 | SUSMOD | 仿真挂起模式位。00 表示忽略仿真挂起；01 和 10 表示完成当前转换后停止；11 表示仿真挂起时立即停止 |
| 11～8 | ACQ_PS | 采样窗口预定标位。采样窗口长度为(ACQ_PS+1)个 ADCCLK 周期 |

续表

| 位　号 | 名　称 | 说　明 |
|---|---|---|
| 7 | CPS | ADC 逻辑时钟（Fclk）预定标位。<br>0 表示 ADCCLK= Fclk；1 表示 ADCCLK= Fclk/2 |
| 6 | CONT_RUN | 转换模式选择位。0 表示启动/停止模式；1 表示连续自动转换模式 |
| 5 | SEQ_OVRD | 排序器覆盖功能选择位。0 表示禁止；1 表示允许 |
| 4 | SEQ_CASC | 排序器模式选择位。0 表示双排序器模式；1 表示级联模式 |
| 3～0 | Reserved | 保留 |

ADCTRL2 寄存器如图 9.7 所示。

| 15 | 14 | 13 | 12 | 11 | 10 | 9 | 8 |
|---|---|---|---|---|---|---|---|
| ePWM_SOC B_SEQ | RST_S EQ1 | SOC_S EQ1 | Reserved | INT_ENA _SEQ1 | INT_MOD _SEQ1 | Reserved | ePWM_SOC A_SEQ1 |
| R/W-0 | R/W-0 | R/W-0 | R-0 | R/W-0 | R/W-0 | R-0 | R/W-0 |

| 7 | 6 | 5 | 4 | 3 | 2 | 1 | 0 |
|---|---|---|---|---|---|---|---|
| EXT_SOC_S EQ1 | RST_S EQ2 | SOC_S EQ2 | Reserved | INT_ENA _SEQ2 | INT_MOD _SEQ2 | Reserved | ePWM_SOC B_SEQ2 |
| R/W-0 | R/W-0 | R/W-0 | R-0 | R/W-0 | R/W-0 | R-0 | R/W-0 |

图 9.7　ADCTRL2 寄存器

ADCTRL2 寄存器的位定义如表 9.2 所示。

**表 9.2　ADCTRL2 寄存器的位定义**

| 位　号 | 名　称 | 说　明 |
|---|---|---|
| 15 | ePWM_SOCB SEQ | ePWM_SOCB 信号启动 SEQ 转换标志位。0 表示无动作；1 表示使能 ePWM_SOCB 信号启动级联排序器 SEQ |
| 14 | RST_SEQ1 | SEQ1 复位标志位。0 表示无动作；1 表示复位 SEQ1/ SEQ 至 CONV00 |
| 13 | SOC_SEQ1 | SEQ1 启动转换标志位。0 表示清除挂起的触发信号；1 表示从当前停止位置启动 SEQ1/ SEQ |
| 12 | Reserved | 保留 |
| 11 | INT_ENA _SEQ1 | SEQ1 中断使能位。0 表示禁止；1 表示使能 |
| 10 | INT_MOD_SEQ1 | SEQ1 中断模式选择位。0 表示中断模式 0；1 表示中断模式 1 |
| 9 | Reserved | 保留 |
| 8 | ePWM_SOCA _SEQ1 | ePWM_SOCA 信号启动 SEQ1 转换标志位。0 表示无动作；1 表示使能 ePWM_SOCA 信号启动排序器 SEQ1/ SEQ |
| 7 | EXT_SOC_ SEQ1 | 外部信号启动 SEQ1 转换标志位。0 表示无动作；1 表示使能外部 ADCSOC 引脚信号启动排序器 SEQ1/ SEQ |
| 6 | RST_SEQ2 | SEQ2 复位标志位。0 表示无动作；1 表示复位 SEQ2 至 CONV08 |
| 5 | SOC_SEQ2 | SEQ2 启动转换标志位。0 表示清除挂起的触发信号；1 表示从当前停止位置启动 SEQ2 |
| 4 | Reserved | 保留 |
| 3 | INT_ENA _SEQ2 | SEQ2 中断使能位。0 表示禁止；1 表示使能 |
| 2 | INT_MOD_SEQ2 | SEQ2 中断模式选择位。0 表示中断模式 0；1 表示中断模式 1 |
| 1 | Reserved | 保留 |
| 0 | ePWM_SOCB _SEQ2 | ePWM_SOCB 信号启动 SEQ2 转换标志位。0 表示无动作；1 表示使能 ePWM_SOCB 信号启动排序器 SEQ2 |

ADCTRL3 寄存器如图 9.8 所示。

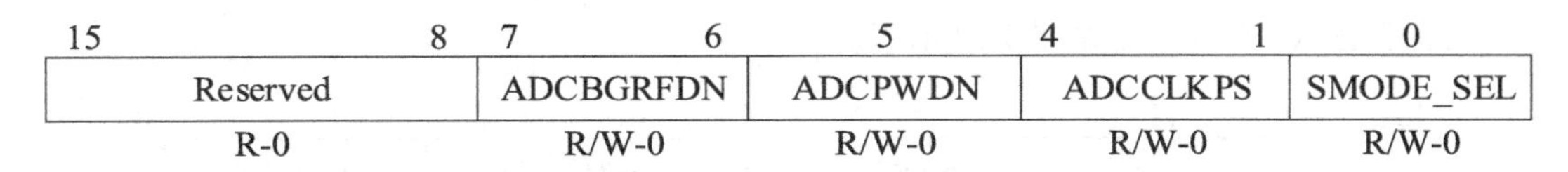


图 9.8　ADCTRL3 寄存器

ADCTRL3 寄存器的位定义如表 9.3 所示。

表 9.3　ADCTRL3 寄存器的位定义

| 位号 | 名称 | 说　明 |
| --- | --- | --- |
| 15～8 | Reserved | 保留 |
| 7～6 | ADCBGRFDN | ADC 带隙及参考电路上电使能位。00 表示带隙及参考电路断电；11 表示带隙及参考电路上电 |
| 5 | ADCPWDN | ADC 模拟电路上电使能位。0 表示内核除带隙及参考电路之外的所有模拟电路断电；1 表示内核的模拟电路上电 |
| 4～1 | ADCCLKPS | 高速外设时钟分频位。FCLK = HSPCLK / (2×ADCCLKPS) |
| 0 | SMODE_SEL | ADC 采样模式选择位。0 表示顺序采样；1 表示同步采样 |

## 二、MAXCONV 寄存器

MAXCONV 寄存器用于设定在 ADC 转换过程中执行的最大转换数。

MAXCONV 寄存器如图 9.9 所示。

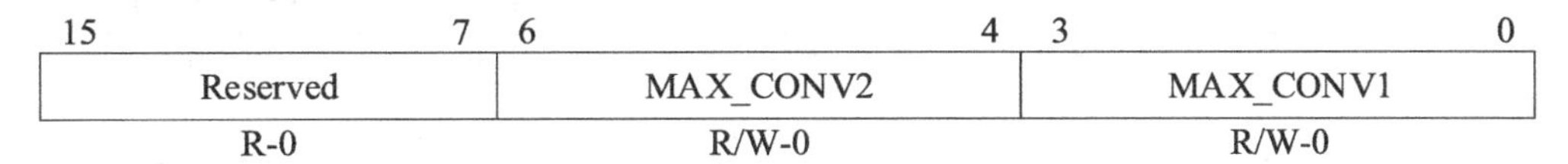


图 9.9　MAXCONV 寄存器

MAXCONV 寄存器的位定义如表 9.4 所示。

表 9.4　MAXCONV 寄存器的位定义

| 位号 | 名　称 | 说　明 |
| --- | --- | --- |
| 15～87 | Reserved | 保留 |
| 6～84 | MAX_CONV2 | SEQ2 序列最大转换数。对于 SEQ2，使用 MAX_CONV2 定义其最大转换通道数 |
| 3～80 | MAX_CONV1 | SEQ1 序列最大转换数。对于 SEQ1 或级联 SEQ，使用 MAX_CONV1 定义其最大转换通道数 |

注意：顺序采样规定的是独立状态数，同步采样规定的是状态对数。例如，若 MAX_CONV2 为 3，则在顺序采样模式下，表示 SEQ2 最大转换状态数为 4(MAX_CONV2+1) 个；在同步采样模式下，表示 SEQ2 最大转换状态数为 8 个，即 4（MAX_CONV2+1）对。

## 三、状态寄存器

状态寄存器包括 ADCASEQSR 寄存器和 ADCST 寄存器。ADCASEQSR 寄存器反映了

SEQ1、SEQ 或 SEQ2 的计数状态及尚未转换的通道数。

ADCASEQSR 寄存器如图 9.10 所示。

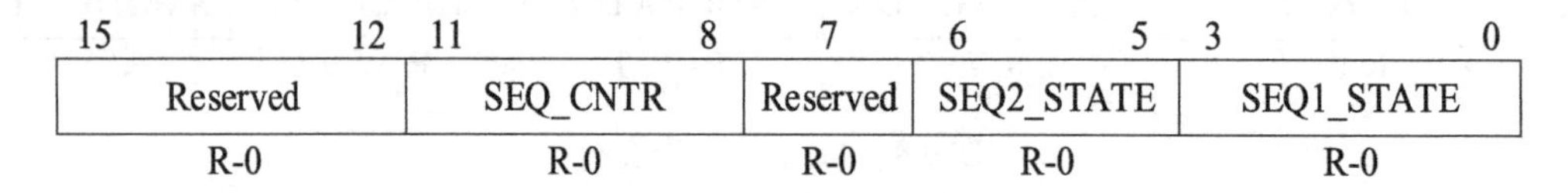


图 9.10 ADCASEQSR 寄存器

ADCASEQSR 寄存器的位定义如表 9.5 所示。

**表 9.5 ADCASEQSR 寄存器的位定义**

| 位 号 | 名 称 | 说 明 |
| --- | --- | --- |
| 15～12 | Reserved | 保留 |
| 11～8 | SEQ_CNTR | 排序器计数状态位。反映 SEQ1、SEQ 或 SEQ2 中尚未转换的通道数目，每次转换完成后，该计数值减 1 |
| 7 | Reserved | 保留 |
| 6～4 | SEQ2_STATE | SEQ2 的指针。保留给 TI 公司芯片测试用 |
| 3～0 | SEQ1_STATE | SEQ1 的指针。保留给 TI 公司芯片测试用 |

ADCST 寄存器反映了排序器的状态，包括转换结束标志、忙标志、中断标志等。

ADCST 寄存器如图 9.11 所示。

| 15～8 | 7 | 6 |
| --- | --- | --- |
| Reserved | EOS_BUF2 | EOS_BUF1 |
| R-0 | R-0 | R-0 |

| 5 | 4 | 3 | 2 | 1 | 0 |
| --- | --- | --- | --- | --- | --- |
| INT_SEQ2_CLR | INT_SEQ1_CLR | SEQ2_BSY | SEQ1_BSY | INT_SEQ2 | INT_SEQ1 |
| R/W-0 | R/W-0 | R-0 | R-0 | R-0 | R-0 |

图 9.11 ADCST 寄存器

ADCST 寄存器的位定义如表 9.6 所示。

**表 9.6 ADCST 寄存器的位定义**

| 位 号 | 名 称 | 说 明 |
| --- | --- | --- |
| 15～8 | Reserved | 保留 |
| 7 | EOS_BUF2 | SEQ2 排序缓冲结束标志位。在中断模式 0 下，不使用此位且保持为 0；在中断模式 1 下，在每一个 SEQ2 排序缓冲结束时进行切换。 |
| 6 | EOS_BUF1 | SEQ1 排序缓冲结束标志位。在中断模式 0 下，不使用此位且保持为 0；在中断模式 1 下，在每一个 SEQ1 排序缓冲结束时进行切换。 |
| 5 | INT_SEQ2_CLR | SEQ2 中断清除位。0 表示无影响；1 表示清除 SEQ2 中断标志 INT_SEQ2，不影响 EOS_BUF2 位 |
| 4 | INT_SEQ1_CLR | SEQ1 中断清除位。0 表示无影响；1 表示清除 SEQ1 中断标志 INT_SEQ1，不影响 EOS_BUF1 位 |
| 3 | SEQ2_BSY | SEQ2 转换空闲标志位。0 表示 SEQ2 空闲；1 表示 SEQ2 忙 |

续表

| 位　号 | 名　称 | 说　明 |
|---|---|---|
| 2 | SEQ1_BSY | SEQ1 转换空闲标志位。0 表示 SEQ1 空闲；1 表示 SEQ1 忙 |
| 1 | INT_SEQ2 | SEQ2 中断标志位。0 表示无 SEQ2 中断；1 表示有 SEQ2 中断 |
| 0 | INT_SEQ1 | SEQ1 中断标志位。0 表示无 SEQ1 中断；1 表示有 SEQ1 中断 |

## 9.4　ADC 模块应用实例

### 1. 功能介绍

使用 ADC 模块采样 ADCINA0 的电压信号并进行自动转换，然后采用查询的方式将转换结果存入数据缓冲区并进行观察。在具体设计中，设定 ADC 模块工作在级联模式，并采用顺序采样（复位默认状态）方式，同时设置 ADC 模块时钟为 12.5MHz、数据缓冲区的长度为 2048 字节。

### 2. 具体实现

（1）系统初始化。

```
void InitSysCtrl(void)
   {
      Uint16 i;
      EALLOW;                          // 禁止看门狗定时器
      SysCtrlRegs.WDCR= 0x0068;        // 初始化 PLL 模块
      SysCtrlRegs.PLLCR = 0xA;         // 若外部晶振为 30M，则 SYSCLKOUT=30×10/2=150MHz
      for(i= 0; i< 5000; i++){ }       // 延时，使 PLL 模块能够完成初始化操作
                                       // 设置高速外设时钟 HSPCLK 和低速外设时钟 LSPCLK
      SysCtrlRegs.HISPCP.all = 0x0001;              // HSPCLK=150/2=75MHz
      SysCtrlRegs.LOSPCP.all = 0x0002;              // LSPCLK=150/4=37.5MHz
                                                    // 对工程中用到的外设进行时钟使能
      SysCtrlRegs.PCLKCR0.bit.ADCENCLK = 1;         // 使能 ADC 模块时钟
      ADC_cal( );                                   // 校准 ADC 模块
      EDIS;
   }
```

（2）ADC 模块初始化。

```
void InitAdc (void)
   {
      extern void DSP28x_usDelay(Uint32 Count);
      AdcRegs.ADCTRL3.all = 0x00E0;                 // ADC 带隙参考电路上电
      DELAY_US(0x1000);                             // 等待上电结束
```

```
    AdcRegs.ADCTRL3.bit.ADCCLKPS = 0x3;
    // ADC clock = HSPCLK/(2*ADCCLKPS) = 75.0MHz/(3*2) = 12.5MHz
    AdcRegs.ADCTRL1.bit.ACQ_PS = 0xF;          // 采样窗口长度 = 16 ADC clocks
    AdcRegs.ADCTRL1.bit.SEQ_CASC = 1;          // 级联模式
    AdcRegs.ADCCHSELSEQ1.bit.CONV00 = 0x0;     // 转换 ADCINA0 通道
    AdcRegs.ADCTRL1.bit.CONT_RUN = 1;          // 连续自动转换模式
  }
```

（3）主函数。

```
void InitAdc (void);                                  // 声明 ADC 模块初始化函数
#define AVG        1000                               // 平均采样次数
#define BUF_SIZE   2048                               // 设置数据缓冲区大小
Uint16 SampleTable[BUF_SIZE];

void main(void)
  {
     Uint16 i;
     InitSysCtrl( );                                  // 初始化系统控制
     DINT;                                            // 禁止可屏蔽中断
     IER=0x0000;                                      // 禁止所有 CPU 中断
     IFR=0x0000;                                      // 清除所有 CPU 中断标志位
     InitPieCtrl( );                                  // 初始化 PIE 控制寄存器
     InitPieVectTable( );                             // 初始化 PIE 中断向量表
     InitAdc( );                                      // ADC 模块初始化
     for (i=0; i<BUF_SIZE; i++)                       // 清空数据缓冲区
       { SampleTable[i] = 0; }
     AdcRegs.ADCTRL2.bit.SOC_SEQ1 = 1;                // 启动 SEQ1 进行转换
     while(1)
       {
         for (i=0; i<AVG; i++)
          {
            while (AdcRegs.ADCST.bit.INT_SEQ1== 0) { }
            AdcRegs.ADCST.bit.INT_SEQ1_CLR = 1;            // SEQ1 标志位清零
            SampleTable[i] =((AdcRegs.ADCRESULT0>>4) );
            // 12 位 ADC 模块，数字结果最大为 4095，对应输出 12 位，
            // 因此 ADCRESULT0 左移 4 位，只用低 12 位
          }
       }
  }
```

## 思考题

1．TMS320F28335 DSP 控制器的 ADC 模块是多少位？有几个模拟量输入通道？输入电压范围是多少？各通道使用的采样/保持器是否相同？

2．ADC 模块有哪两种排序模式？在各排序模式下，启动转换的触发方式、最大转换状态数、转换顺序和使用的结果寄存器有何不同？

3．简述 ADC 模块中同步采样和顺序采样的异同。

4．ADC 模块有哪两种转换模式？这两种转换模式的工作过程有何不同？它们分别适用于什么场合？

5．ADC 模块有哪两种中断方式？在这两种中断方式下，产生中断的时刻有何不同？它们各自适用于什么场合？

6．ADC 模块默认的参考电压是多少？如何设置外部参考电压？

7．如何确定 ADC 模块的时钟？如何设置采样/保持窗口时间？

8．假定 ADC 模块输入引脚上的电压分别为 0V、0.5V、1V、4.5V、2V、2.5V 和 3V，分别计算对应转换结果寄存器的值。

9．TMS320F28335 芯片的 ADC 模块包括哪些中断源？各中断如何使能？对应中断标志位分别是什么？

# 第 10 章　应用设计案例

## 10.1　蜂鸣器演奏

### 一、蜂鸣器简介

蜂鸣器是一种小型的电声器件，作为发声或报警器件，其广泛应用于计算机、打印机、报警器、电子玩具，以及仪器仪表、工控设备等电子产品中。蜂鸣器根据工作原理可分为压电式蜂鸣器和电磁式蜂鸣器。蜂鸣器根据驱动方式可分为有源蜂鸣器和无源蜂鸣器：有源蜂鸣器内带信号源，采用直流信号驱动，只能发出一种频率的声音，即单音；无源蜂鸣器不带振荡源，一般采用 2k～5kHz 方波驱动，可以通过改变电流频率来发出不同声音。在本实例中，采用无源蜂鸣器。

### 二、实验原理

蜂鸣器是利用电流通过电磁线圈使电磁线圈产生磁场来驱动振动膜发声的，因此需要一定的电流才能驱动它。由于 DSP 普通 I/O 引脚输出的电流较小，因此一般采用三极管来放大电流，以驱动蜂鸣器。蜂鸣器驱动电路示意图如图 10.1 所示。

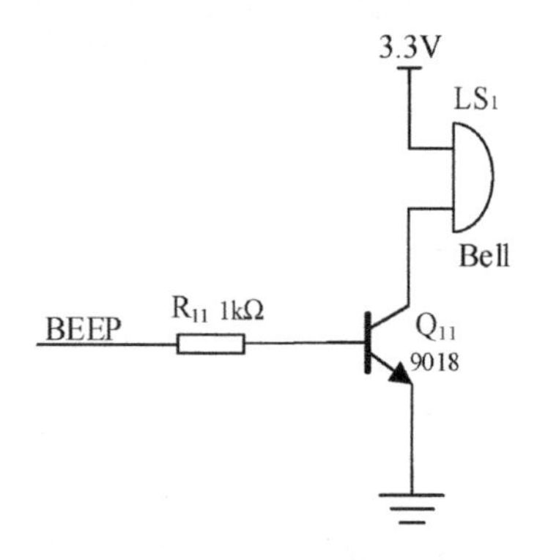


图 10.1　蜂鸣器驱动电路示意图

当 BEEP 引脚输出低电平时，三极管 $Q_1$ 截止，没有电流流过线圈，蜂鸣器不发声；当 BEEP 引脚输出高电平时，三极管 $Q_1$ 导通，蜂鸣器的电流形成回路，发出声音。因此，通过改变 BEEP 引脚输出波形的频率，可以控制蜂鸣器的音调，产生各种不同音调的声音；同时，改变 BEEP 引脚输出电平的高、低电平占空比可以有效控制蜂鸣器的音量大小。

在实际设计中，为了让蜂鸣器发出不同音调的声音以实现“奏乐”的功能，只需将 DSP 定时器预置不同的定时值以实现不同时间的定时，然后对 BEEP 引脚循环的置位、清零可以达到输出固定频率波形的目的。那如何确定一个频率对应的定时器的定时计数值呢？以标准音高 A 为例：

假设 A 的频率为 $f$=440Hz，其对应周期为 $T$=1/$f$=1/440=2272μs，则半周期 $t$=$T$/2=2272/2=1136μs。因此，只要在程序中将 BEEP 引脚置为高电平，延时 1136μs，再置为低电平，延时 1136μs，如此循环，就可以得到频率为 440Hz 的声音了。音符频率转换关系如表 10.1 所示。

表 10.1 音符频率转换关系

| | 音 符 | 对应频率/Hz | 半周期/μs |
|---|---|---|---|
| 低音 | 1 | 261.6 255 653 | 1911.128 216 |
| | 1.5 | 277.182 631 | 1803.864 832 |
| | 2 | 293.6 647 679 | 1702.621 678 |
| | 2.5 | 311.1 269 837 | 1607.060 866 |
| | 3 | 329.6 275 569 | 1516.863 471 |
| | 4 | 349.2 282 314 | 1431.728 466 |
| | 4.5 | 369.9 944 227 | 1351.371 722 |
| | 5 | 391.995 436 | 1275.525 055 |
| | 5.5 | 415.3 046 976 | 1203.935 334 |
| | 6 | 440 | 1136.363 636 |
| | 6.5 | 466.1 637 615 | 1072.584 446 |
| | 7 | 493.8 833 013 | 1012.384 907 |
| 中音 | 1 | 523.2 511 306 | 955.5 641 082 |
| | 1.5 | 554.365 262 | 901.9 324 159 |
| | 2 | 587.3 295 358 | 851.3 108 391 |
| | 2.5 | 622.2 539 674 | 803.5 304 332 |
| | 3 | 659.2 551 138 | 758.4 317 353 |
| | 4 | 698.4 564 629 | 715.8 642 329 |
| | 4.5 | 739.9 888 454 | 675.6 858 608 |
| | 5 | 783.990 872 | 637.7 625 274 |
| | 5.5 | 830.6 093 952 | 601.9 676 672 |
| | 6 | 880 | 568.7 272 722 |
| | 6.5 | 932.327 523 | 536.2 922 231 |
| | 7 | 987.766 025 | 506.1 924 636 |

续表

| | 音　符 | 对应频率/Hz | 半周期/μs |
|---|---|---|---|
| 高音 | 1 | 1046.502 261 | 477.7 820 541 |
| | 1.5 | 1108.730 524 | 450.9 662 079 |
| | 2 | 1174.659 072 | 425.6 554 196 |
| | 2.5 | 1244.507 935 | 401.7 652 166 |
| | 3 | 1318.510 228 | 379.2 158 677 |
| | 4 | 1396.912 926 | 357.9 321 164 |
| | 4.5 | 1479.977 691 | 337.8 429 304 |
| | 5 | 1576.981 744 | 318.8 812 637 |
| | 5.5 | 1661.21 879 | 300.9 838 336 |
| | 6 | 1760 | 284.0 909 091 |
| | 6.5 | 1864.655 046 | 268.1 461 116 |
| | 7 | 1975.533 205 | 253.0 962 267 |

## 三、具体实现

### 1. 实验说明

利用 TMS320F28335 芯片实验板 GPIO7 引脚，驱动板载蜂鸣器循环演奏乐曲《小小星星亮晶晶》。

### 2. 硬件连接

蜂鸣器驱动电路如图 10.2 所示。其中，ULN2003 是一款高耐压、大电流复合晶体管阵列，其内部由 7 个 NPN 晶体管组成。TMS320F28335 芯片利用 ULN2003 中的一个晶体管实现蜂鸣器驱动。$D_3$ 为续流二极管，用于防止流经蜂鸣器的电流瞬变；$C_1$ 为滤波电容，用于滤除蜂鸣器电流对其他电路的影响。

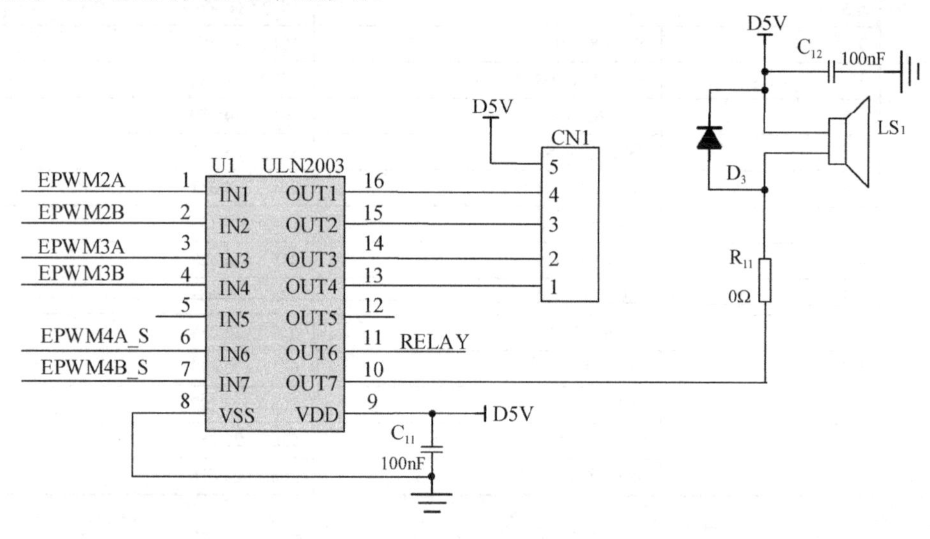


图 10.2　蜂鸣器驱动电路

### 3. 程序代码

（1）系统初始化。

```
void InitSysCtrl(void)
   {
      Uint16 i;
      EALLOW;                     // 禁止看门狗定时器
      SysCtrlRegs.WDCR= 0x0068;   // 初始化 PLL 模块
      SysCtrlRegs.PLLCR = 0xA;    // 若外部晶振为 30M，则 SYSCLKOUT=30×10/2=150MHz
      for(i= 0; i< 5000; i++){ }  // 延时，使 PLL 模块能够完成初始化操作
                                  // 设置高速外设时钟 HSPCLK 和低速外设时钟 LSPCLK
      SysCtrlRegs.HISPCP.all = 0x0001;          // HSPCLK=150/2=75MHz
      SysCtrlRegs.LOSPCP.all = 0x0002;          // LSPCLK=150/4=37.5MHz
      EDIS;
   }
```

（2）GPIO 初始化。

```
void Buzz_Gpio_Init (void)
   {
       GpioCtrlRegs.GPAPUD.bit.GPIO7 = 0;       // 使能 GPIO7 上拉
       GpioDataRegs.GPASET.bit.GPIO7 = 1;
       GpioCtrlRegs.GPAMUX1.bit.GPIO7 = 0;      // 配置 GPIO7 为普通 I/O
       GpioCtrlRegs.GPADIR.bit.GPIO7 = 1;       // 配置 GPIO7 为输出引脚
   }
```

（3）主函数。

```
#include "DSP2833x_Device.h"            // DSP2833x Headerfile Include File
#include "DSP2833x_Examples.h"          // DSP2833x Examples Include File
// 宏定义
#define DISABLE_TIMER1_INT              IER &= 0xFFFE;
#define ENABLE_TIMER1_INT               IER |= M_INT1;
#define BUZZ_OFF                        GpioDataRegs.GPASET.bit.GPIO7 = 1;
                                        // 相关子函数声明
interrupt void cpu_timer0_isr(void);    // Timer0 中断服务子函数
void Buzz_Gpio_Init(void);              // 蜂鸣器对应 GPIO 初始化子函数
void Delay(Uint16 t);                   // 延时子函数
Uint16 Musi[23]={                       // 单位为 μs，不同频率下蜂鸣器发出不同音调的声音
   0, 3816, 3496, 3215, 2865, 2551, 2272,    2024, // 0, L_do--> L_xi
   1912, 1703, 1517, 1432, 1275, 1136, 1013,       // do--> xi
   956,   851, 758, 716, 638,    568, 506, 0xFF}; //H_do--> H_xi, STOP
                                        //《小小星星亮晶晶》简谱
Uint16 Song[ ]={1,1,5,5,6,6,5,4,4,3,3,2,2,1,5,5,4,4,3,3,2,5,5,4,4,3,3,2,22};
Uint16 DT[ ]={2,2,2,2,2,2,4,2,2,2,2,2,2,4,2,2,2,2,2,2,4,2,2,2,2,2,2,4};// 节拍
void main(void)
```

```
{
    InitSysCtrl( );                               // 初始化系统控制
    Buzz_Gpio_Init ( );                           // 初始化蜂鸣器对应 GPIO
    DINT;                                         // 禁止可屏蔽中断
    IER=0x0000;                                   // 禁止所有 CPU 中断
    IFR=0x0000;                                   // 清除所有 CPU 中断标志位
    InitPieCtrl( );                               // 初始化 PIE 控制寄存器
    InitPieVectTable( );                          // 初始化 PIE 中断向量表
    EALLOW;                                       // 解除寄存器保护
    PieVectTable.TINT0 = &cpu_timer0_isr;
    EDIS;                                         // 添加寄存器保护
    InitCpuTimers( );                             // 初始化 CPU 定时器
    ConfigCpuTimer(&CpuTimer0, 150, 1000000);
    StartCpuTimer0( );                            // 启动 Timer0
    IER |= M_INT1;
    PieCtrlRegs.PIEIER1.bit.INTx7 = 1;            // 使能 Timer0 中断
    EINT;                                         // 使能全局中断 INTM
    ERTM;                                         // 使能全局实时中断 DBGM
    while(1)
      {
            Uint16 addr=0;
            if(Musi[Song[addr]]==0xFF)            // 音乐播放结束
              { BUZZ_OFF; }                       // 关闭蜂鸣器
             else
              {
                StopCpuTimer0( );                 // 停止计数
                DISABLE_TIMER1_INT;               // 不使能定时中断
                // 设置定时时间
                ConfigCpuTimer(&CpuTimer0, 150, Musi[Song[addr]+8]/2);
                StartCpuTimer0( );                // 重启定时器
                ENABLE_TIMER1_INT;                // 使能定时中断
                Delay(DT[addr]);                  // 音乐节拍延时
                StopCpuTimer0( );                 // 停止计数
                DISABLE_TIMER1_INT;               // 禁止定时中断
                BUZZ_OFF;                         // 关闭蜂鸣器
                Delay(2);                         // 音乐停顿
                addr++;
              }
      }
 }
interrupt void cpu_timer0_isr(void)               // Timer0 中断服务子程序
 {
    CpuTimer0.InterruptCount++;
```

```
        GpioDataRegs.GPATOGGLE.bit.GPIO7 = 1;
        PieCtrlRegs.PIEACK.all = PIEACK_GROUP1;
    }
void Delay(Uint16 t)                                // 延时子函数
    {
    Uint32 i=0;
    Uint32 gain = 300000;                           // 延时增益
    Uint32 base=0;
    base=gain*t;
    for(i=0;i<=base;i++);
    }
```

## 10.2　3×3 矩阵键盘

### 1. 实验说明

当按下矩阵键盘中某一按键时，通过观察变量 Key 值的变化来确定具体按键。

### 2. 硬件电路与检测原理

矩阵键盘电路如图 10.3 所示。利用 TMS320F28335 芯片的 6 个 I/O 口实现矩阵键盘中 9 个按键的扫描控制，其控制原理与工作过程如下。

将 3 行扫描信号 LI1～LI3 对应 I/O 口（GPIO12～14）作为输入，将 3 列扫描信号 RO1、RO2 和 RO3 对应 I/O 口（GPIO48～50）作为输出；在闲置状态下，由于有上拉电阻，因此 3 行扫描信号 LI1～LIZ3 对应 I/O 口均为高电平。

将 3 列扫描信号对应 I/O 口均设置为低电平，当某一按键被按下时，相应的行被下拉到低电平。当 3 行扫描信号对应 I/O 口中某一个引脚检测到低电平时，可以确定按键所在的行。然后，将 3 列扫描信号对应 I/O 口逐个设置为高电平，当遇到按键所在列时，按键所在行的电平重新变为高，可以确定按键所在的列，从而实现按键检测。

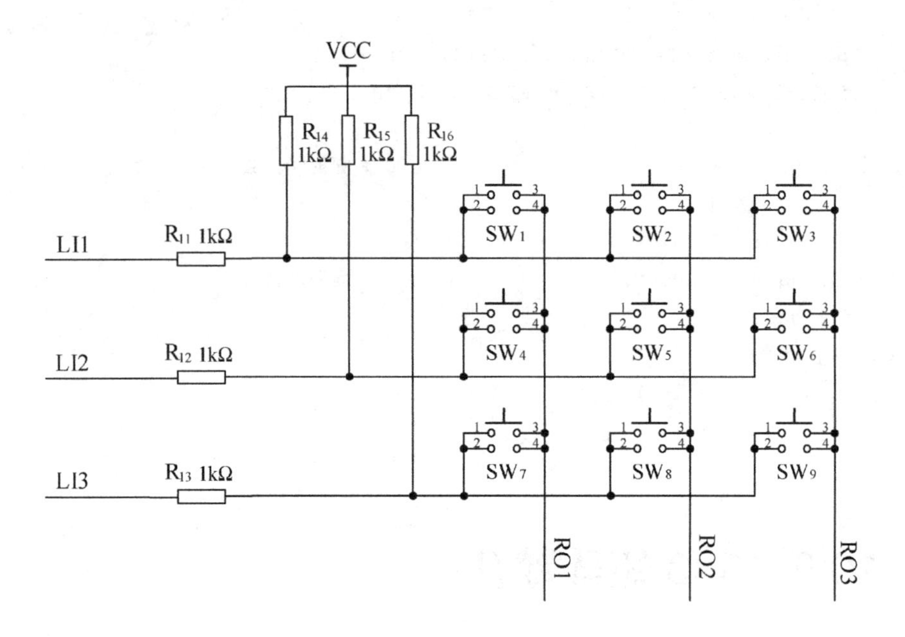


图 10.3 矩阵键盘电路

### 3. 程序代码

（1）矩阵键盘系统初始化函数 InitSysCtrl(void)与蜂鸣器演奏实验相同，此处不再赘述。

（2）GPIO 初始化。

```
void Init_KeyGpio(void)
   {
      EALLOW;
                                                   // 列扫描对应 I/O 口初始化
      GpioCtrlRegs.GPBPUD.bit.GPIO48 = 0;          // 使能 GPIO48 上拉
      GpioCtrlRegs.GPBMUX2.bit.GPIO48 = 0;         // 配置 GPIO48 为普通 I/O 口
      GpioCtrlRegs.GPBDIR.bit.GPIO48 = 1;          // 配置 GPIO48 为输出引脚
      GpioCtrlRegs.GPBPUD.bit.GPIO49 = 0;          // 使能 GPIO49 上拉
      GpioCtrlRegs.GPBMUX2.bit.GPIO49 = 0;         // 配置 GPIO49 为普通 I/O 口
      GpioCtrlRegs.GPBDIR.bit.GPIO49 = 1;          // 配置 GPIO49 为输出引脚
      GpioCtrlRegs.GPBPUD.bit.GPIO50 = 0;          // 使能 GPIO50 上拉
      GpioCtrlRegs.GPBMUX2.bit.GPIO50 = 0;         // 配置 GPIO50 为普通 I/O 口
      GpioCtrlRegs.GPBDIR.bit.GPIO50 = 1;          // 配置 GPIO50 为输出引脚
      GpioDataRegs.GPBCLEAR.bit.GPIO48 = 1;        // 列扫描信号拉低
      GpioDataRegs.GPBCLEAR.bit.GPIO49 = 1;
      GpioDataRegs.GPBCLEAR.bit.GPIO50 = 1;
                                                   // 行扫描对应 I/O 口初始化
      GpioCtrlRegs.GPAPUD.bit.GPIO12 = 0;          // 使能 GPIO12 上拉
      GpioCtrlRegs.GPAMUX1.bit.GPIO12 = 0;         // 配置 GPIO12 为普通 I/O 口
      GpioCtrlRegs.GPADIR.bit.GPIO12 = 0;          // 配置 GPIO12 为输入引脚
```

```
        GpioCtrlRegs.GPAPUD.bit.GPIO13 = 0;           // 使能 GPIO13 上拉
        GpioCtrlRegs.GPAMUX1.bit.GPIO13 = 0;          // 配置 GPIO13 为普通 I/O 口
        GpioCtrlRegs.GPADIR.bit.GPIO13 = 0;           // 配置 GPIO13 为输入引脚
        GpioCtrlRegs.GPAPUD.bit.GPIO14 = 0;           // 使能 GPIO14 上拉
        GpioCtrlRegs.GPAMUX1.bit.GPIO14 = 0;          // 配置 GPIO14 为普通 I/O 口
        GpioCtrlRegs.GPADIR.bit.GPIO14 = 0;           // 配置 GPIO14 为输入引脚
        GpioCtrlRegs.GPAQSEL1.all = 0x0000;           // GPIO0～15 与系统时钟同步
        EDIS;
    }
```

（3）主函数。

```
#include "DSP2833x_Device.h"
#include "DSP2833x_Examples.h"
                                                                  // 宏定义
#define SET_KY1         GpioDataRegs.GPBSET.bit.GPIO48 = 1        // Y1 置高
#define RST_KY1         GpioDataRegs.GPBCLEAR.bit.GPIO48 = 1      // Y1 拉低
#define SET_KY2         GpioDataRegs.GPBSET.bit.GPIO49 = 1        // Y2 置高
#define RST_KY2         GpioDataRegs.GPBCLEAR.bit.GPIO49 = 1      // Y2 拉低
#define SET_KY3         GpioDataRegs.GPBSET.bit.GPIO50 = 1        // Y3 置高
#define RST_KY3         GpioDataRegs.GPBCLEAR.bit.GPIO50 = 1      // Y3 拉低
#define KX1_STATUS      GpioDataRegs.GPADAT.bit.GPIO12            // X1 状态
#define KX2_STATUS      GpioDataRegs.GPADAT.bit.GPIO13            // X2 状态
#define KX3_STATUS      GpioDataRegs.GPADAT.bit.GPIO14            // X3 状态
// 相关子函数声明
void Init_KeyGpio(void);                              // 初始化按键 I/O 口
void delay(Uint32 t);                                 // 延时函数
void KX_AllStatus(void);                              // 读取 3 行 I/O 口电平状态
void Set_KY(Uint16 x);                                // 设置指定列输出高电平
void Rst_KY(Uint16 x);                                // 设置指定列输出低电平
void Read_KX(Uint16 x);                               // 读取按键所在行
void Read_KY(Uint16 x);                               // 读取按键所在列
                                                      // 变量定义
Uint16 Keys[3][3] = {1,2,3,4,5,6,7,8,9};              // 数据表，与 9 个按键对应
Uint16 Key = 0;                                       // 实时按键信息变量
Uint16 KX_On = 0;
Uint16 KX_Tim[5] = {0};
Uint16 KX_Status[5]={0};
Uint16 KY_On = 0;
void main(void)
    {
        InitSysCtrl( );                           // 初始化系统控制
        Init_KeyGpio( );                          // 初始化按键对应 GPIO
        DINT;                                     // 禁止可屏蔽中断
```

```
        IER=0x0000;                            // 禁止所有 CPU 中断
        IFR=0x0000;                            // 清除所有 CPU 中断标志位
        InitPieCtrl( );                        // 初始化 PIE 控制寄存器
        InitPieVectTable( );                   // 初始化 PIE 中断向量表
        while(1)
            {
              Read_KX(1); Read_KX(2); Read_KX(3);
              Read_KY(1); Read_KY(2); Read_KY(3);
            }
    }
void delay(Uint32 t)                           // 延时子函数
    {
        Uint32 i = 0;
        for (i = 0; i < t; i++);
    }
void KX_AllStatus(void)                        // 读取 3 行 IO 口电平状态子函数
    {
        KX_Status[1] = KX1_STATUS;
        KX_Status[2] = KX2_STATUS;
        KX_Status[3] = KX3_STATUS;
    }
void Set_KY(Uint16 x)                          // 设置指定列输出高电平
    {
        if(x==1) { SET_KY1; }
        if(x==2) { SET_KY2; }
        if(x==3) { SET_KY3; }
    }
void Rst_KY(Uint16 x)                          // 设置指定列输出低电平
    {
        if(x==1) { RST_KY1; }
        if(x==2) { RST_KY2; }
        if(x==3) { RST_KY3; }
    }
void Read_KX(Uint16 x)                         // 读取按键所在行
    {
        KX_AllStatus( );
        if(KX_Status[x] == 0)
    {
        KX_Tim[x]++;
        if(KX_Tim[x] >= 6000)
              {
                KX_On = x;
                KX_Tim[1]= 0; KX_Tim[2]=0; KX_Tim[3]=0;
```

```
        }
    }
  }
void Read_KY(Uint16 x)                    // 读取按键所在列
  {
     if(!KX_Status[KX_On] && KX_On)
        {
           Set_KY(x);
           delay(200);
           KX_AllStatus( );
           if(KX_Status[KX_On])
              {
                 KY_On = x; Key = Keys[KX_On-1][KY_On-1];
                 KY_On = 0; KX_On = 0;
              }
        Rst_KY(x);
     }
  }
```

# 10.3　数码管显示

## 一、数码管简介

数码管是一种半导体发光器件，其基本单元是发光二极管。根据可以显示的段数，数码管分为七段数码管和八段数码管，八段数码管比七段数码管多一个发光二极管单元；根据可以显示的数码位数，数码管分为 1 位数码管、2 位数码管、4 位数码管等；根据内部发光二极管单元连接方式，数码管分为共阳极数码管和共阴极数码管，其基本结构如图 10.4 所示。

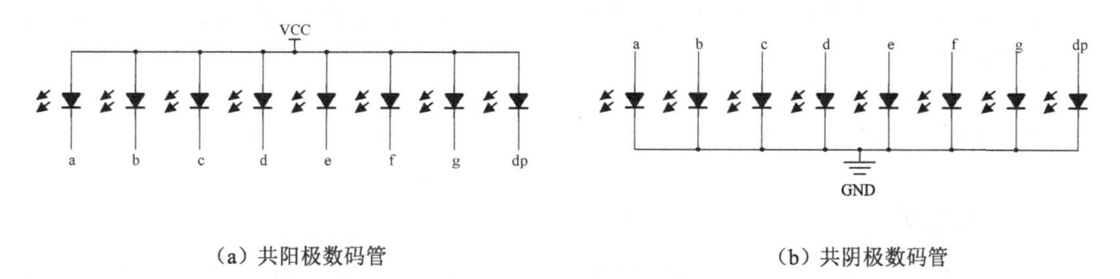


（a）共阳极数码管　　（b）共阴极数码管

图 10.4　数码管的基本结构

如图 10.4（a）所示，共阳极数码管是将所有发光二极管的阳极接到一起形成公共阳极的数码管，其应用时将公共阳极接到 VCC。当某一字段的发光二极管的阴极为低电平时，相应字段点亮；当某一字段的发光二极管的阴极为高电平时，相应字段不亮。同理，如图 10.4（b）所示，共阴极数码管是将所有发光二极管的阴极接到一起形成公共阴极的数码管，其应用时将公共阴极接到地线 GND 上。当某一字段的发光二极管的阳极为高电平时，相应字段点亮；当某一字段的发光二极管的阳极为低电平时，相应字段不亮。

## 二、实验原理

为了避免浪费 TMS320F28335 芯片的宝贵 I/O 口资源，其实验板中采用 74HC164 芯片生成段选信号来驱动 4 位共阳极数码管。数码管驱动电路如图 10.5 所示。

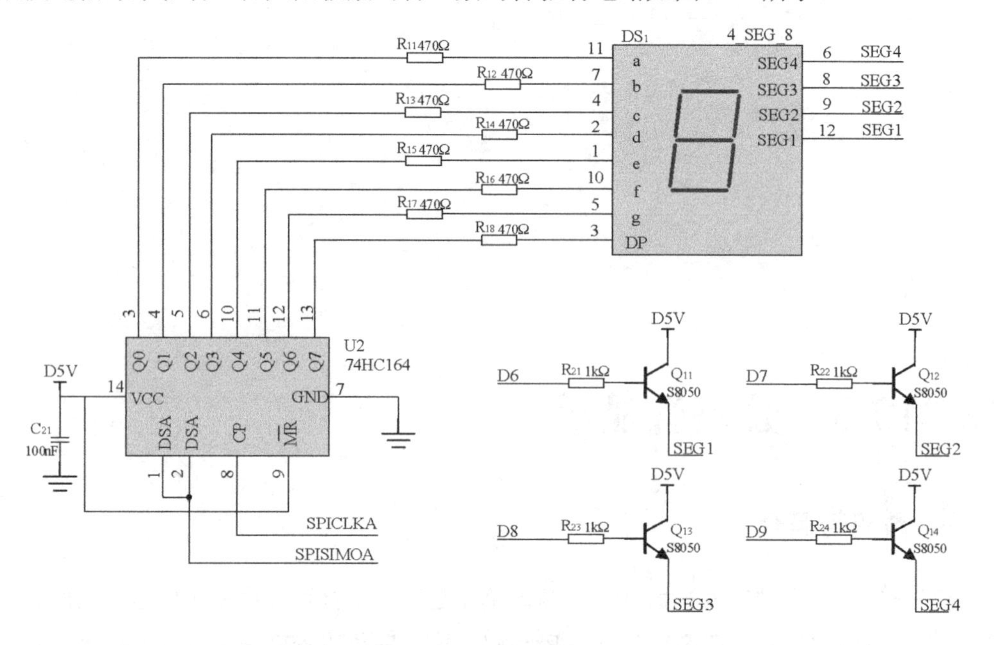


图 10.5 数码管驱动电路

在图 10.5 中，74HC164 芯片的异步复位端（$\overline{MR}$）与 VCC 相连。首先给 74HC164 芯片的时钟信号输入端分配好时钟信号，然后在依据 SPI 时序将待显示的数字译码后，传送给 74HC164 芯片的数据输入端，最后控制相应的位选信号就可以在选定的数码管上显示相应数字字符了。

## 三、具体实现

### 1. 实验说明

采用 SPI 串行通信的方式控制 74HC164 芯片生成数码管的段选信号，同时利用 TMS320F28335 芯片的 GPIO70～73 引脚输出位选信号，最后在实验板上的 4 位 8 段数码管上显示数字“1234”。

## 2. 程序代码

（1）系统初始化。

```
void InitSysCtrl(void)
   {
      Uint16 i;
      EALLOW;                           // 禁止看门狗定时器
      SysCtrlRegs.WDCR= 0x0068;  // 初始化 PLL 模块
      SysCtrlRegs.PLLCR = 0xA;     // 当外部晶振为 30M 时，SYSCLKOUT=30×10/2=150MHz
      for(i= 0; i< 5000; i++){ } // 延时，使 PLL 模块能够完成初始化操作
      // 设置高速外设时钟 HSPCLK 和低速外设时钟 LSPCLK
      SysCtrlRegs.HISPCP.all = 0x0001;          // HSPCLK=150/2=75MHz
      SysCtrlRegs.LOSPCP.all = 0x0002;          // LSPCLK=150/4=37.5MHz
      // 对工程中用到的外设进行时钟使能
      SysCtrlRegs.PCLKCR0.bit.SPIAENCLK = 1; // 使能 SPIA 模块时钟
      EDIS;
   }
```

（2）GPIO 初始化。

```
void Init_LEDS_Gpio (void)                          // 数码管位选 I/O 口初始化
   {
      GpioCtrlRegs.GPCPUD.bit.GPIO70= 0;      // 使能 GPIO70 上拉
      GpioDataRegs.GPCSET.bit.GPIO70 = 1;
      GpioCtrlRegs.GPCMUX1.bit.GPIO70 = 0;   // 配置 GPIO70 为普通 I/O 口
      GpioCtrlRegs.GPCDIR.bit.GPIO70 = 1;     // 配置 GPIO70 为输出引脚
      GpioCtrlRegs.GPCPUD.bit.GPIO71= 0;      // 使能 GPIO71 上拉
      GpioDataRegs.GPCSET.bit.GPIO71 = 1;
      GpioCtrlRegs.GPCMUX1.bit.GPIO71 = 0;   // 配置 GPIO71 为普通 I/O 口
      GpioCtrlRegs.GPCDIR.bit.GPIO71 = 1;     // 配置 GPIO71 为输出引脚
      GpioCtrlRegs.GPCPUD.bit.GPIO72= 0;      // 使能 GPIO72 上拉
      GpioDataRegs.GPCSET.bit.GPIO72 = 1;
      GpioCtrlRegs.GPCMUX1.bit.GPIO72 = 0;   // 配置 GPIO72 为普通 I/O 口
      GpioCtrlRegs.GPCDIR.bit.GPIO72 = 1;     // 配置 GPIO72 为输出引脚
      GpioCtrlRegs.GPCPUD.bit.GPIO73= 0;      // 使能 GPIO73 上拉
      GpioDataRegs.GPCSET.bit.GPIO73 = 1;
      GpioCtrlRegs.GPCMUX1.bit.GPIO73 = 0;   // 配置 GPIO73 为普通 I/O 口
      GpioCtrlRegs.GPCDIR.bit.GPIO73 = 1;     // 配置 GPIO73 为输出引脚
   }
void InitSpiaGpio ( )                               // SPI 模块 I/O 口初始化
   {
      EALLOW;
      GpioCtrlRegs.GPBPUD.bit.GPIO54 = 0;     // 使能 GPIO54(SPISIMOA)上拉
      GpioCtrlRegs.GPBPUD.bit.GPIO55 = 0;     // 使能 GPIO55(SPISOMIA) 上拉
```

```
        GpioCtrlRegs.GPBPUD.bit.GPIO56 = 0;    // 使能 GPIO56(SPICLKA)上拉
        GpioCtrlRegs.GPBPUD.bit.GPIO57 = 0;    // 使能 GPIO57(SPISTEA) 上拉
        GpioCtrlRegs.GPBQSEL2.bit.GPIO54 = 3;
        GpioCtrlRegs.GPBQSEL2.bit.GPIO55 = 3;
        GpioCtrlRegs.GPBQSEL2.bit.GPIO56 = 3;
        GpioCtrlRegs.GPBQSEL2.bit.GPIO57 = 3;
        GpioCtrlRegs.GPBMUX2.bit.GPIO54 = 1;   // 配置 GPIO54 为 SPISIMOA
        GpioCtrlRegs.GPBMUX2.bit.GPIO55 = 1;   // 配置 GPIO55 为 SPISOMIA
        GpioCtrlRegs.GPBMUX2.bit.GPIO56 = 1;   // 配置 GPIO56 为 SPICLKA
        GpioCtrlRegs.GPBMUX2.bit.GPIO57 = 1;   // 配置 GPIO57 为 SPISTEA
        EDIS;
    }
```

（3）SPI 模块初始化。

```
void spi_init( )
    {
       SpiaRegs.SPICCR.all =0x004F;            // 复位、下降沿、16 位数据
       SpiaRegs.SPICTL.all =0x0006;            // 主模式、正常相位
       SpiaRegs.SPIBRR =0x007F;
       SpiaRegs.SPICCR.all =0x00DF;            // 退出复位
       SpiaRegs.SPIPRI.bit.FREE = 1;           // 自由运行
       // 初始化 FIFO
       SpiaRegs.SPIFFTX.all=0xE040;
       SpiaRegs.SPIFFRX.all=0x204F;
       SpiaRegs.SPIFFCT.all=0x0;
    }
```

（4）主函数。

```
#include "DSP2833x_Device.h"
#include "DSP2833x_Examples.h"
// 宏定义 4 位数码管位选 I/O 口
#define  SET_BIT4   GpioDataRegs.GPCSET.bit.GPIO70 = 1
#define  RST_BIT4   GpioDataRegs.GPCCLEAR.bit.GPIO70 = 1
#define  SET_BIT3  GpioDataRegs.GPCSET.bit.GPIO71 = 1
#define  RST_BIT3   GpioDataRegs.GPCCLEAR.bit.GPIO71 = 1
#define  SET_BIT2  GpioDataRegs.GPCSET.bit.GPIO72 = 1
#define  RST_BIT2   GpioDataRegs.GPCCLEAR.bit.GPIO72 = 1
#define  SET_BIT1  GpioDataRegs.GPCSET.bit.GPIO73 = 1
#define  RST_BIT1   GpioDataRegs.GPCCLEAR.bit.GPIO73 = 1
// 相关子函数声明
void delay(Uint32 t);                      // 延时子函数
void DisData_Trans(Uint16 data);           // 数字拆分子函数
void Sellect_Bit(Uint16 i);                // 位选控制子函数
```

```
void Init_LEDS_Gpio(void);                  // 数码管位选 I/O 口初始化
void InitSpiaGpio(void);                    // SPI 对应 I/O 口初始化
void spi_xmit(Uint16 a);                    // SPI 发送子函数
void spi_init(void);                        // SPI 初始化
// 段码：0～9
unsigned char msg[10]={0xC0,0xf9,0xA4,0xB0,0x99,0x92,0x82,0xF8,0x80,0x90};
unsigned char DisData_Bit[4] = {0};         // 存放拆分后的 4 位数字
Uint16 DisData = 1234;                      // 待显示数字
Uint16 Loop = 0;                            // 循环扫描变量
void main(void)
   {
       InitSysCtrl( );                      // 初始化系统控制
       InitSpiaGpio( );                     // 初始化 SPI 对应 GPIO
       Init_LEDS_Gpio( );                   // 数码管位选 I/O 口初始化
       DINT;                                // 禁止可屏蔽中断
       IER=0x0000;                          // 禁止所有 CPU 中断
       IFR=0x0000;                          // 清除所有 CPU 中断标志位
       InitPieCtrl( );                      // 初始化 PIE 控制寄存器
       InitPieVectTable( );                 // 初始化 PIE 中断向量表
       spi_init( );                         // SPI 初始化
       for(;;)
          {
           DisData_Trans(DisData);                      // 拆分 4 位数字
           for(Loop=0;Loop<4;Loop++)                    // 分别显示 4 位数字
            {
             Sellect_Bit(Loop);                         // 选择要扫描的数码管位
             spi_xmit(msg[DisData_Bit[Loop]]);          // 串行输出要显示的数字
             delay(25000);                              // 延时配合人眼反应时间
            }
          }
   }
void DisData_Trans(Uint16 data)                         // 数字拆分子函数
   {
       DisData_Bit[3] = data/1000;                      // 千位数
       DisData_Bit[2] = data%1000/100 ;                 // 百位数
       DisData_Bit[1] = data%100/10;                    // 十位数
       DisData_Bit[0] = data%10;                        // 个位数
   }
void Sellect_Bit(Uint16 i)                              // 位选控制子函数
   {
       switch(i)
          {
            case 0: RST_BIT4; SET_BIT1; break;   // 关断数码管第 4 位，选通第 1 位
```

```
            case 1: RST_BIT1; SET_BIT2; break;     // 关断数码管第 1 位，选通第 2 位
            case 2: RST_BIT2; SET_BIT3; break;     // 关断数码管第 2 位，选通第 3 位
            case 3: RST_BIT3; SET_BIT4; break;     // 关断数码管第 3 位，选通第 4 位
            default: break;
        }
    }
void spi_xmit(Uint16 a)                            // SPI 发送子函数
    {
        SpiaRegs.SPITXBUF=a;
    }
void delay(Uint32 t)                               // 延时子函数
    {
        Uint32 i = 0;
        for (i = 0; i < t; i++);
    }
```

## 10.4 数字电压表

1. 实验说明

利用 ADC 模块的 ADCINA0 通道采样模拟电压值，并将电压值通过 SPI 串行通信的方式传输给数码管进行实时显示。

2. 硬件连接

电压信号采样电路如图 10.6 所示。通过调节电位器 $R_a$ 的值，可以改变采样端 ADCA0_S 的模拟电压值。注意，输入模拟电压值不得超过 3V。

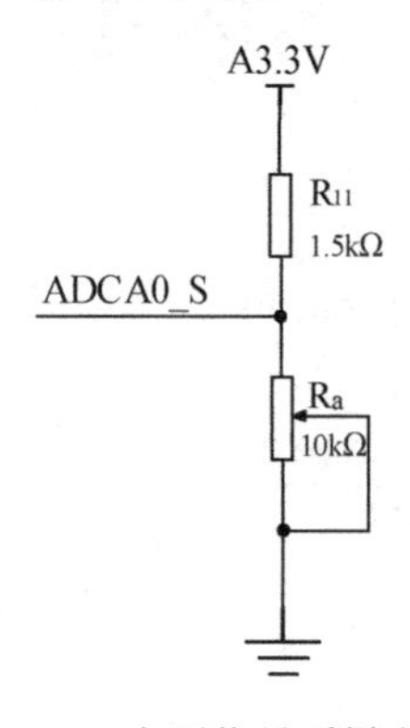


图 10.6 电压信号采样电路

### 3. 程序代码

（1）系统初始化。

```
void InitSysCtrl(void)
    {
        Uint16 i;
        EALLOW;                          // 禁止看门狗定时器
        SysCtrlRegs.WDCR= 0x0068;   // 初始化 PLL 模块
        SysCtrlRegs.PLLCR = 0xA;     // 当外部晶振为 30M 时，SYSCLKOUT=30×10/2=150MHz
        for(i= 0; i< 5000; i++){ } // 延时，使 PLL 模块能够完成初始化操作
        // 设置高速外设时钟 HSPCLK 和低速外设时钟 LSPCLK
        SysCtrlRegs.HISPCP.all = 0x0001;           // HSPCLK=150/2=75MHz
        SysCtrlRegs.LOSPCP.all = 0x0002;           // LSPCLK=150/4=37.5MHz
        // 对工程中用到的外设进行时钟使能
        SysCtrlRegs.PCLKCR0.bit.SPIAENCLK = 1; // 使能 SPIA 模块时钟
        SysCtrlRegs.PCLKCR0.bit.ADCENCLK = 1;  // 使能 ADC 模块时钟
        ADC_cal( );                                 // 校准 ADC 模块
        EDIS;
    }
```

（2）GPIO 初始化数码管位选 I/O 口初始化函数 Init_LEDS_Gpio()和 SPIA I/O 初始化函数 InitSpiaGpio ()与数码管显示实验相同，此处不再赘述。

（3）SPI 模块与 ADC 模块初始化。

```
void spi_init(void)
    {
        SpiaRegs.SPICCR.all =0x004F;                // 复位、下降沿、16 位数据
        SpiaRegs.SPICTL.all =0x0006;                // 主模式、正常相位
        SpiaRegs.SPIBRR =0x007F;
        SpiaRegs.SPICCR.all =0x00CF;                // 退出复位，准备接收
        SpiaRegs.SPIPRI.bit.FREE = 1;               // 自由运行
        // 初始化 FIFO
        SpiaRegs.SPIFFTX.all=0xE040;
        SpiaRegs.SPIFFRX.all=0x204f;
        SpiaRegs.SPIFFCT.all=0x0;
    }
void InitAdc (void)
    {
        AdcRegs.ADCTRL3.all = 0x00E0;               // ADC 带隙参考电路上电
        DELAY_US(0x1000);                           // 等待上电结束
        AdcRegs.ADCTRL3.bit.ADCCLKPS = 0x5;
        // ADC clock = HSPCLK/(2*ADCCLKPS) = 75.0MHz/(5*2) = 7.5MHz
        AdcRegs.ADCTRL1.bit.ACQ_PS = 0xF;          // 采样窗口长度为 16 ADC clocks
        AdcRegs.ADCTRL1.bit.SEQ_CASC = 1;          // 级联模式
```

```
        AdcRegs.ADCCHSELSEQ1.bit.CONV00 = 0x0; // 转换 ADCINA0 通道
        AdcRegs.ADCTRL1.bit.CONT_RUN = 1;       // 连续自动转换模式
    }
```

（4）主函数。

```
#include "DSP2833x_Device.h"
#include "DSP2833x_Examples.h"
// 宏定义 4 位数码管位选 I/O 口
#define  SET_BIT4   GpioDataRegs.GPCSET.bit.GPIO70 = 1
#define  RST_BIT4   GpioDataRegs.GPCCLEAR.bit.GPIO70 = 1
#define  SET_BIT3   GpioDataRegs.GPCSET.bit.GPIO71 = 1
#define  RST_BIT3   GpioDataRegs.GPCCLEAR.bit.GPIO71 = 1
#define  SET_BIT2   GpioDataRegs.GPCSET.bit.GPIO72 = 1
#define  RST_BIT2   GpioDataRegs.GPCCLEAR.bit.GPIO72 = 1
#define  SET_BIT1   GpioDataRegs.GPCSET.bit.GPIO73 = 1
#define  RST_BIT1   GpioDataRegs.GPCCLEAR.bit.GPIO73 = 1
// 相关子函数声明
void delay(Uint32 t);                              // 延时子函数
void delay_loop(void);
void DisData_Trans(Uint16 data);                   // 数字拆分子函数
void Sellect_Bit(Uint16 i);                        // 位选控制子函数
void Init_LEDS_Gpio(void);                         // 数码管位选 I/O 口初始化函数
void InitSpiaGpio(void);                           // SPI 对应 I/O 口初始化函数
void spi_xmit(Uint16 a);                           // SPI 发送子函数
void spi_init(void);                               // SPI 模块初始化函数
void InitAdc (void);                               // ADC 模块初始化函数
                                                   // 段码：0～9
unsigned char msg[10]={0xC0,0xF9,0xA4,0xB0,0x99,0x92,0x82,0xF8,0x80,0x90};
unsigned char DisData_Bit[4] = {0};                // 存放拆分后的 4 位数字
Uint16 DisData = 0;                                // 待显示数字
Uint16 Loop = 0;                                   // 循环扫描变量
Uint16 LedBuffer[2];
Uint16 showdata;
#define AVG        100                             // 平均采样次数
#define ZOFFSET    0x00
#define BUF_SIZE   2048                            // 数据缓冲区大小
Uint16 SampleTable[BUF_SIZE];
void main(void)
    {
        Uint16 i;
        Uint32 Sum=0;
        Uint32 Vin;
        Uint16 sdata;                              // 发送数据
```

```
    InitSysCtrl( );                              // 初始化系统控制
    InitSpiaGpio( );                             // 初始化 SPI 对应 GPIO
    Init_LEDS_Gpio( );                           // 数码管位选 I/O 口初始化
    DINT;                                        // 禁止可屏蔽中断
    IER=0x0000;                                  // 禁止所有 CPU 中断
    IFR=0x0000;                                  // 清除所有 CPU 中断标志位
    InitPieCtrl( );                              // 初始化 PIE 控制寄存器
    InitPieVectTable( );                         // 初始化 PIE 中断向量表
    spi_init( );                                 // SPI 初始化
    InitAdc( );                                  // ADC 模块初始化
    for (i=0; i<BUF_SIZE; i++)
    { SampleTable[i] = 0; }                      // 清空数据缓冲区
    spi_xmit(0xFFFF);                            // 关数码管
    delay_loop( );                               // 延迟
    AdcRegs.ADCTRL2.all = 0x2000;                // 软件启动 SEQ1
    for(;;)                                      // 取 ADC 数据并写入采样数据表
    {
        for (i=0; i<AVG; i++)
            {
                while (AdcRegs.ADCST.bit.INT_SEQ1== 0) { }     // 等待中断
                AdcRegs.ADCST.bit.INT_SEQ1_CLR = 1;
                SampleTable[i] =((AdcRegs.ADCRESULT0>>4) );
            }
        for (i=0;i<AVG;i++)
            {
                Sum+=SampleTable[i];
                Sum=Sum/2;
            }
      // 输入电压和 ADC 模块转化值之间的关系 Vin/Sum=3/4096;
      Vin=Sum*3*10000/4096.0+0.5;
      if(Vin%10>=5)                              // 四舍五入处理
        showdata=Vin/10+1;
      else
         showdata=Vin/10;
      for(i=0;i<100;i++)
        {
          DisData_Trans(showdata);               // 拆分 4 位数字
          for(Loop=0;Loop<4;Loop++)              // 分别显示 4 位有效数字
           {
             Sellect_Bit(Loop);                  // 选择要扫描的数码管位
             if(Loop==3)
               spi_xmit(msg[DisData_Bit[Loop]]+0x80); // 添加小数点
             else
```

```
                    spi_xmit(msg[DisData_Bit[Loop]]);         // 串行输出要显示的数字
                   delay(25000);                              // 延时配合人眼反应时间
                 }
              }
         }
     }
void delay_loop( )                                            // 延迟子函数
     {
       long i;
       for (i = 0; i < 4500000; i++) { }
     }
void DisData_Trans(Uint16 data)                               // 数字拆分子函数
     {
          DisData_Bit[3] = data/1000;                         // 千位数
          DisData_Bit[2] = data%1000/100 ;                    // 百位数
          DisData_Bit[1] = data%100/10;                       // 十位数
          DisData_Bit[0] = data%10;                           // 个位数
     }
void Sellect_Bit(Uint16 i)                                    // 位选控制子函数
     {
        switch(i)
           {
             case 0: RST_BIT4; SET_BIT1; break;  // 关断数码管第 4 位，选通第 1 位
             case 1: RST_BIT1; SET_BIT2; break;  // 关断数码管第 1 位，选通第 2 位
             case 2: RST_BIT2; SET_BIT3; break;  // 关断数码管第 2 位，选通第 3 位
             case 3: RST_BIT3; SET_BIT4; break;  // 关断数码管第 3 位，选通第 4 位
          default: break;
        }
     }
void spi_xmit(Uint16 a)                          // SPI 发送子函数
     { SpiaRegs.SPITXBUF=a; }
void delay(Uint32 t)                             // 延时子函数
     {
        Uint32 i = 0;
        for (i = 0; i < t; i++);
     }
```

# 10.5　D/A 转换器

## 1. 实验说明

通过 SPI 串行通信来控制 D/A 转换器 TLV5620 的 4 个输出端，分别输出设定的模拟电压值。

## 2. 硬件连接

D/A 转换电路如图 10.7 所示。TMS320F28335 DSP 控制器为 D/A 转换器 TLV5620 提供 SIMO、SCLK 及 LC 信号。其中，LC（GPIO17）信号用于实现 D/A 转换数据的更新和锁存。

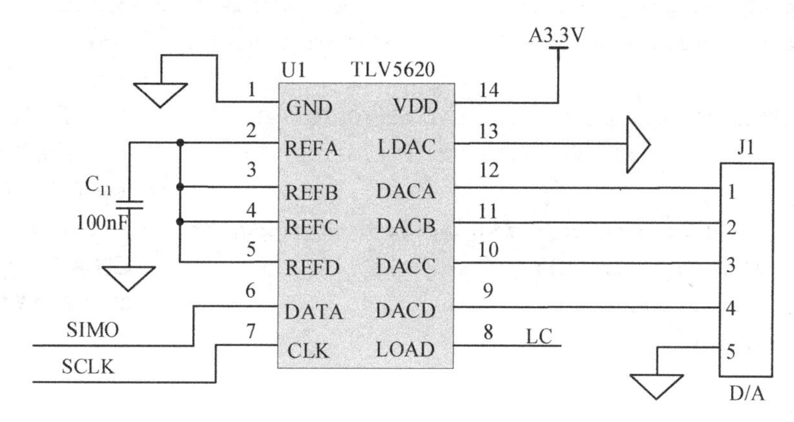


图 10.7　D/A 转换电路

## 3. 程序代码

（1）系统初始化。

```
void InitSysCtrl(void)
   {
      Uint16 i;
      EALLOW;                           // 禁止看门狗定时器
      SysCtrlRegs.WDCR= 0x0068;   // 初始化 PLL 模块
      SysCtrlRegs.PLLCR = 0xA;      // 当外部晶振为 30M 时，SYSCLKOUT=30×10/2=150MHz
      for(i= 0; i< 5000; i++){ } // 延时，使 PLL 模块能够完成初始化操作
      //设置高速外设时钟 HSPCLK 和低速外设时钟 LSPCLK
      SysCtrlRegs.HISPCP.all = 0x0001;          // HSPCLK=150/2=75MHz
      SysCtrlRegs.LOSPCP.all = 0x0002;          // LSPCLK=150/4=37.5MHz
      //对工程中用到的外设进行时钟使能
      SysCtrlRegs.PCLKCR0.bit.SPIAENCLK = 1;  // 使能 SPIA 模块时钟
```

```
        EDIS;
    }
```

（2）SPIA 初始化函数 InitSpiaGpio ( )与数码管显示实验相同，此处不再赘述。

（3）SPI 模块初始化。

```
void spi_init( )
    {
        SpiaRegs.SPICCR.all =0x0A;              // 复位、上升沿、11 位数据
        SpiaRegs.SPICTL.all =0x0006;            // 主模式、正常相位
        SpiaRegs.SPIBRR =0x0031;
        SpiaRegs.SPICCR.all =0x008A;            // 退出复位
        SpiaRegs.SPIPRI.bit.FREE = 1;           // 自由运行
    }
```

（4）主函数。

```
#include "DSP2833x_Device.h"      // DSP2833x Headerfile Include File
#include "DSP2833x_Examples.h"    // DSP2833x Examples Include File
                                                        // 宏定义
#define SetLOAD GpioDataRegs.GPADAT.bit.GPIO17=1;       // 将 LC 引脚置高
#define ClrLOAD GpioDataRegs.GPADAT.bit.GPIO17=0;       // 将 LC 引脚拉低
                                                        // 相关子函数声明
void WriteDAC(unsigned char add,unsigned char rng,unsigned char vol);
void delay(unsigned int t);                             // 延时函数
void spi_init(void);                                    // SPIA 模块初始化函数
void main(void)
    {
        int temp;
        InitSysCtrl( );                                 // 初始化系统控制
        InitSpiaGpio( );                                // 初始化 SPI 对应 GPIO
        EALLOW;
        GpioCtrlRegs.GPAMUX2.bit.GPIO17 = 0;    // 配置 GPIO17 为 GPIO 口
       GpioCtrlRegs.GPADIR.bit.GPIO17 = 1;      // 定义 GPIO17 输出引脚
       GpioCtrlRegs.GPAPUD.bit.GPIO17 = 0;      // 禁止上拉 GPIO17 引脚
        EDIS;
        DINT;                                   // 禁止可屏蔽中断
        IER=0x0000;                             // 禁止所有 CPU 中断
        IFR=0x0000;                             // 清除所有 CPU 中断标志位
        InitPieCtrl( );                         // 初始化 PIE 控制寄存器
        InitPieVectTable();                     // 初始化 PIE 中断向量表
        spi_init( );                            // SPI 初始化
        EINT;
        ERTM;
        SetLOAD;                                // 把刷新锁存控制信号置高
```

```
        temp=54;                                    // REF=1.9V;VO =REF×CODE/256
        while(1)
          {
            WriteDAC(0,0,temp);                     // 0.4V
            WriteDAC(1,0,temp*2);                   // 0.8V
            WriteDAC(2,0,temp*3);                   // 1.2V
            WriteDAC(3,0,temp*4);                   // 1.6V
            delay(1500);
          }
    }
void WriteDAC(unsigned char add,unsigned char rng,unsigned char vol)
    {                                           // DAC 写数据函数
        unsigned short int data;
        data=0x0000;
        data = ((add<<14) | (rng<<13) | (vol<<5));
        while(SpiaRegs.SPISTS.bit.BUFFULL_FLAG ==1);
        // 判断 SPI 的发送缓冲区是否为空，为空时可以写数据
        SpiaRegs.SPITXBUF = data;               // 将发送的数据写入 SPI 发送缓冲区
        while( SpiaRegs.SPISTS.bit.BUFFULL_FLAG==1);
        // 当发送缓冲区出现满标志位时，锁存数据
      delay(1500);
        ClrLOAD;                                // LC 引脚的下降沿，锁存要发送的数据
        delay(150);
        SetLOAD;
        delay(1500);
    }
void delay(unsigned int t)                      // 延时函数
    {
      while(t>0)
      t--;
    }
```

## 10.6 直流电机

### 1. 实验说明

使用 ePWM1 模块产生两路固定占空比的 PWM 脉冲信号（ePWM1A 和 ePWM1B）来驱动微型直流电机。要求 ePWM1 模块的时基计数器工作于递增计数模式下，输出为高电平有效并带死区控制。同时，通过矩阵键盘中的 3 个按键来实现对电机转向、转速的控制。

### 2. 硬件电路

直流电机驱动电路如图 10.8 所示。采用两对 NPN 和 PNP 三极管控制电机的正反转。为了避免系统复位或无控制状态时，GPIO 口输出高电平导致三极管同时导通，对 DSP 输出的两路 PWM 脉冲信号添加下拉电阻（$R_{21}$、$R_{22}$），即 NPN 三极管的基极默认为低电平。

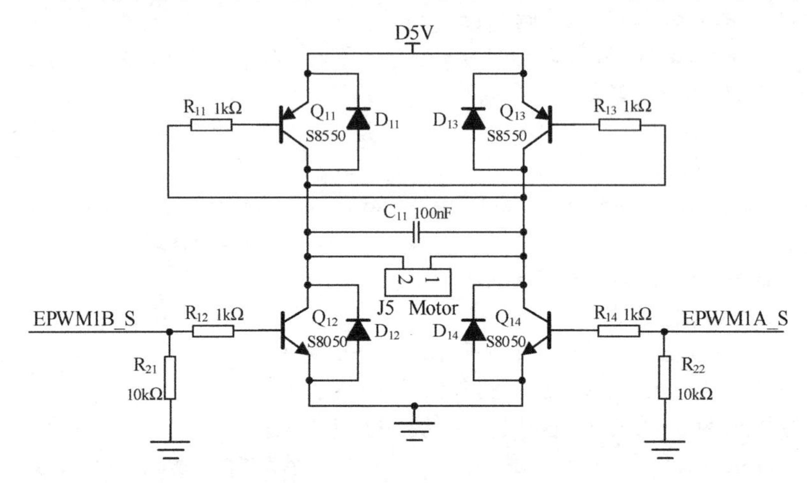


图 10.8　直流电机驱动电路

### 3. 程序代码

（1）系统初始化。

```
void InitSysCtrl(void)
   {
      Uint16 i;
      EALLOW;                          // 禁止看门狗定时器
      SysCtrlRegs.WDCR= 0x0068;     // 初始化 PLL 模块
      SysCtrlRegs.PLLCR = 0xA;      // 当外部晶振为 30M 时，SYSCLKOUT=30×10/2=150MHz
      for(i= 0; i< 5000; i++){ } // 延时，使 PLL 模块能够完成初始化操作
      // 设置高速外设时钟 HSPCLK 和低速外设时钟 LSPCLK
      SysCtrlRegs.HISPCP.all = 0x0001;           // HSPCLK=150/2=75MHz
      SysCtrlRegs.LOSPCP.all = 0x0002;           // LSPCLK=150/4=37.5MHz
      // 对工程中用到的外设进行时钟使能
      SysCtrlRegs.PCLKCR0.bit.TBCLKSYNC = 0;  // 禁止 ePWM 模块 TBCLK 时钟
      SysCtrlRegs.PCLKCR1.bit.EPWM1ENCLK = 1;// 使能 ePWM1 通道时钟
      SysCtrlRegs.PCLKCR0.bit.TBCLKSYNC = 1;  // 启用 ePWM 模块 TBCLK 时钟
      EDIS;
   }
```

（2）GPIO 初始化。

```
void InitEPwm1Gpio( )                                  // ePWM 模块对应 I/O 口初始化函数
   {
      EALLOW;
```

```
        GpioCtrlRegs.GPAPUD.bit.GPIO0 = 0;         // 使能 GPIO0(EPWM1A)上拉
        GpioCtrlRegs.GPAPUD.bit.GPIO1 = 0;         // 使能 GPIO1(EPWM1B) 上拉
        GpioCtrlRegs.GPAMUX1.bit.GPIO0 = 1;        // 配置 GPIO0 为 EPWM1A
        GpioCtrlRegs.GPAMUX1.bit.GPIO1 = 1;        // 配置 GPIO1 为 EPWM1B
        EDIS;
    }
```

矩阵键盘对应I/O口初始化函数Init_KeyGpio(void)与3×3矩阵键盘实验相同，此处不再赘述。

（3）ePWM模块初始化。

```
void InitEPwm1 ( )                                          // ePWM模块初始化函数
    {
                                                            // 设置 TBCLK
        EPwm1Regs.TBCTL.bit.CTRMODE = TB_COUNT_UP;          // 递增计数模式
        EPwm1Regs.TBPRD =3750;                              // 设置 PWM 周期
        EPwm1Regs.TBCTL.bit.PHSEN = TB_DISABLE;             // 禁止相位装载
        EPwm1Regs.TBPHS.half.TBPHS = 0x0000;                // 清零相位寄存器
        EPwm1Regs.TBCTR = 0x0000;                           // 清零计数器
        EPwm1Regs.TBCTL.bit.HSPCLKDIV = 0x2;
        EPwm1Regs.TBCTL.bit.CLKDIV = 0x2;                   // TBCLK=4×SYSCLKOUT 周期
                                                            // 设置装载模式
        EPwm1Regs.CMPCTL.bit.SHDWAMODE = CC_SHADOW;
        EPwm1Regs.CMPCTL.bit.SHDWBMODE = CC_SHADOW;
        EPwm1Regs.CMPCTL.bit.LOADAMODE = CC_CTR_ZERO;          // CTR=0 装载
        EPwm1Regs.CMPCTL.bit.LOADBMODE = CC_CTR_ZERO;          // CTR=0 装载
                                                               // 设置比较值和动作限定
        EPwm1Regs.CMPA.half.CMPA = 0;                          // 设置比较寄存器的值
        EPwm1Regs.CMPB = 0;
        EPwm1Regs.AQCTLA.bit.ZRO = AQ_SET;                  // 当计数为0时,PWM1A输出高电平
        EPwm1Regs.AQCTLA.bit.CAU = AQ_CLEAR;                // EPWM1A 在 CAU 时拉低
        EPwm1Regs.AQCTLB.bit.ZRO = AQ_CLEAR;                // 当计数为0时,PWM1B输出低电平
        EPwm1Regs.AQCTLB.bit.CBU = AQ_CLEAR;                // EPWM1B 在 CBU 时拉低
        // 发生3次0匹配事件时产生一个中断请求
        EPwm1Regs.ETSEL.bit.INTSEL = ET_CTR_ZERO;           // 选择0匹配事件中断
        EPwm1Regs.ETSEL.bit.INTEN = 1;                      // 使能事件触发中断
        EPwm1Regs.ETPS.bit.INTPRD = ET_3RD;                 // 3次事件产生中断请求
    }
```

（4）主函数。

```
#include "DSP2833x_Device.h"      // DSP2833x Headerfile Include File
#include "DSP2833x_Examples.h"    // DSP2833x Examples Include File
                                  // 宏定义
#define Up_Key            GpioDataRegs.GPADAT.bit.GPIO12
```

```
#define Down_Key          GpioDataRegs.GPADAT.bit.GPIO13
#define Direction_Key     GpioDataRegs.GPADAT.bit.GPIO14
                                          // 相关子函数声明
void InitEPwm1 (void);                    // ePWM 模块初始化函数
interrupt void epwm1_isr(void);           // ePWM 模块中断服务函数
void Scan_Key(void);                      // 按键扫描、处理函数
void Init_KeyGpio(void);                  // 矩阵键盘对应 I/O 口初始化函数
void InitEPwm1Gpio( );                    // ePWM 模块对应 I/O 口初始化函数
Uint16 temp=0;                            // 高电平时间
Uint16 Direction=0;                       // 转速方向
void main(void)
   {
      InitSysCtrl( );                     // 初始化系统控制
      Init_KeyGpio( );                    // 矩阵键盘对应 I/O 口初始化
      InitEPwm1Gpio( );                   // ePWM 模块对应 I/O 口初始化
      DINT;                               // 禁止可屏蔽中断
      IER=0x0000;                         // 禁止所有 CPU 中断
      IFR=0x0000;                         // 清除所有 CPU 中断标志位
      InitPieCtrl( );                     // 初始化 PIE 控制寄存器
      InitPieVectTable( );                // 初始化 PIE 中断向量表
      EALLOW;
      PieVectTable.EPWM1_INT = &epwm1_isr;
      SysCtrlRegs.PCLKCR0.bit.TBCLKSYNC = 0;
      EDIS;
      InitEPwm1  ( );
      EALLOW;
      SysCtrlRegs.PCLKCR0.bit.TBCLKSYNC = 1;
      EDIS;
      IER |= M_INT3;
      PieCtrlRegs.PIEIER3.bit.INTx1 = 1;
      EINT;
      ERTM;
      while(1)
         {
            asm(" NOP");
         }
   }
interrupt void epwm1_isr(void)                       // ePWM 模块中断服务函数
   {                                                 // 扫描是否有按键按下
      if((Up_Key==0)|(Down_Key==0)|(Direction_Key==0))
         {
            Scan_Key( );
                                                     // 更新 CMPA 和 CMPB 寄存器的值
```

```
            EPwm1Regs.CMPA.half.CMPA = temp;
            EPwm1Regs.CMPB = temp;
        }
                                                       // 清除这个定时器的中断标志位
        EPwm1Regs.ETCLR.bit.INT = 1;
        // 清除 PIE 应答寄存器的第 3 位，以响应组 3 内的其他中断请求
        PieCtrlRegs.PIEACK.all = PIEACK_GROUP3;
    }
void Scan_Key(void)                                    // 按键扫描、处理函数
    {
        unsigned int i;
        for(i=0;i<50000;i++);                          // 键盘消抖动
        if(Direction_Key==0)                           //扫描方向按键是否按下
          {
            // 保证下面 EPWMA 和 EPWMB 相互切换，同时输出 0 电平
            EPwm1Regs.CMPA.half.CMPA = 0;             // 改变脉宽
            EPwm1Regs.CMPB = 0;                        // 改变脉宽
            if(Direction==0)                           // 反转
              {
                // 当计数为 0 时,PWM1A 输出低电平，EPWM1A 在 CAU 时拉低
                EPwm1Regs.AQCTLA.bit.ZRO = AQ_CLEAR;
                EPwm1Regs.AQCTLA.bit.CAU = AQ_CLEAR;
                // 当计数为 0 时,PWM1B 输出高电平，EPWM1B 在 CBU 时拉低
                EPwm1Regs.AQCTLB.bit.ZRO = AQ_SET;
                EPwm1Regs.AQCTLB.bit.CBU = AQ_CLEAR;
                Direction = 1;
              }
            else                                       // 正转
             {
                // 当计数为 0 时，PWM1A 输出高电平，EPWM1A 在 CAU 时拉低
                EPwm1Regs.AQCTLA.bit.ZRO = AQ_SET;
                EPwm1Regs.AQCTLA.bit.CAU = AQ_CLEAR;
                // 当计数为 0 时，PWM1B 输出低电平，EPWM1B 在 CBU 时拉低
                EPwm1Regs.AQCTLB.bit.ZRO = AQ_CLEAR;
                EPwm1Regs.AQCTLB.bit.CBU = AQ_CLEAR;
                Direction = 0;
             }
           temp = 0;
          }
      else
          {
            if(Up_Key==0)                              // 加速
          {
```

```
            if(temp!=3500)
                temp=temp+500;
         }
      else if(Down_Key==0)                               // 减速
         {
            if(temp!=0)
                temp=temp-500;
         }
      }
  }
```

# 参考文献


[1] 程佩青. 数字信号处理教程（第 5 版）[M]. 北京：清华大学出版社，2017.

[2] TMS320F28335, TMS320F28334, TMS320F28332 Digital Signal Controllers (DSCs), Data Manual, Texas Instruments, 2007.

[3] Programming TMS320x28xx and 28xxx Peripherals in C/C++ Application Report. Texas Instruments, 2009.

[4] TMS320x28xx, 28xxx DSP Peripheral Reference Guide. Texas Instruments, 2003.

[5] TMS320x2833x Analog-to-Digital Converter (ADC) Module Reference Guide. Texas Instruments, 2007.

[6] TMS320x2833x, 2823x DSC External Interface (XINTF) Reference Guide. Texas Instruments, 2007.

[7] TMS320C28x Floating Point Unit and Instruction Set Reference Guide. Texas Instruments, 2007.

[8] TMS320x2833x, 2823x Serial Peripheral Interface (SPI) Reference Guide. Texas Instruments, 2008.

[9] TMS320x2833x, 2823x System Control and Interrupts Reference Guide. Texas Instruments, 2007.

[10] TMS320x2833x, 2823x Enhanced Capture (eCAP) Module Reference Guide. Texas Instruments, 2008.

[11] TMS320x2833x, 2823x Serial Communications Interface (SCI) Reference Guide. Texas Instruments, 2008.

[12] TMS320x2833x, 2823x High Resolution Pulse Width Modulator Reference Guide. Texas Instruments, 2009.

[13] TMS320x2833x, 2823x Inter-Integrated Circuit ($I^2C$) Module Reference Guide. Texas Instruments, 2008.

[14] TMS320x2833x, 2823x Enhanced Pulse Width Modulator (ePWM) Module Reference

Guide. Texas Instruments, 2008.

[15] TMS320x2833x, 2823x Enhanced Quadrature Encoder Pulse (eQEP) Module Reference Guide. Texas Instruments, 2008.

[16] 顾卫钢. 手把手教你学 DSP——基于 TMS320X281x[M]. 北京：北京航空航天大学出版社，2011.

[17] 姚晓通，李积英，蒋占军. DSP 技术实践教程——TMS320F28335 设计与实验[M]. 北京：清华大学出版社，2014.

[18] 符晓，朱洪顺. TMS320F2833x DSP 应用开发与实践[M]. 北京：北京航空航天大学出版社，2013.

[19] 刘陵顺，高艳丽，张树团，等. TMS320F28335 DSP 原理与开发编程[M]. 北京：北京航空航天大学出版社，2011.

[20] 张卿杰，徐友，左楠，等. 手把手教你学 DSP——基于 TMS320F28335[M]. 北京：北京航空航天大学出版社，2015.

[21] 苏奎峰，吕强，邓志东，等. TMS320x28xxx 原理与开发[M]. 北京：电子工业出版社，2009.

[22] 姚睿，付大丰，储剑波. DSP 控制器原理与应用技术[M]. 北京：人民邮电出版社，2014.

[23] 李全利，马骏杰，张思艳. DSP 控制器原理与应用教程——基于 TMS320F28335&CCS5. 北京：高等教育出版社，2016.

[24] 周鹏，杨会成，许钢. DSP 原理与实践——基于 TMS320F28x 系列（第 2 版）[M]. 北京：北京航空航天大学出版社，2018.